建 材 行 业 特 有 工 种 职 业 技 能 培 训 教 材

水泥生产巡检工（第2版）

主编　彭宝利

顾问　范令惠

　　　李　薇

U0224368

中国建材工业出版社

图书在版编目(CIP)数据

水泥生产巡检工/彭宝利主编 . —2 版 . —北京：
中国建材工业出版社,2014.1
建材行业特有工种职业技能培训教材
ISBN 978-7-5160-0671-9

Ⅰ.①水… Ⅱ.①彭… Ⅲ.①水泥工业—机械设备—
检测—技术培训—教材 Ⅳ.①TQ172.6

中国版本图书馆 CIP 数据核字(2013)第 294356 号

内 容 简 介

　　水泥生产巡检工是指从事水泥生产设备检查、维护和保养的人员。主要工作内容有：按照巡检路线定时检查生产设备的温度、振动响声、电流、风压等参数，判断生产设备运行状况；按照规范要求对生产设备进行维护、保养；保持与中央控制室的联系，发现和处理设备故障；配合专业人员进行设备的维修和新设备的调试；保持设备和岗位的环境卫生整洁；填写巡检记录。本书是根据国家劳动与社会保障部颁布的国家职业标准《水泥生产巡检工》中的考核内容，为从事新型干法水泥生产设备巡检和维护保养的人员考核晋级而编写的培训、技能鉴定教材。全书包含新型干法水泥工艺过程及生产设备知识、设备巡检及维护和保养、维修、安装与调试、技术管理和培训指导等理论知识和技能要求，既突出了水泥生产设备的主流技术，又兼顾了各水泥厂技术水平差异，同时还考虑了发展趋势，具有鲜明的职业性、实践性、应用性和职业教育时代特征。

　　本书可作为水泥厂巡检岗位的技术培训、技能晋级用书，还可作为职业院校材料工程技术专业和高等学校无机非金属材料专业的教学、生产实习及毕业设计参考用书。

水泥生产巡检工(第 2 版)

彭宝利　主编

出版发行：中国建材工业出版社
地　　址：北京市西城区车公庄大街 6 号
邮　　编：100044
经　　销：全国各地新华书店
印　　刷：北京雁林吉兆印刷有限公司
开　　本：787mm×1092mm　1/16
印　　张：17.5
字　　数：430 千字
版　　次：2014 年 1 月第 2 版
印　　次：2014 年 1 月第 1 次
定　　价：68.00 元

本社网址：www. jccbs. com. cn　　微信公众号：zgjcgycbs
本书如出现印装质量问题，由我社发行部负责调换。联系电话：(010)88386906

序

　　建筑材料是古老、用量最大的材料,也是不断发展、不断更新,具有强大生命力的材料。历史的沿革形成了我国建筑材料工业由三大部分组成的格局,即建筑材料及制品(包括水泥、平板玻璃、建筑与卫生陶瓷和房屋材料等)、无机非金属材料和矿物材料。建筑材料工业是我国国民经济的支柱产业之一,具有重要的地位和作用。

　　改革开放以来,我国建筑材料工业取得了突飞猛进的发展,技术水平和生产装备有了较大的提高,产量迅速增长,如水泥和平板玻璃的产量都已居世界第一,品种也不断增加。在产量增长的同时,产业工人队伍也迅速壮大,但是建筑材料工业的关键生产岗位,还缺少一支以高级工、技师为骨干,中级工为主体,结构合理、技术精湛、掌握现代化生产技术的产业工人队伍。

　　为进一步提高劳动者的素质,完善国家职业标准体系,满足职业教育培训,为职业技能鉴定工作提供科学、规范的依据,劳动和社会保障部根据《中华人民共和国劳动法》的有关规定,要求各行业依照《中华人民共和国职业分类大典》,制定各职业的国家标准。到目前为止,建材行业已制定了19个国家职业标准。近几年的职业技能鉴定人数每年都在万人以上。

　　为提高职业培训和职业技能鉴定质量,生产企业和建材职业技能鉴定站要求编写、出版与职业标准相对应的职业技能培训教材。一些主编国家职业标准的老师,根据自己多年的教学和生产实践经验,主动承担了职业技能培训教材的主编工作。这套培训教材图文并茂、由浅入深、通俗易懂,便于从业人员自学,快速掌握本职业的基本理论知识和技能。老师们在编写过程中得到相关企业的支持,对此我们表示衷心感谢。

　　这套职业技能培训教材可作为生产企业技术岗位培训和技能晋级用书,还可作为职业院校建材类专业和高等院校无机非金属材料专业实践教学、生产实习的参考用书。

范令惠

李　薇

第 2 版前言

水泥制造是一个十分复杂的过程，从生料制备到熟料煅烧再到水泥制成，直至水泥出厂，需要用到上百种设备，这些设备的正常运转是确保水泥生产优质、高效、低耗的重要条件。为充分发挥每一台设备的效能，提高运转率，降低故障或事故率及维修成本，以设备状态监测、维护保养和隐患故障发现与排除为主要内容的设备巡检在水泥生产过程中的地位极为重要，因而迫切需要能与中控室操作员相互配合，具备机、电、工艺等专业基础知识，掌握电工、电焊、钳工、仪表等基本技能的设备巡检人员。本书自 2012 年 2 月第 1 版与读者见面以来，由于它的直观性、可读性和实用性，受到了水泥生产巡检工的普遍欢迎。为满足水泥行业的这一需求，我们与长期从事水泥生产工艺及设备管理的工程技术人员一起，按照国家职业标准《水泥生产巡检工》及工厂实际，以初级工（国家职业资格五级）、中级工（国家职业资格四级）、高级工（国家职业资格三级）、技师（国家职业资格二级）巡检岗位能力要求为目标，以巡检岗位线路为主线编写，在第 1 版的基础上作了进一步完善和补充，使之更加贴近岗位，实用性强。

本书采用与其他专业教材不同的写法：以问题引出内容，并辅以大量形象直观的工艺及设备的立体图、剖视图，让学生学习起来容易接受、少走弯路，教师指导学生实习也能很快进入角色。

本书由唐山学院彭宝利教授主编，河北联合大学机械学院高级工程师王家金担任副主编，唐山冀东水泥股份有限公司副总工程师崔信明、高级工程师姜福华参编，国家建材行业职业技能鉴定指导中心副主任李江审核，原国家建材局人才开发司范令惠司长、原国家建材行业职业技能鉴定指导中心李薇主任给予指导和帮助，在此表示衷心感谢。

由于编者水平有限，谨请水泥专业的同仁们批评指正。

编　者

2013.11.19

第 1 版前言

水泥生产是一个复杂的过程,所用的设备种类繁多,它们直接影响生产能力、水泥质量、节能降耗、安全生产等,可以说设备的正常运转是确保水泥生产优质、高产、低耗的重要条件,而设备巡检是保证设备的正常运转必不可少的重要内容,也是设备管理最基础、最重要的工作。随着生产设备的不断升级和大型化的发展方向,对巡检岗位从业人员的知识结构和技能要求越来越高。

初级工(国家职业资格五级):掌握本岗位的常规操作技能;能够独立完成生产设备的常规巡检操作。

中级工(国家职业资格四级):熟练运用基本技能独立完成本岗位的生产设备巡检操作与维护;在特定情况下,能够运用专门技能完成较为复杂的设备巡检任务和一般性故障处理。

高级工(国家职业资格三级):熟练运用基本技能完成较为复杂设备的巡检操作,能判断并分析设备在运行中存在的故障隐患及出现的问题;掌握相关工种的岗位操作技能和设备的基本维修技术,完成设备的维护和修理。

技师(国家职业资格二级):熟练运用专门技能完成复杂的设备巡检操作和较复杂的维修及故障处理;具有一定的设备改造、技术革新能力;具备基本的生产设备和生产管理能力;能对高级工及以下技术工人进行专业培训和岗位技术指导。

水泥巡检岗位技术工人由高级工晋升技师,要结合自身的工作业绩,如改进巡检技术和方法、能进行设备的故障诊断分析;参与、组织设备的技术革新、大修或新安装设备的调试、验收等,使之达到降耗、优质、高产;具备指导低于自己技术级别的岗位工人进行巡检操作的能力等,将理论知识、技能操作和工作业绩综合起来,按照相应的技术等级标准考评晋级。

本书以科普类型、图文并茂、形象直观、通俗易懂等与众不同的编写风格展现在读者面前。用生产流程和设备直观、形象的立体图、解剖图,让你"识得庐山真面目",用文字和图形架起理论与实践、抽象与形象之间的桥梁,让学生学习起来少走不少弯路,指导学生实习很快进入角色。

本书由唐山学院教授彭宝利主编,冀东启新水泥厂副总工程师周良利主审,唐山学院赵靖宇、韩春庆、周静明参编,唐山学院韩国彩负责全书的文字处理和编辑加工。

编　者

2012.01

China Building Materials Press

发展出版传媒　　服务经济建设

传播科技进步　　满足社会需求

目　　录

4　高级水泥生产巡检工知识与技能要求

1 基本知识

水泥制造是按照一定的工艺流程,采用种类繁多的机械设备,经过生料制备、熟料煅烧、水泥制成等若干道工序完成的。设备的正常运行是确保水泥连续性生产的关键,而巡检是保证设备正常运行的不可缺少的主要内容。

1.1 基础理论知识

1.1.1 新型干法水泥工艺基本知识

1.1.1.1 水泥是什么? 它都有哪些用途?

水泥与钢材、木材、塑料同为四大基础工程材料。而水泥的用途最广、用量最大、耐久性最强。水泥还具备许多其他材料不可取代的性能,因而使它处于非常重要的地位,无论是房屋、道路、市政、交通、港口、桥梁、水坝、轨枕、管道、电杆还是军事工程,其主要材料就是水泥。在水泥中加入适量的水后,成为塑性浆状物,既能在空气中硬化,又能在水中硬化,并能把砂、石等材料牢固地胶结在一起的水硬性的胶凝材料。

1.1.1.2 水泥有哪些品种?

水泥工业除了大量生产硅酸盐系列水泥外,还有其他系列和具有特殊性能的特种水泥,品种已达到近百种。

1)按照水泥的用途及性能分类

(1)用于工业、民用建筑工程上的七大通用水泥

①硅酸盐水泥;②普通硅酸盐水泥;③矿渣硅酸盐水泥;④火山灰质硅酸盐水泥;⑤粉煤灰硅酸盐水泥;⑥复合硅酸盐水泥;⑦石灰硅酸盐水泥。

(2)有专门用途的水泥

① 油井水泥(用于油、气井的固井工程)。

② 道路硅酸盐水泥(用于混凝土路面、机场跑道等)。

③ 型砂水泥(用于铸造行业)。

(3)特性水泥

① 中热硅酸盐水泥(用于大坝和大体积混凝土工程)。

② 低热矿渣硅酸盐水泥(也适用于大坝和大体积混凝土工程)。

③ 抗硫酸盐硅酸盐水泥(用于海港、码头、水利、地下、隧涵、桥梁基础)。

1

④ 白色硅酸盐水泥(用于建筑装饰工程、制造彩色混凝土或人造大理石)。

2)按照水泥的组成分类

(1)硅酸盐水泥系列

在"水泥"二字前面冠以"硅酸盐"的,被称为硅酸盐水泥,这个名称是根据它的化学成分确定的。它是以适当成分的生料,烧至部分熔融,得到了以硅酸钙(盐类)为主要成分的水泥熟料,添加0%~5%的石灰石或高炉粒化矿渣,还要加入适量的石膏(主要起调节凝结时间作用)磨细,就是硅酸盐水泥。它的颜色与英国波特兰城建筑岩石相似,故也称之为波特兰水泥。如果我们在硅酸盐水泥熟料的基础上,加入不同品种、数量的混合材(火山喷发出的火山灰、火电厂煤粉燃烧后排出的粉煤灰、铝厂烧结法制造铝氧排出的废渣、煤矿选煤过程中分离出来的煤矸石或石煤、钢铁厂冶炼生铁时从高炉中排出的废渣等)共同粉磨,又可制得其他品种水泥,如普通硅酸盐水泥、矿渣硅酸盐水泥、火山灰质硅酸盐水泥、粉煤灰硅酸盐水泥、复合硅酸盐水泥,石灰硅酸盐水泥,还可以配料成分的不同,生产出用于特殊工程的硅酸盐特种水泥。在硅酸盐水泥系列中,水泥的品种最多、用途也最为广泛。

(2)铝酸盐水泥系列

铝酸盐水泥是继硅酸盐系列水泥之后开发的第二系列水泥,其熟料矿物组成以铝酸钙为主,具有早强、耐火等特殊性能,主要配制耐热混凝土作为窑炉耐火内衬,并可用于军事工程、紧急抢修工程、要求早强的特殊工程等。

此外还有:氟铝酸盐水泥系列(铸造用的型砂水泥、锚喷用的喷射水泥、抢修工程快硬氟铝酸盐水泥)、硫铝酸盐水泥系列(用于紧急抢修工程或地下工程的快硬硫铝酸盐水泥等)、铁铝酸盐水泥系列(用于抢修抢建工程和适合于冬期施工、制作预制构件的快硬铁铝酸盐水泥等)。

1.1.1.3 制造水泥需要哪些原燃材料?

1)原料

(1)石灰质原料

指以硅酸钙为主要成分的石灰石、泥灰岩、白垩、贝壳等天然石灰质原料和电石渣、糖滤泥等工业废渣,是硅酸盐水泥生产中用量最大的原料,约占80%左右。现代化水泥生产所采用的石灰质原料主要是石灰石,少数厂家用泥灰岩加石灰石。白垩适用于立窑水泥生产,贝壳及珊瑚类在我国沿海一带省份的小水厂用做原料。

石灰质原料的主要成分为$CaCO_3$,应用最广泛的是石灰石。纯石灰石的CaO最高含量为56%(根据每个元素中的原子量确定),其品位由CaO的含量来确定。但用于水泥生产的石灰石原料不一定是CaO的含量越高越好(应能满足配料的要求),还要看它的酸性组成材料(SiO_2、Al_2O_3、Fe_2O_3等)是否满足要求。石灰石中的主要有害成分为MgO、R_2O($Na_2O + K_2O$)、SO_3、Cl^-和$f\text{-}SiO_2$(游离的二氧化硅)等微量元素,对水泥质量有一定的不利影响,因此要严格限制。

水泥工业通常将石灰石、泥灰岩根据其中氧化钙、杂质含量分成不同品位,其质量要求见表1-1-1-1。

表 1-1-1-1　石灰质原料的质量要求（质量%）

品　位		CaO	MgO	R_2O	SO_3	Cl^-	燧石或石英
石灰石	一级品	>48	<2.5	<1.0	<1.0	<0.015	<4.0
	二级品	45~48	<3.0	<1.0	<1.0	<0.015	<4.0
泥灰岩		35~45	<3.0	<1.2	<1.0	<0.015	<4.0

（2）黏土质原料

黏土质原料也称硅铝质原料，包括黏土、黄土、页岩、粉砂岩、河泥等，是由沉积物经过压固、脱水及结晶作用而成的岩石或风化物，主要成分为二氧化硅（SiO_2），其次是三氧化二铝（Al_2O_3）、三氧化二铁（Fe_2O_3）和氧化钙（CaO），主要提供水泥熟料所需的酸性氧化物（SiO_2、Al_2O_3、Fe_2O_3），约占原料的 10%~17%。

衡量黏土质原料的质量的主要指标是化学成分（硅酸率 n、铝氧率 p）、含砂量、含碱量及可塑性等，见表 1-1-1-2。

表 1-1-1-2　黏土质原料的质量要求（质量%）

品　位	硅酸率	铝氧率	MgO（质量%）	R_2O（质量%）	SO_3（质量%）	Cl^-（质量%）
一级品	2.7~3.5	1.5~3.5	<3.0	<4.0	<2.0	<0.015
二级品	2.0~2.7	不限	<3.0	<4.0	<2.0	<0.015

这里的硅酸率也称硅率，表示水泥熟料（该原料）中 SiO_2 含量与 Al_2O_3 及 Fe_2O_3 含量之和的比值，通常用 n 或 SM 表示：

$$n = \frac{SiO_2}{Al_2O_3 + Fe_2O_3}$$

铝氧率也称铁率，是水泥熟料中 Al_2O_3 与 Fe_2O_3 的含量之比，通常用 p（或 IM）来表示：

$$p = \frac{Al_2O_3}{Fe_2O_3}$$

（3）校正原料

用石灰质原料和黏土质两种原料配料，多数情况下 Fe_2O_3、SiO_2 或 Al_2O_3 含量不足，此时应根据所缺少的组分补充相应的原料，这就是校正原料。校正原料主要有：

① 铁质校正原料　当用石灰质和黏土质原料配料 Fe_2O_3 含量不足时，需要掺加 Fe_2O_3 含量较大的铁质校正原料。常用的铁质校正原料有硫铁矿渣、钢渣、铅矿渣、铜矿渣和低品位的铁矿石，其中硫铁矿渣（即铁粉）应用较普遍，它是硫酸厂的废渣，红褐色粉末状，含水量较大，Fe_2O_3 含量超过 50%。

② 硅质校正原料　当用石灰质和黏土质原料配料 SiO_2 含量不足时，需掺加一部分含 SiO_2 较高的硅质校正原料，如粉砂岩、砂岩、河砂等。

③ 铝质校正原料　当生料中的 Al_2O_3 不足时，需掺加铝质校正原料，如炉渣、铝矾土、煤矸石等。

2）工业废渣

我国每年要从工矿企业排出大量的废渣，如煤矸石、石煤、粉煤灰、炉渣、电石渣、赤泥、铝渣、钢渣、碱渣、硫铁矿渣、高炉粒化矿渣等，这些废渣对于水泥生产来说可以替代部分石灰质或黏土质原料或校正原料,来制备成水泥生料,喂入窑内去煅烧水泥熟料;还有的工业废渣可以作为混合材料与水泥熟料一起磨制成水泥,提高水泥的产量。工业废渣的利用是节约矿山资源、变废为宝、减少环境污染、发展循环经济的有效途径。

3)燃料煤

煤作为水泥熟料烧成的燃料,供给熟料烧成所需的热量。但是其中所含的灰分,绝大部分落入水泥熟料中,而影响水泥熟料的成分和性质,从这一点讲,煤又是生产水泥的一种"原料"(是水泥熟料成分的重要组成部分)。因此对水泥厂用煤的质量有一定的要求,见表1-1-1-3。

表1-1-1-3　水泥熟料煅烧所用原煤的质量要求

项目 煤种	发热量 $Q/(kJ/kg)$	挥发分 $V_{ad}/\%$	灰分 $A_{ad}/\%$	全硫 $S_{t,ad}/\%$	水分 $M_{ad}/\%$
烟煤	>21000	20~30	<30	<2	<15

随着工艺技术的进步和实际生产的需要,实际上达不到表1-1-1-3中质量要求的煤也常有应用,例如无烟煤、褐煤、焦硫渣等已在水泥厂得到广泛使用,但对热耗等会有一定的影响。

4)石膏

水泥生料经过高温煅烧后所得以硅酸钙为主要成分的、结构致密的粒状水泥熟料,与适量的石膏及混合材一起再次入磨磨制成水泥。

石膏是一种缓凝剂,其作用是调节水泥的凝结时间,使建筑施工的混凝土的配制、搅拌、运输、振捣、砌筑等工序得以顺利进行,同时也可以提高水泥的早期强度及改善耐蚀抗渗性等。可供使用的有天然石膏(主要成分 $CaSO_4$)或工业副产石膏(主要成分 $CaSO_4 \cdot 2H_2O$)。

石膏掺量一般以水泥中 SO_3 含量作为控制指标,通过试验来确定,选择凝结时间正常、能满足其他性能要求的 SO_3 掺加量作为最佳石膏掺加量。若掺加量过少,不能合适地调节水泥正常凝结时间,若掺加量过多,可能导致水泥体积安定性不良。通常 SO_3 含量波动在 1.5%~2.5% 之间,换算成 $CaSO_4 \cdot 2H_2O$ 为 2.925%~4.875%。

5)混合材料

在水泥中除熟料和石膏以外的组分都称为混合材料,是为改善水泥性能,调节水泥标号的矿物质材料。常用的混合材有粒化高炉矿渣、粉煤灰、石灰石、粒化电炉磷渣、冶金工业产生的各种熔渣、火山灰质混合材(天然、人工两类)。对混合材料的掺入有一定的质量要求和掺加量限定,表1-1-1-4列出了可用作水泥的混合材料。

表1-1-1-4　可用作水泥混合材料一览表

类　别	活性混合材		非活性混合材	其　他
天然材料	火山灰、凝灰岩、浮石、沸石岩、硅藻土、硅藻石、蛋白石		砂岩、石灰石	窑灰 钢渣
人工材料或 工业废渣	潜在水硬性类	粒化高炉矿渣、锰铁矿渣、化铁炉渣、精炼铬铁渣	活性指标不符合要求的粒化高炉矿渣、粉煤灰、火山灰质混合材料;粒化高炉钛矿渣、块状矿渣、铜渣	
	火山灰质类	粉煤灰、燃烧后的煤矸石、沸腾炉渣、烧结岩、烧黏土		

这里值得一提的是,在硅酸盐系列水泥品种中,用量最大的混合材料是粒化高炉矿渣和粉煤灰。

6）外加剂

水泥中允许加入不超过水泥重量1%的外加剂，主要是助磨剂。这些外加剂不应损害对钢筋的保护性能，以及水泥和混凝土的其他有关性能，所以水泥中的外加剂应慎重使用，以加在混凝土中为好，以免与混凝土的外加剂相抵触。

1.1.1.4　制造水泥需要哪些生产设备？

生产水泥的工艺过程十分复杂，从原料开采到水泥成品出厂要用到上百种设备：石灰石矿山用到开采、爆破、破碎、板式输送机，带式输送机设备；原料预均化要用到堆料、取料设备，带式输送机设备；生料粉磨用到电子皮带秤、辊压机、球磨机或立式磨、选粉机、风机、机械输送（斗式提升机、螺旋输送机）、气力输送设备（空气输送斜槽、仓式或螺旋气力输送泵或气力提升泵）；生料均化库及需要库顶进料、库内均化、库底卸料、闸阀、供气设备；熟料烧成用到回转窑、预热器、分解炉、空气炮、冷却机、熟料破碎机、链斗输送机、熟料库、鼓风机、罗茨风机、高温风机、增湿塔设备、煤磨（风扫磨或立式磨）及输送设备（机械、气力）、煤粉燃烧器；矿渣烘干用到回转烘干机及机械输送设备；水泥粉磨用到辊压机、水泥磨（球磨机或立式磨）、选粉机、风机、输送（机械、气力）设备；水泥库及包装散装设备、轨道衡等。每一台运转的设备，都离不开电动机、减速机、润滑设备；每一个工段都要有空气压随机伴随；每一个扬尘点都必须有除尘器伺候，可见，制造水泥用到的设备种类的确很多，而且就一种设备来讲，也有多种类型，如窑尾预分解系统的预热器和分解炉就有十多种。

1.1.1.5　什么是新型干法水泥生产技术？

新型干法水泥生产技术是以悬浮预热和预分解技术装备为核心，以先进的环保、热工、粉磨、均化、储运、在线检测、信息化等技术装备为基础；采用新工艺、新技术和新材料；充分利用工业废料、废渣，以节约能源和资源，促进循环经济，形成一套具有现代高科技特征和符合优质高产节能环保以及大型化、自动化的、实现人与自然和谐相处的现代化水泥生产方法。新型干法水泥生产的具体环节有：原料矿山计算机控制开采、原料预均化、生料均化、生产均化、新型节能粉磨、高效预热器和分解炉、新型篦式冷却机、高耐热耐磨及隔热材料，计算机与网络化信息技术等，是目前已经成为国际公认的代表当代最高水平的水泥生产技术。

1.1.1.6　新型干法水泥生产工艺流程是怎样的？

不论是我国还是其他国家，硅酸盐水泥一直作为通用水泥中的一个重要品种，它的应用范围最广，生产量最大。从原料的开采到制造出水泥出厂，要经过物料的破碎、预均化、按一定比例配合磨制成生料、再进一步均化，而后入窑煅烧成熟料、冷却后加入适量的石膏和一定比例的混合材磨细，就是水泥了。在这个过程中要用到多个储库（仓）和输送设备将各道工序连接起来，产生的粉尘由除尘器处理，图1-1-1-1至图1-1-1-3是几种典型的现代水泥生产工艺流程图（其主要区别在于生料粉磨系统、分解炉类型和水泥制成系统不同，原料预均化和水泥发运基本相同），我们通常把整个的生产过程归纳为生料制备、熟料煅烧和水泥制成三个主要阶段。

1）第一阶段：生料制备

把石灰石质（如石灰石，主要含CaO）原料、硅质和铝质（黏土或砂岩，主要含SiO_2、Al_2O_3）原料与少量的铁质校正原料（如铁矿石、硫酸厂的废渣等主要是含Fe_2O_3）经破碎和烘干后，根据所生产水泥的品种、强度等级、各种原料的氧化物成分、煤的化学成分及热值、煅烧工艺条件等，按照一定比例配合、磨细，并调配为成分合适、质量均匀的生料。生料制备包括：

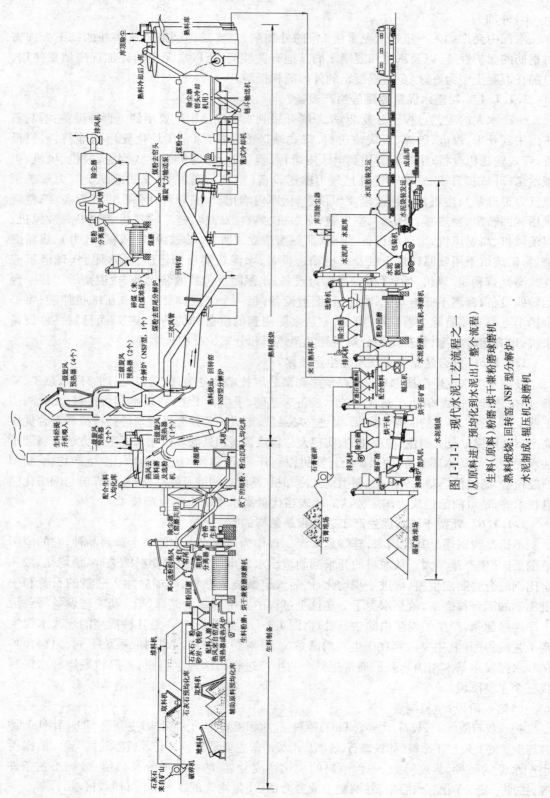

图 1-1-1 现代水泥工艺流程之一

（从原料进厂预均化到水泥出厂整个流程）

生料（原料）粉磨：烘干兼粉磨球磨机

熟料烧成：回转窑、NSF 型分解炉

水泥制成：辊压机-球磨机

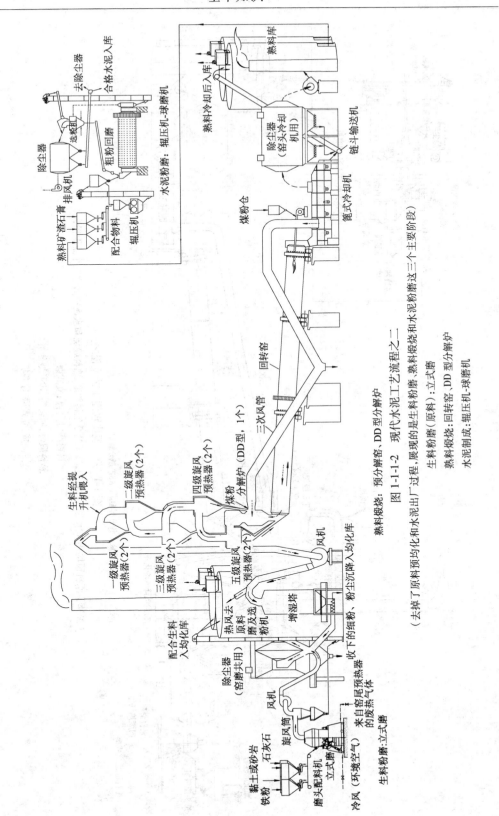

图 1-1-2　现代水泥工艺流程之一

（去掉了原料预均化和水泥出厂过程，展现现的是生料粉磨、熟料煅烧和水泥粉磨这三个主要阶段）

生料粉磨（原料）：立式磨

熟料煅烧：回转窑，DD 型分解炉

水泥制成：辊压机-球磨机

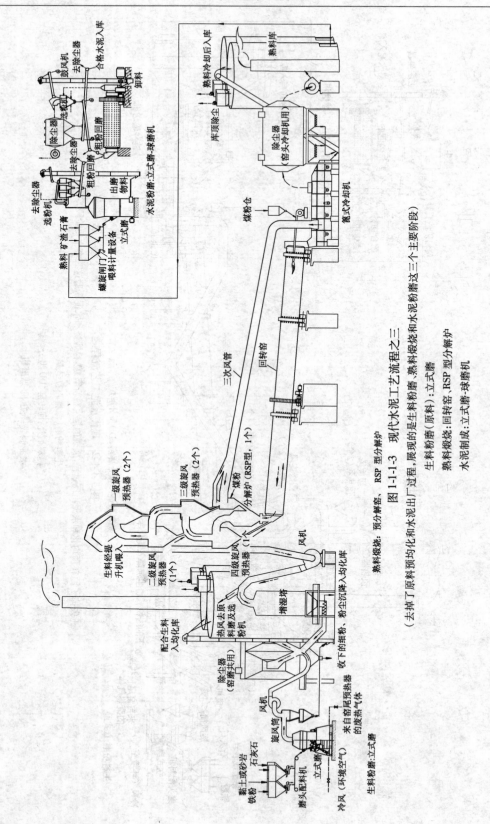

图 1-1-3　现代水泥工艺流程之三

（去掉了原料预均化和水泥出厂过程，展现现的是生料粉磨、熟料煅烧和水泥粉磨这三个主要阶段）

生料粉磨（原料）：立式磨

熟料煅烧：回转窑，RSP 型分解炉

水泥制成：立式磨-球磨机

（1）石灰石破碎

石灰石质原料从矿山上开采下来时，多数还都是块度较大的物料，有的粒度（尺寸）将近 1m，我们要把它用磨机磨成很细的生料、均化后送入窑内去烧成熟料，磨机承受不了，需要把这些石灰石质原料在入磨粉磨之前破碎成颗粒（20mm 左右）较小且均齐的碎块，这个任务就是由破碎机来完成。所用的设备一般是锤式破碎机或反击式破碎机，见图 1-1-1-4。如果石灰石的粒度很大，可先用颚式破碎机作为第一级破碎，再送到锤式破碎机或反击式破碎机做二级破碎。

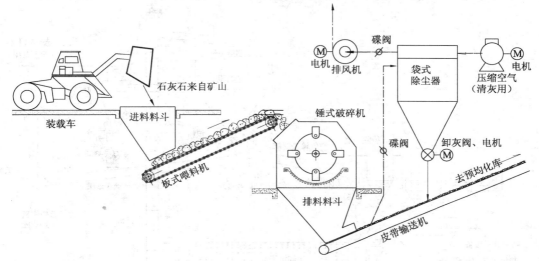

图 1-1-1-4 石灰石破碎工艺流程

（图中的Ⓜ为电机符号，以下各图出现的相同）

（2）原料的预均化

水泥生产力求生料化学成分的均齐，以保证在煅烧熟料时热工制度的稳定、烧出高质量的熟料，实现优质、高产、低耗。但进厂原料的化学成分并不是很均匀的，而且波动很大，这会使制备出来的生料质量不稳定，对水泥熟料的质量产生直接的影响。因此，让原料得到均化是非常重要的。那么在石灰石破碎后（以及和其他辅助原料如砂岩、黏土、铁粉等）、入磨前进行均化，这个过程我们称它为预均化过程。图 1-1-1-5 是石灰石预均化库。

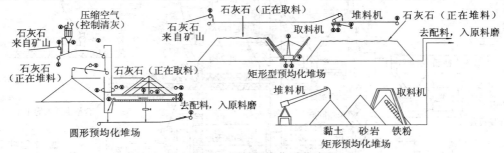

图 1-1-1-5 原料预均化工艺流程

（3）生料粉磨

预均化后的各种原料（石灰石为主要原料）分别输送到配料仓，然后按照一定比例配料去磨制成粉状的生料。生料的磨制采用的是球磨机或立式磨来完成，原料入磨时是含有一定水分的,特别是黏土质原料,含水分 15% ~20%,如果不对它们的水分加以严格的限制,会在磨内出现"糊磨"、"包球"等现象,导致磨机产量下降,因此粉磨时还要通入一定量的热气体,让被磨物料在同一台磨里烘干和粉磨同时进行。我们把按一定的粉磨流程配备的主机(球磨机及选粉机)和辅机(收尘、输送设备)构成的系统称为生料粉磨(闭路循环)工艺系统。见图 1-1-1-6[尾卸提升循环烘干兼粉磨(中心传动)工艺流程]和图 1-1-1-7[中卸提升循环烘干兼粉磨(边缘传动)工艺流程]、图 1-1-1-9(立磨粉磨兼烘干工艺系统)。

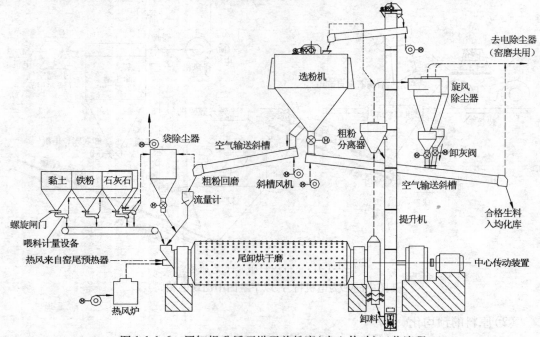

图 1-1-1-6 尾卸提升循环烘干兼粉磨(中心传动)工艺流程

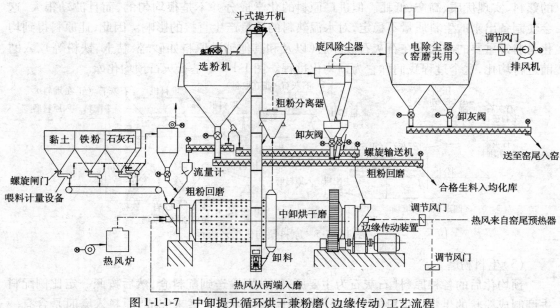

图 1-1-1-7 中卸提升循环烘干兼粉磨(边缘传动)工艺流程

采用尾卸提升循环烘干兼粉磨时,物料从磨机的一端(磨头)喂入,经过粉磨后从另一端(磨尾)卸出,经提升机送至选粉机,选出的细粉(合格生料)进入下一道工序(生料均化库)。而选出的粗粉再回到磨机里重磨,形成系统循环粉磨。

采用中卸提升循环烘干兼粉磨时,配合原料物料从磨机的一端(磨头)喂入,经过粉磨后从磨机的中部卸出,经提升机送至选粉机,选出的细粉(合格生料)进入下一道工序(生料均化库),而选出的粗粉从磨机的两端进入磨内重磨,同样形成了系统循环粉磨。

随着粉磨无球化的发展趋势,辊压机生料终粉磨已经成为与立磨粉磨工艺相竞争的节能粉磨系统,随着辊压机设备的大型化及配套工艺技术的不断完善,体现了辊压机作为生料终粉磨能耗低的优势,近几年来在大型水泥生产线上得到了较好的应用,它可以同球磨机配合或自成系统组成多种工艺流程,如预粉磨、混合粉磨、半终粉磨及终粉磨等系统,集打散、分级、烘干于一体,大大降低了入球磨机的物料粒度,使系统电耗降低 50% ~ 100%,产量提高 100% ~ 300%,适用于水泥生料或熟料、新建厂或老厂改造的粉磨系统,见图 1-1-1-8。

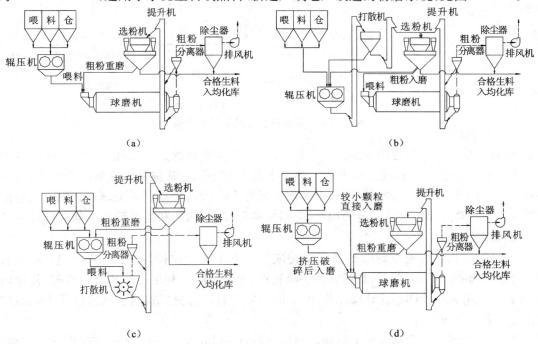

图 1-1-1-8　辊压机与球磨机构成的粉磨工艺流程
(a)辊压机预粉磨工艺流程;(b)辊压机半终粉磨工艺流程;(c)辊压机终粉磨工艺流程;(d)辊压机混合粉磨工艺流程

不论是尾卸球磨机、中卸球磨机还是与辊压机共同所构成的提升循环烘干粉磨工艺系统,球磨机与选粉机都是分别设置的,二者之间用提升机、螺旋输送机或空气输送斜槽等输送设备构成循环粉磨工艺系统,比较复杂,占用的地面和空间都比较大。而立式磨系统集烘干、粉磨、选粉及输送设备于一身,结构紧凑,占地面积和空间小,系统简单明了,噪声小,产量也高,具有广阔的应用前景。当然立磨对辊套和磨盘的材质要求较高,对液压系统加压密封要求严格,对岗位工人操作维护技术要求较高,否则,对磨机产质量影响很大。随着立磨技术的日趋成熟,我国近几年新建的新型干法水泥厂生料的粉磨大多采用了立式磨粉磨工艺,正在逐渐取代球磨。

从立式磨的流程(图 1-1-1-9)中可以看出,来自磨头仓含有一定水分的配合原料从立磨的腰部喂入,在磨辊和磨盘之间碾压粉磨,来自窑尾预热器或窑头冷却机的废热气体从磨机底部进入,物料边粉磨边烘干,气流靠排风机的抽力在机体内腔造成较大的负压,把粉磨后的粉状物料吸到磨机顶部,经安装在顶部选粉机的分选,粗粉又回到磨盘与喂入的物料一起再粉磨,细粉随气流出磨进入除尘器,由它将料、气分离,料就是细度合格的生料了,气体经除尘净化后排出。

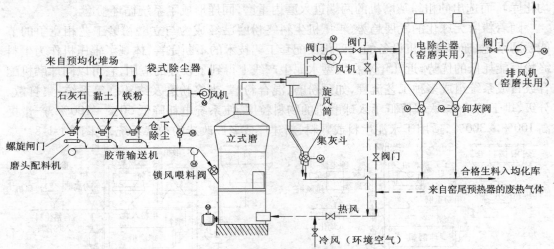

图 1-1-1-9 立磨粉磨兼烘干工艺系统

（4）生料均化

均化是生料制备过程中的最后一个环节,为下一步熟料的煅烧做准备。生料的均齐性（这里指颗粒大小）和稳定性（这里指化学成分的波动范围,即碳酸钙滴定值的合格率）会对熟料煅烧质量产生重大影响,所以我们必须要把好入窑生料质量这一关,对出磨后、入窑前的生料,在存储过程中做进一步的均化,它同原料破碎、预均化和生料粉磨一起共同构成了生料制备系统。

生料的均化过程是在封闭的圆库里完成的。采用空气搅拌,重力作用,产生"漏斗效应",使生料粉在向下卸落时,尽量切割多层料面,充分混合。利用不同的流化空气,使库内平行料面发生大小不同的流化膨胀作用,有的区域卸料,有的区域流化,从而使库内料面产生倾斜,进行径向混合均化。

均化库是圆形的钢筋混凝土结构,一般直径 $\phi 5 \sim 12m$,高度 $30 \sim 60m$ 范围内,位置设在生料磨系统与窑煅烧系统之间,见图 1-1-1-10。

2）第二阶段:熟料煅烧

在现代化水泥生产中,用于熟料煅烧的设备主要是回转窑以及和窑配套的预热器、分解炉、冷却机、煤粉制备、收尘、输送、排风等设备,它们共同构成了一个复杂的煅烧工艺系统,进入该系统的生料经过一系列复杂的物理变化和化学变化后,完成熟料的烧成。

（1）生料烧成熟料的过程

将制备好的生料送入热工设备中煅烧至部分熔融,所得以硅酸钙（C_3S、C_2S、C_3A、C_4AF）为主要成分的硅酸钙水泥熟料（颗粒状或块状）。其路径是:来自均化库的生料首先进入窑尾预热器系统中,经过气固分散、换热和分离后进入设在预热器和回转窑之间的分解炉内,利用窑尾上升烟道和燃料喷入装置,将燃料燃烧的放热过程与生料的碳酸盐分解的吸热过程在分解炉内以悬浮态或流化态下迅速进行,使入窑生料的分解率提高到90%以上,而后进入回转窑内,将碳酸盐进一步的迅速分解并发生一系列的固相反应,生成水泥熟料中的 C_3S、C_2S、C_3A、C_4AF 等矿物,最后由熟料冷却机将回转窑卸出的高温熟料冷却到下游输送、贮存库和水泥磨所能承受的温度,同时回收高温熟料的显热,提高系统的热效率和熟料质量,见图1-1-1-11。

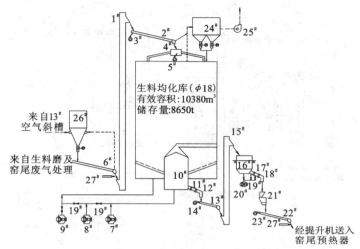

图 1-1-1-10　生料均化库工艺流程

1#、15#—提升机;2#、13#—空气斜槽;3#、5#、14#、23#、25#—风机;4#—生料分配器;
6#—均化库环行区充气系统;7#、8#、9#、20#—罗茨风机;10#—均化库中心室充气系统;
11#—充气螺旋闸门;12#、18#—气动开关阀;16#—喂料仓;17#—充气螺旋阀;
19#—流量控制阀;21#—冲板式流量计;24#、26#—袋式除尘器;27—取样器

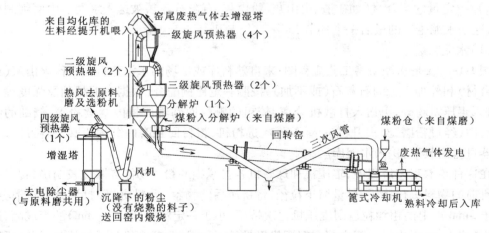

图 1-1-1-11　熟料煅烧工艺流程

这里的矿物化学表示式 C_3S、C_2S、C_3A、C_4AF 是 $3CaO \cdot SiO_2$、$2CaO \cdot SiO_2$、$3CaO \cdot Al_2O_3$、$4CaO \cdot Al_2O_3 \cdot Fe_2O_3$ 的缩写,看起来很陌生的,好像都是氧化物的组合。的确,它们是几种氧化物经过高温煅烧、起化学反应后组合在一起的,矿物名称分别是硅酸三钙、硅酸二钙、铝酸三钙和铁铝酸四钙。

（2）煤粉制备

熟料煅烧需要的燃料一般是煤,回转窑和窑尾部的分解炉都需要它。煤在入回转窑和分解炉"释放热量"之前需要磨成细粉,按粉磨设备的类型分球磨机粉磨和立磨粉磨两类煤粉制备工艺,风扫磨是我国普遍采用的烘干兼粉磨球磨煤粉制备设备,它实际上也是循环闭路粉磨,只是出磨煤粉借助于气力提升、输送和选粉,不需要单独设选粉机和提升机,出磨粗细粉的筛选设备及过程与生料闭路粉磨有所不同,见图1-1-1-12。

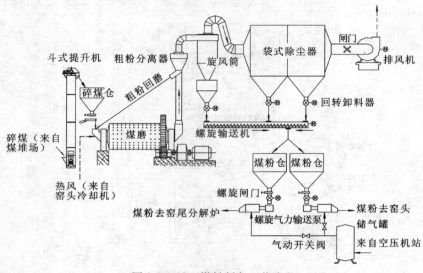

图 1-1-1-12　煤粉制备工艺流程

3)第三阶段:水泥制成

出窑熟料经过快速冷却和短时间的储存后,与适量的石膏(主要含 $CaSO_4 \cdot 2H_2O$ 和 $CaSO_4$)、一定量的混合材(如矿渣、火山灰、粉煤灰、石灰石等),被送入水泥磨内磨细制成了水泥,这是水泥生产的最后一个环节。

（1）水泥粉磨

图 1-1-1-13 是水泥粉磨工艺流程图:来自熟料库或堆场的水泥熟料、石膏、火山灰(或其他混合材)和外加少量的石灰石(或不加),按照一定比例配合(根据水泥品种及强度等级要求)进入辊压机粉碎,再送入打散机分离,较粗的颗粒回到辊压机内继续粉碎,较细的物料送入磨内,经过粉磨,经提升机进入 O-Sepa 选粉机,粗粉回到磨内继续粉磨,细粉进入袋式除尘器过滤后收下,送入水泥库。

在这种粉磨工艺流程中,辊压机和球磨机各自承担的粉碎功能界限比较明确,辊压机对入磨机前的物料进行挤压,尽量缩小粒径,将挤压后的物料(含料饼)经打散分级打散分选,将大于 3mm 以上的粗颗粒返回辊压机再次挤压,小于一定粒径(0.5～3mm)的半成品,送入球磨机粉磨。由于物料入磨之前在辊压机里进行了预粉碎,球磨机只承担研磨任务,所以可以缩小磨机的规格,而且照样能保证有较高的产量。

（2）矿渣烘干

磨制水泥时,对石膏、矿渣的水分有严格的限制(一方面水泥中的水分含量有限制要求,另一方面,水泥生产过程中水分过大),否则会出现"糊磨"、"包球"等现象,导致磨机产量下降。所以要对水分较高且掺加量较多的矿渣进行单独烘干后再与熟料、石膏一同入磨。目前常用的烘干设备是顺流式回转烘干机,见图1-1-1-14。

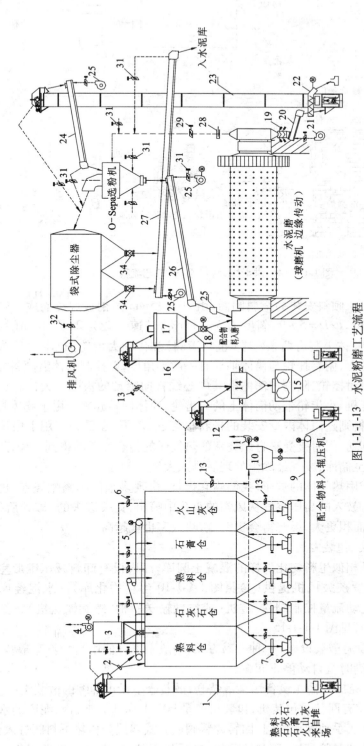

图 1-1-13　水泥粉磨工艺流程

1、12、16、23—斗式提升机；2—物料分配阀；3、10—袋式收尘器；4、11—除尘器用风机；5、9—带式输送机；6、13、29、31、32—螺旋闸门；7—蝶阀；8—电子配料秤；19—卸料重锤；20、24、26、27—空气输送斜槽；21、25—空气斜槽用风机；22—通风管道膨胀节；14—稳流仓；15—辊压机；17—打散机；18、34—回转卸料器；28—取样器；

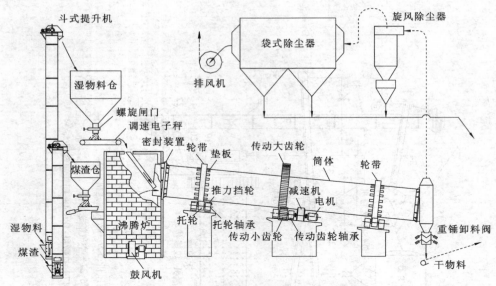

图 1-1-1-14　烘干(回转烘干机)工艺流程

回转式烘干机是一个倾斜安装的金属圆筒,由 10～15mm 的钢板焊接而成。转筒直径 1.0～3.0m,长度 5～20m,$L/D = 5～7$,斜度为 3%～6%,转速一般为 2～7r/min(快速烘干机可达 8～10r/min)。筒体上装有两条轮带(也叫滚圈)和传动大齿轮(也叫大牙轮),借助于轮带支撑在两对托轮上,俯看托轮与筒体轴线有一微小角度,以控制筒体沿倾斜方向向下滑动。同时轮带两侧一对挡轮,限制了筒体沿其中心线方向窜动的极限。大齿轮连接钢板筒体上,通过电机、减速机、小齿轮带动筒体上的大齿轮,筒体回转起来。由于筒体具有一定的斜度且不断回转,物料则随筒体内壁安装的扬料板带起、落下,在重力作用下由筒体较高的一端向较低的一端移动,同时接受来自燃烧室的热气体的传热而不断得到干燥,干料从低端卸出,由输送设备送至储库,废气经除尘处理后排入大气。

向烘干机提供烘干用热气体的炉子,我们叫它燃烧室,现多采用沸腾燃烧室,也叫沸腾炉,炉膛里设置了风帽,鼓入的高压空气从风帽的小孔中喷出,让喂进来的(破碎后的)煤渣悬浮起来,与氧接触的面积更大,燃烧得会更完全,热效率也就越高。

(3)水泥储存、散装、包装发运

水泥储存采用的是相似生料均化那样的混凝土圆库,库内设有卸料减压锥形室及充气装置,充气所需气源由罗茨鼓风机提供(参照图 1-1-1-10 生料均化库)。水泥经库底卸料箱、电控气动开关阀、电动流量控制阀、拉链机(或空气输送斜槽、螺旋输送机)送至水泥包装车间的斗式提升机中,见图 1-1-1-15。

① 水泥库的库侧设有散装设施(一种简易方式,一般不推荐使用),为汽车散装,散装头上有料位检测装置,车满时可自动停止卸料。

② 水泥库底出料,经提升输送设备送至散装仓,散装仓下设可伸缩的散装头。

③ 水泥包装车间设有回转式包装机,包装机产量 90～120t/h。来自水泥库的水泥送入中间仓、振动筛,再经仓底手动螺旋闸门、回转卸料阀或立式双层分格轮下料阀进入包装机,将包装好的袋装水泥经卸包胶带机、破包处理机、电子校正秤、胶带输送机送入袋装成品库(或装车机)发运。

16

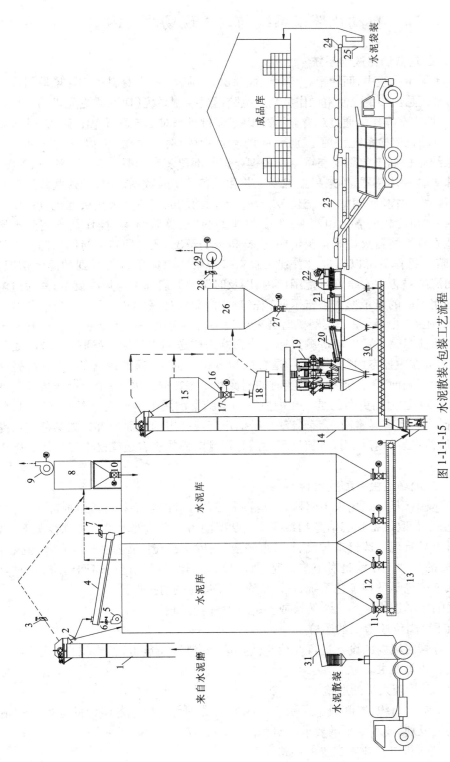

图 1-1-15　水泥散装、包装工艺流程

1、14—斗式提升机；2—物料分配阀；3、6、7、28—蝶阀；4—空气输送斜槽；5—空气输送斜槽用风机；8、28—袋式除尘器；
9、29—袋式除尘器用风机；10、11、17、27—回转卸料器；12、16—螺旋闸门；18—振动筛；19—螺旋式包装机；20—接包机；
21—正包机；12—清包机；23—装车机；24—袋式输送机；26—叠包机；30—螺旋输送机；31—散装头

1.1.2　自动化巡检系统与人工现场巡检内容

1.1.2.1　什么是自动化巡检系统?

在新型干法水泥生产线中,回转窑、生料磨、煤粉磨、水泥磨、原燃材料预均化堆取料设备等主要工艺设备系统是由中央控制室操作员利用电脑通过控制系统(DCS或更先进的其他系统)来运行的。中控室窑操作员通过观看显示器用鼠标、键盘来对工艺进行操作控制。这个系统本身也是一个自动化巡检系统,为了区别于人工(生产现场)巡检,可以称为机器巡检系统。

机器巡检系统是根据工艺需要在重点和关键要害的部位装有如温度、压力、流量、浓度、料位、振动、转速等各种传感器,用来采集现场工艺和设备的实时数据,并根据这些数据对整个生产线来进行操作和控制、调整;系统还装有一些不同功能的工业用视频摄像机直接反映现场状况,像窑头和篦冷机的看火电视等,就是最典型的"机器眼睛"。操作员不用到现场就能相对直观地看到燃烧器火焰和窑头窑内、篦冷机内的情况;还有回转窑筒体扫描仪也是另一种"机器眼睛",操作员可以通过它看到人眼直接观察窑筒体不容易看到的温度情况,判断窑筒体表面温度是否在安全许可范围以内,以及时调整开启和关停风冷设备;并通过电脑处理过的数据用不同的显示形式来指示回转窑筒体内耐火砖及窑皮的厚度,拿来参考判断烧成工艺情况;还有"电耳"是采集磨机磨音来反映磨机工况的一个重要装置。控制系统众多的温度、压力、流量、料位、电流等测点通过传感器采样送到中控室,又通过电脑画面显示在屏幕上,操作员在中控室内"坐"视,一是看视频电视画面,直观地观看关键部位,另一个是监视电脑显示器画面,关注各种设备实时的图像和动态数据。因此,中控操作员其实也是在"巡"检着。只不过他们更多的是坐在中控室的电脑桌前用眼睛巡视,用画面信息来分析、判断和调整操作。当有异常时,会有自动报警的声音或弹出的画面或者参数颜色变化提示,那就是机器巡检在发挥着作用,电脑显示画面和视频电视的查看巡检是中控操作员操作过程的一部分。

1.1.2.2　人工现场巡检有哪些内容?

我们常说的巡检就是指现场人工巡检,它是整个工艺控制的必要和有机组成部分,与机器巡检互为补充,是获取设备状态信息和系统工艺状况的另一个重要渠道。特殊情况下,当仪器仪表失灵时也只有现场巡检来替代了。现场巡检时除了接受中控室操作员的指令执行辅助操作外,重要的一项工作就是对工艺状况,机电设备的运行状况进行巡回检查,及时获得的工艺设备状态信息是掌控工艺系统、使之安全可靠运行的前提保证。

水泥生产线的现场巡检分为三级巡检或多级巡检,内容如下:

(1)车间(工段)岗位巡检工的巡检

按要求对所分管区域内的设备进行巡检并做好记录,值班长负责,各岗位自行巡检,一般有定时、定点、定线等要求。

(2)车间(工段)管理人员的巡检

车间或工段负责人组织,车间或工段副职或职能人员进行。检查各岗位的巡检执行情况和记录。对人员级别、技术水平的要求相对稍高。

(3)厂级的工艺、机电专业人员等的巡检

由工厂领导组织,各职能部门负责人或职能人员参加,检查工艺设备管理制度的执行情况和日常巡检执行情况及巡检记录,检查主机设备的运行情况和故障频发设备的运行情况;对异常设备进行监测和会诊并提出解决措施;对设备维护、保养及设备卫生进行考核评比。对人员级别、技术水平的要求更高。

三级巡检或多级巡检叫法不同,实质是根据企业生产组织的不同、以层次的多少来说的,要求全员参与巡检管理。它的重要意义是:按不同频度、不同层次、不同侧重点来对不会"说话"的设备进行"望、闻、问、切"。工艺设备系统有了问题能及早发现、及时处置,把故障或事故消灭在萌芽状态,确保工艺系统的正常运转。高级别的巡检可能要解决现场的更关键、更重要的疑难杂症。通过各种巡检的资料累积,分析把握设备现状,预知设备的未来运行情况,为进一步制定修理保障方案打基础。

现场巡检中的"巡"就是要按标准,沿着一定的点、走一定的路线,由点到线,面面俱到,不留死角。但必须说明:设备运行或者特殊时期,有些部位或有明确警示不得靠近的地方,一定不要靠近或正对!如有毒气体、防爆阀、压缩空气或蒸汽安全阀等的喷出口,以及系统正压气体的可能溢出部位,这些部位在设计安装或技改时一般都有特别的做法以减少人员的接近,日常巡检时一定要注意!当有必要近距离检查时要制定和采取严密的专门措施。"检"就是通过眼看、耳听、鼻子闻、手摸等直接感知,而高温、高压,运动的、带危险电压的、内部的还需要用仪器仪表等间接测量来获知设备设施状态,与标准值比对来判定设备设施的状态是否正常。

1.1.3　视图知识

水泥生产中所使用的破碎机、磨机、烘干机、水泥窑、熟料冷却机、均化库、除尘器、输送机等近百种设备,都是根据机械、电气工程技术人员设计好的图纸,由铸、车、铣、刨、磨、钳、铆、焊、电等多工种的技术工人制造出来的。图纸完美地表达了设备的形状、结构组成和工作原理及必要的技术说明等,为我们检修、排除故障等提供了瞄准点。因此作为水泥巡检工人应具备一定的看图本领,便于用"技术语言"进行交流。

1.1.3.1　怎样看零件图?

无论是简单设备(如旋风除尘器)还是复杂设备(如磨机、熟料冷却机)及其部件,都是由若干个零件按一定的装配关系和技术要求组装起来的,可以说零件是组成设备和部件的基本单位。表示零件结构、大小及技术要求的图样,我们叫它零件图。它包括以下几个基本内容:

① 有一组恰当的视图、剖视图或剖面图等,完整、清晰地表达零件的结构形状。

② 完全、清晰、正确、合理地标注制造零件和检验零件所需的全部尺寸。

③ 有制造、检验零件所达到的技术要求,如表面粗糙度、尺寸公差、形位公差、热处理及表面处理等。

④ 在图的右下角有标题栏,填写零件的名称、数量、材料、比例、图号及设计、绘图人员的签名等。球磨机缘传动的轴承座就是由轴承上盖和轴承下座两部分零件组成的。

1.1.3.2　剖视图与剖面图区别在哪里?

若用一假想剖切平面剖开零件,按投影(物体在光的照射下留给背景的影像)所得到的图形称为剖视图。剖视图有全剖、半剖和局部剖,从不同的角度,让你看清零件或设备的内部结构。图 1-1-3-1 中的主视图是半剖,左视图为全剖,图 1-1-3-2(轴承座组装图)磨机主轴承的左下角为了能够反映出螺孔的尺寸(与地脚螺栓配合),采用的是局部剖视。

假想用剖切平面将零件的某处截断,仅画出了断面的图形,这个图形就是剖面图,见图 1-1-3-3。

1.1.3.3 怎样识读组装图(装配图)?

设备运行了一段时间后,需要对它进行检修和更换新的零部件,某些部件还需要技改和重新装配,这都离不开设备的组装图(在工程图学中叫装配图)。对照图纸观察设备就比较容易搞清各零部件的结构形状、工作原理及它们之间的相互关系,是检修、调试及技术革新和改造离不开的技术文件。

识读组装图一般从这几处着眼:

① 概括了解:有标题栏、明细栏了解部件的名称和零件的数量,对复杂的部件还需通过说明书或参考资料了解部件的构造、工作原理和用途。

图 1-1-2-3 是边缘传动磨机传动轴的轴承座组装图,共有 18 个零件(都是比较简单的零件)。它(共两个)的作用是固定传动轴,边缘传动磨机的传动轴就是靠它来固定的。

② 分析视图:分析各视图的名称、投影方向,弄清剖视图、剖面图的剖切位置,从而了解各视图的表达意图和重点。

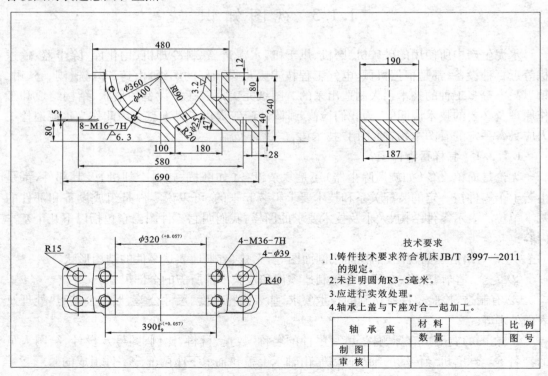

图 1-1-3-1　球磨机边缘传动轴承座的零件图

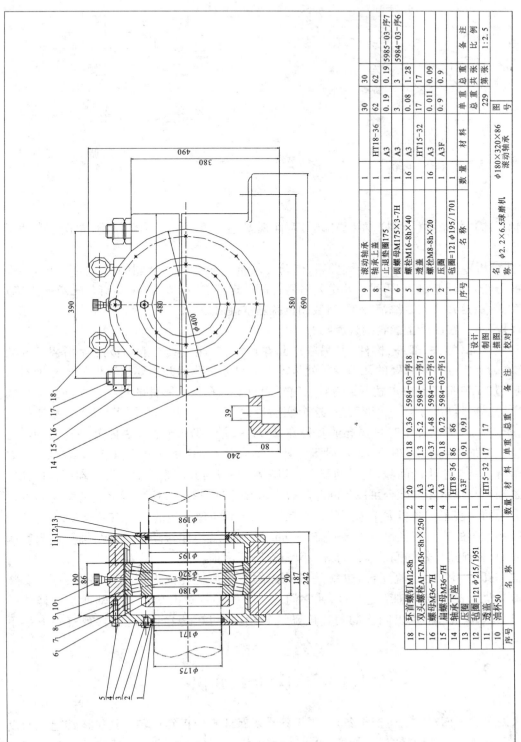

序号	名称	数量	材料	单重	总重	备注
9	滚动轴承	1		30	30	
8	轴承上盖	1	HT18-36	62	62	5985-03-序7
7	正退垫圈175	1		0.19	0.19	5984-03-序6
6	圆螺母M175×3-7H	1	A3	3	3	
5	螺栓M16-8h×40	16	A3	0.08	1.28	
4	透盖	1	HT15-32	17	17	
3	螺栓M8-8h×20	16	A3	0.011	0.09	
2	压圈	1	A3F	0.9	0.9	
1	毡圈=121 φ195/1701					

名 称 $\phi 2.2 \times 6.5$ 球磨机

名 称 $\phi 180 \times 320 \times 86$ 滚动轴承

设计

制图

描图

校对

单 重

总 重 229

图 号

比 例 1:2.5

第 张

图共 张

材料 备注

序号	名称	数量	材料	单重	总重	备注
18	环首螺钉M12-8h	2	20	0.18	0.36	5984-03-序18
17	双头螺栓AI-KM36-8h×250	4	A3	1.3	5.2	5984-03-序17
16	螺母M36-7H	4	A3	0.37	1.48	5984-03-序16
15	扁螺母M36-7H	4	A3	0.18	0.72	5984-03-序15
14	轴承下座	1	HT8-36	86	86	
13	压圈	1	A3F	0.91	0.91	
12	毡圈=121 φ215/1951	1				
11	透盖	1	HT15-32	17	17	
10	油杯50					

图 1-1-3-2 边缘传动磨机的轴承座组装图

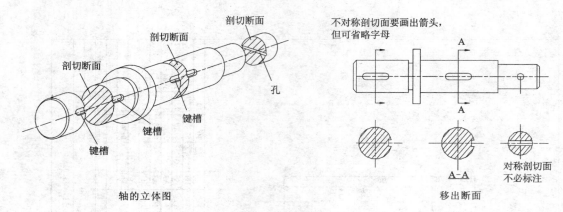

剖切断面　剖切断面　剖切断面　孔　键槽　键槽　键槽

轴的立体图

不对称剖切面要画出箭头，但可省略字母

A　A　A—A　移出断面　对称剖切面不必标注

图 1-1-3-3　轴的剖面图

轴承座选用了主（全剖）、左（局部剖）两面视图，主视图表达了内部结构，左视图表达了外部形状。

③ 分析零件的结构形状、装配关系、传动关系和工作原理：组装图的识读离不开对零件结构的分析，在此基础上，再进一步分析各零件间的定位、连接方式（如螺钉与轴承的连接）和运动关系，这几个问题搞清楚了，组装图也就基本搞清楚了。

1.1.3.4　在图纸上能看到公差吗？

某一产品（零件、部件、构件）与另一产品在尺寸、功能上具有能够彼此互相替换的功能，称之为互换性。其重要的几何参数就是零件的尺寸。我们并不要求零件的尺寸绝对准确（其实加工制造时也根本做不到绝对准确），而只要求在保证零件的机械性能和互换性的前提下，允许零件尺寸有一个变动量，这个变动量就是公差。我们在图 1-1-2-3 轴承座上找一找，$\phi 320^{+0.057}$ 表明加工时只要孔的直径在 $\phi 320 \sim 320.057\text{mm}$ 范围之内就是合格的。若轴承座孔径加工到了 $\phi 320.057\text{mm}$，轴承的外径加工到了 $\phi 320\text{mm}$，轴承装入轴承座里，它们之间就有了一个小小的间隙，此时的配合叫间隙配合；反过来则是过盈配合。在机械设计里规定了轴承与轴承座的配合可以是间隙配合也可以是过盈配合，这两者之间的配合叫做过度配合。而一些老式磨机大多采用的是滑动轴承，与轴承座采用的是间隙配合，那么齿轮轴的轴径加工时的最大直径也不能超过 $\phi 320\text{mm}$，否则轴就不能转动了。轴与轴承座内腔两摩擦表面，要保持良好的润滑状态，以减小摩擦、降低磨损。

轴和孔采用的是过盈配合，也就是说轴径的下限值比孔的上限值还略大一点，安装时采取热处理的方法把轴装进孔里，使它们成为一体。一对火车轮子与轴就是这样装进去的，轮子转动时，轴也以同样的角速度随之转动，你可以蹲在铁轨旁边，观察一下是不是这样。

1.1.4　机械传动知识

水泥巡检工面对的是生产设备，主要任务是要保证它们正常运转。凡是运转起来的设备都离不开传动。如回转窑、冷却机、立式磨、球磨机、破碎机、包装机等，是由电机通过减速机（齿轮传动，降速）让它转起来；带式输送机、斗式提升机、螺旋输送机等通过减速机（降速不够,外加皮带传动进一步降速)让设备运行起来。下面我们来谈一谈齿轮传动和带传动。

1.1.4.1　哪些设备有齿轮传动?

水泥生产设备除风机以外,转速都比较低,而带动它们运转的电机转速却都很高,这就需要减速机的帮忙,它的内部是由若干齿轮组成的传递动力的一套装置。

当一对齿轮啮合传动时,O_2 的齿轮(1、2、3)通过啮合点法向力 F_n 的作用逐个地推动从动轮 O_3(1′、2′、3′),使从动轮转动,从而将主动轴的动力和运动传给从动轴。那么要把电机的(输出轴与 O_1 直接相连,O_1 将力传给 O_2,O_2 再将力传给 O_3)转速降到什么程度(多少倍)才能达到设备的运转速度呢? 这就要用传动比来衡量了。图 1-1-4-1 为分析对象,看一看 O_2 和 O_3 两齿轮,设主动轮 O_2(相对 O_3)转速为 n_2、齿数为 z_2,从动轮的转速为 n_3、齿数为 z_3,则有 $n_2 z_2 = n_3 z_3$,由此可知,一对齿轮的传动比为(也是主动齿轮与从动齿轮的转速之比 = 齿数的反比):

$$l_{23} = \frac{n_2}{n_3} = \frac{z_3}{z_2}$$

上面的公式说明一对齿轮传动比 l_{23},就是主动齿轮与从动齿轮转速之比,等于其齿数的反比。例如:有一对齿轮传动,已知 $n_2 = 960 \text{r/min}$,齿数 $z_2 = 20$,$z_3 = 50$,试计算传动比 l_{23} 和 n_3。

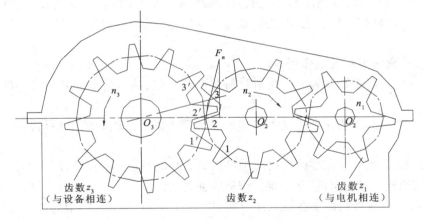

图 1-1-4-1　减速机的齿轮传动

由公式可得:

$$l_{23} = \frac{z_3}{z_2} = \frac{50}{20} = 2.5$$

$$n_3 = \frac{n_2}{l_{23}} = \frac{960}{2.5} = 384 \text{r/min}$$

齿轮传动与摩擦传动、带传动相比较,有如下特点:

① 能保证瞬时传动比恒定,平稳性能好,传递运动准确可靠;

② 传递的功率和速度范围较大;

③ 结构紧凑、可实现较大的传动比;

④ 传动效率高,使用寿命长;

⑤ 制造和安装的精度要求高。

1.1.4.2 哪些设备有带传动？

有的传动选择减速机和三角皮带组合，以达到减速的目的。如斗式提升机（见图1-1-3-2），传动机构在顶部，无法选择体积大、传动比大的减速机，因为那样太重了，选择一个体积小、传动比小、体积也比较小的小型减速机，配一皮带传动，也起到了减速传动的作用。带传动的传动带断面一般采用的都是三角形或梯形，是没有接头的环状带，通常几根同时使用。

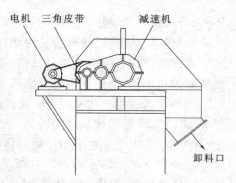

图 1-1-4-2　斗式提升机顶部的电机
三角皮带——减速机传动

1.1.5　润滑保养基本知识

1.1.5.1 什么是润滑？

设备在运转中有相对摩擦，两摩擦面会受到磨损，加之设备所处的工作环境有粉尘存在，封闭又不可能做到很严密等，这会加重摩擦面的磨损。润滑就是把一种润滑性能良好的物质——润滑油或润滑剂，加到零件的摩擦表面上，形成一层油膜，使机件或零件的摩擦变成润滑剂本身分子之间的摩擦，这样可以降低摩擦系数以减小磨损，延长设备的使用寿命。

1.1.5.2 润滑能起什么作用？

① 减小摩擦：由于摩擦表面有润滑材料并形成油膜，从而避免或减少了零件表面的直接磨损。

② 冷却作用：润滑油在零件表面的循环流动带走了零件表面的摩擦热，可使摩擦零件冷却。

③ 冲洗作用：润滑油在零件表面的循环流动，可将金属表面的磨屑、杂质、污垢及时被清洗掉，进入油池后过滤沉淀，从而保证摩擦表面的清洁。

④ 密封作用：润滑脂由于在轴承体内的空腔里不流动，避免了粉尘的进入，起到了封闭的作用。

⑤ 改善负荷条件：润滑油膜可以减缓零件表面的冲击负荷，减小零件的震动，润滑油可降低摩擦系数，减小运动阻力，降低启动负荷与运转负荷。

⑥ 防腐作用：在不同的设备和不同的润滑部位，正确的选择不同的润滑剂，能避免摩擦表面被氧化腐蚀，起到对零件的保护作用。所以必须对润滑油和润滑脂的一些性能要有所了解。

1.1.5.3 对润滑及润滑材料有什么要求？

（1）对润滑的要求

① 根据摩擦副的工作条件和部位，选用合理的润滑材料。

② 确定合理的润滑方式和润滑方法。

③ 严格保持润滑剂和润滑部位的清洁。

④ 保证供给适量的润滑剂，防止缺油和漏油。

⑤ 适时清洗和洗换油,既保证润滑又节省润滑剂。

(2)对润滑材料的要求

① 具有较低的摩擦系数,降低零件表面的磨损速度,减少设备功率消耗,提高机械使用寿命。

② 有较高的吸附性,使油能牢固地粘附在摩擦表面上。

③ 具有合适的黏度,以便在摩擦面之间积聚成油楔;在受压情况下不至于被挤出。

④ 具有较高的纯度和抗氧化性,不应与水和空气作用而形成酸或胶体沥青致使油质变性。

⑤ 有较好的导热能力和防锈性能,减低摩擦表面温度,保护摩擦表面不被氧化。

1.1.5.4 让我们来认识一下润滑油

润滑油是一种液体润滑剂,很多摩擦部件都要用到它。它的主要物理化学性能有:

(1)外观质量

从外观来看,优质润滑油应该是颜色均一,澄清而不浑浊,没有沉淀物。精制的油颜色浅,透明度好。使用过的油颜色变深,光感暗淡。

(2)黏度

黏度是润滑油的重要质量指标,是选择润滑油的主要依据。它指的是润滑油分子之间的摩擦阻力,阻力越大说明其内部摩擦力越大,这种油稠,流动速度慢,所以黏度大,反之就小。

润滑油的黏度是用牌号来划定大小的。例如 $50^{\#}$ 机械油即表示该油在 $50℃$ 时的平均运动黏度约为 $50\mu m/s$。同类润滑油的分牌数越高,黏度也就越大。

(3)凝固点

凝固点是指润滑油在一定温度下冷却到失去流动性时的最高温度。凝固点高的润滑油不能在低温下使用。一般使用温度比该润滑油的凝固点高 $5\sim10℃$。

(4)闪点和燃点

润滑油在加热后,其蒸气与周围空气形成混合气体,与火焰接触时出现闪火,此时润滑油的温度叫做该润滑油的闪点;如果闪火连续不熄形成燃火,此时的温度叫燃点。闪点和燃点的高低表示润滑油在高温下的安全性。为了保证安全,最高使用温度应比闪点低 $20\sim30℃$。

(5)酸值

酸值是表明润滑油中含有酸性物质的指标。中和 $1g$ 润滑油中的酸性物质所需的氢氧化钾的毫克数称为酸值。它是鉴别润滑油是否变质的重要指标。

(6)水溶性酸碱

水溶性酸碱是指润滑油中可溶于水的有机酸和碱,它能引起油的氧化、胶化和分解,使之老化和失败。这种有机酸大部分是低分子酸,对金属有腐蚀作用,形成这种酸和碱的原因可能是精制不高或受污染,使用时必须严格检查。

(7)残炭

是将润滑油加热蒸发后生成的焦黑色残留物,数值用残留物与试样油之比的百分数来表示。其值越大表明润滑油中稳定的烃类和胶状物质越多,易生成焦炭,导致摩擦零件过热和磨损。

（8）机械杂质

润滑油中的机械杂质是指存在于油品中、不溶于溶剂的沉淀物或悬浮物质,它是由粉尘、沙砾、磨屑组成的,也包括一些沥青质和碳化物。精制程度高的润滑油不含杂质,但长期使用会生成杂质,它能破坏油膜的完好,降低润滑性能。所以要定期过滤,清除杂质。

1.1.5.5 润滑油与润滑脂有区别吗?

润滑脂是半液体乳状物质,它是用稠化剂、润滑剂、填料以及一些添加剂制成的,是半液体润滑材料。其主要质量指标有:

（1）外观质量

良好的润滑脂颜色均匀、有一定稠度、没有结块和析油现象,表面也没有干硬皮层。当然,不同的润滑脂有不同的外观,如钠基质纤维粗糙,钙基质呈奶油状光滑且半透明,铝基质光亮透明。

（2）滴点

滴点是在一定的条件下加热润滑脂,从规定的仪器（滴点温度计）中开始滴下时的温度。它是选择润滑脂时的一个较重要的参考指标,一般应选用滴点高于润滑部位温度20～30℃,才能保证润滑脂在使用时不致流失。

（3）针入度

指用特殊的150g的圆锥体受本身质量作用,从25℃润滑脂表面陷入的深度,以1/10mm为单位来表示数值。针入度随温度变化的程度越小,越不容易流失与硬化,也就是说质量越好。

（4）胶体安定性

胶体安定性是指润滑脂抵抗温度和压力的影响而保持其胶体结构的能力。胶体安定性不好的润滑脂不宜长期储存。

（5）水分

水分是指润滑脂的含水量。游离水会降低润滑剂的机械安定性,同时也减低了润滑脂的防护性。甚至引起腐蚀。

（6）腐蚀性

润滑脂的功能就是保护金属不受腐蚀。所以要求它能有效地粘附在金属表面,隔绝空气、水与金属表面的接触,而它本身对金属却不腐蚀。

1.1.6 电气设备及仪表知识

1.1.6.1 什么是电气设备?

水泥生产过程是十分复杂的,从原料进厂到制造出水泥出厂,经过了若干环节,需要借助于多种设备才能完成。不管是窑、磨、破碎机、冷却机、包装机等主机,还是收尘、输送、风机、喂料、计量等辅助设备,还有预均化堆场和均化库,都不是静静地、悄悄地工作,而是在运转（如窑、磨）、在抖动（如提升机、冷却机）、在发出声音（如风机、空气压缩机）,甚至在咆哮怒吼（如球磨机）,它们需要电机带动。如大型球磨机一般采用三相同步电动机,高电压达6000V以上,功率达3550kW,立式磨功率达4000kW。电气系统中需要有配套的电气控制设备,如:高压开关柜、低压开关柜、变频柜、软起柜、仪表箱、配电变压器、电容补偿柜、高压电容器柜等,以确保设备的正常运转。

水泥厂常用受电电压为 6kV、10kV、35kV 三种,少数厂 110kV。受电电压主要取决于向工厂供电的电力系统的条件、送电点至工厂的距离以及工厂负荷的大小,当工厂规模较大或送电点较远时,常采用 35kV 或 110kV 受电,送电点较近或工厂规模较小时,常采用 6kV 或 10kV 受电。厂区配电站以 6kV 或 10kV 向全厂各高压电动机和车间变电所的电力变压器放射式供电。当磨机和空压机等用电量较大的设备采用高压电动机拖动时,高压配电电压必须与高压电动机的电压相符。

1.1.6.2　什么是电器?

电器是一种常用的电气设备,它能根据外界特定的信号和要求,自动或手动接通或断开电路,断续或连续地改变电路参数,实现对电路或非电对象的切换、控制、保护、检测、变换和调节。

1)低压开关

常用的开关有

(1)瓷底胶盖闸刀开关

又称开启式负荷开关,它由刀开关和熔断器组成,其外形如图 1-1-6-1 所示。

(2)铁壳开关

又称封闭式负荷开关。它是在闸刀开关基础上改进设计的一种开关,其外形如图 1-1-6-2 所示。

图 1-1-6-1　HK 系列开启式负荷开关

图 1-1-6-2　HH 系列封闭式负荷开关

(3)转换开关

又称组合开关,实质上也是一种特殊的刀开关。它的特点是用动触片的左右旋转来代替闸刀的推合和拉开,结构较为紧凑,其外形如图 1-1-6-3 所示。

图 1-1-6-3　组合开关

低压开关作用是转换以及接通和分断电路用。有时也可以用来控制小容量电动机的启动、停止和正反转。

2）低压断路器

低压断路器是具有一种或多种保护功能的保护电器，同时又具有开关的功能，故又称自动空气开关。一般分为塑料外壳式（又称装置式）和框架式（又称万能式）两大类。在水泥厂，380V245W 及以上的电动机多选用塑壳式断路器。其外形如图 1-1-6-4、图 1-1-6-5 所示。

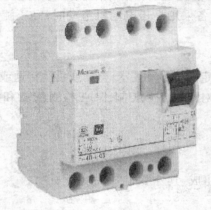

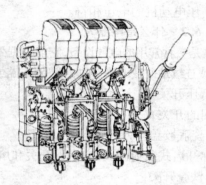

图 1-1-6-4　塑壳式低压断路器　　　　图 1-1-6-5　框架式低压断路器

断路器按用途可分为保护配电线路用、保护电动机用、保护照明线路用和漏电保护用等。常用的有 DZ25、DZ15、DZ20、DW15、DW17 型等系列产品。

3）熔断器

熔断器在低压配电线路中主要起短路保护作用。熔断器主要由熔体和放置熔体的绝缘管或绝缘底座组成。使用时，熔断器串接在被保护的电路中，当通过熔体的电流达到或超过了某一额定值，熔体自行熔断，切除故障电流，达到保护目的，常见的种类有：

（1）瓷插式熔断器，这是一种最简单的熔断器，其外形如图 1-1-6-6。

（2）螺旋式熔断器，是由熔管及支持件（瓷制底座、带螺蚊的瓷帽、瓷套）所组成。熔管内装有熔丝并装满石英砂。同时还有熔体熔断的指示信号装置，熔体熔断后，带色标的指示头弹出，便于发现更换（其外形如图 1-1-6-7）。

（3）无填料管式熔断器，主要由熔断管、熔体、夹头及夹座等部分组成。图 1-1-6-8 是 RM10 系列无填料封闭管式熔断器。

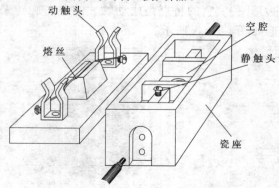

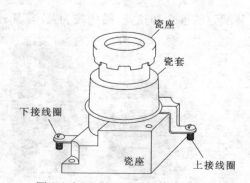

图 1-1-6-6　RC1A 系列插入式熔断器　　　　图 1-1-6-7　RL1 系列螺旋式熔断器

（4）快速熔断器，图 1-1-6-9 是有填料封闭式熔断器，它具有发热时间常数小，熔断时间短，动作迅速等特点。

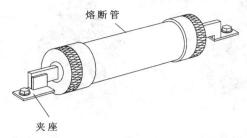

图 1-1-6-8　RM10 系列无填料封闭管式熔断器　　　图 1-1-6-9　RT0 系列有填料封闭管式快速熔断器

4）交流接触器

接触器是一种自动的电磁式开关，它通过电磁力作用下的吸合和反力弹簧作用下的释放使用在各种电力传动系统中，用来频繁接通和断开带有负载的主电路或大容器的控制电路，便于实现远距离的自动控制，通过按钮开关和接触器等电器元件的组合控制，可提高人工操作的安全性，以及提高电动机的过载、断相、过压、欠压、漏电等多功能的保护水平，见图 1-1-6-10。

5）热继电器

热继电器主要用于电动机的过载保护、断相保护，电流不平衡运行的保护及其他电气设备发热状态的控制。是利用流过继电器的电流所产生的热效应而反时限动作的继电器。所谓反时限动作，是指电器的延时动作时间随通过电路电流的增加而缩短。常用的有 JR16、JR20 等系列以及引进的 T 系列、3UA 等系列产品（外形如图 1-1-6-11）。

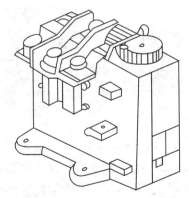

图 1-1-6-10　交流接触器　　　　　　　　　图 1-1-6-11　热继电器

6）控制按钮

控制按钮也叫按钮开关，其主要用于控制电动机的启动或停止，生产中常见的有手按式、旋钮式、紧急式、钥匙式、光标式按钮等，常见按钮开关外形见图 1-1-6-12。

图 1-1-6-12　常见按钮开关

7）行程开关

行程开关是操作机构在机器的运动部件到达一个预定位置时操作的一种指示开关,其主要作用是限制机械运动的位置或行程,使运动机械按一定的位置或行程实现自动停止、反向运动,变速运动或自动往返运动等,图 1-1-6-13 是常见的 LX19 和 JLXK1 等系列行程开关。

8）接近开关

接近开关又称为无触点位置开关,是一种与运动部件无机械接触而能操作的位置开关。当运动的物体靠近开关到一定位置时,开关发出信号,达到行程控制,计数及自动控制的作用。它的用途除了行程控制和限位保护外,还可作为检测金属体的存在,高速计数、测量、定位,变换运动方向等,与行程开关相比,接近开关具有定位准确、工作可靠、寿命长、操作频率高以及适应恶劣工作环境等优点。接近开关有高频振荡型、感应电桥型、霍尔效应型、光电型、永磁及磁敏元件型,电容型和超声波型等多种类型,见图 1-1-6-14。

图 1-1-6-13　行程开关　　　　　图 1-1-6-14　接近开关

1.1.6.3　常用的控制仪表有哪些?

在水泥生产过程中,需要借助于各种仪表来对生料制备、熟料的煅烧、水泥制成及收尘、输送等各个生产环节的温度、压力、流量、料位、物料成分等进行测量监控,将各种参数展现在我们眼前,让我们随时知道它们的运行情况,这样可以有效地操作和控制,完成通风、喂料、喂煤、转速等过程调节。常用的仪表有:

（1）温度监测仪表

无论是生料在水泥窑中煅烧成熟料,还是原料在烘干磨中分磨成生料、熟料磨制成水泥,还是块煤磨制成煤粉,都离不开对温度的测量控制。常用的温度监测仪表有热电偶和显示仪表(一般现在都是数显)、环境温度显示仪表等,见图 1-1-6-15、图 1-1-6-16。

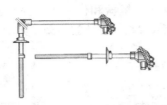
图 1-1-6-15 热电偶温度计

图 1-1-6-16 压力式温度计

(2)压力仪表

磨机、窑系统及均化库等都离不开通风与收尘,由于系统(负压)的漏风(从环境向系统内漏风),使不同位置的风量是不一样的,这就出现了压差。压力仪表用于测定不同点的压力及变化情况,为稳定工艺操作提供数据。压力监测仪表因设备压力范围不同而有多种,图 1-1-6-17 是常用的一种。

(3)料位控制仪表

水泥生料、煤粉、水泥、混合材等储存在圆库(仓)中,这些圆库(仓)有多少存料量、瞬时进出多少,我们从外面是看不到的,需要借助于料位控制仪表对料仓内的物料(高度)进行连续测量,并将测量的结果转换成 4~20mA 信号输出,可显示料位高度。料位控制仪表有:射线类、电容类料仓的料位监测、显示仪表。图 1-1-6-18 是电容类料仓的料位监测显示仪表。

图 1-1-6-17 压力仪表

图 1-1-6-18 料仓的料位监测显示仪表

(4)电监测仪表

固定安装在电气设备面板上使用的仪表,用来测量交、直流电路中的电流、电压,便于操作人员掌握设备负荷情况。常见的有电流表、电压表、互感器等,见图 1-1-6-19、图 1-1-6-20、图 1-1-6-21。

图 1-1-6-19 三相多功能电流表

2076A,2086A
图 1-1-6-20 电压检测仪表

图 1-1-6-21 电流互感器

(5)计量仪表

反映设备用电量、物料承载重量的仪表,如电度表(图 1-1-6-22)、地磅重量显示仪表(图 1-1-6-23)。

（6）工艺配料仪表

用于水泥微机配料系统、各种配料电子秤（如调速皮带秤、恒速皮带秤、失重秤、料斗秤、螺旋秤、链板秤、粉体转子秤、固体流量计等，及配套机械和仪表控制系统。包括工控机（专门为工艺过程控制而设计的计算机，见图1-1-6-24）、信号放大器（见图1-1-6-25）、压（拉）力传感器（见图1-1-6-26）等。

图1-1-6-22 电度表

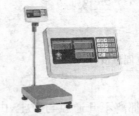
图1-1-6-23 地磅重量显示仪表

图1-1-6-24 工控机

图1-1-6-25 信号放大器

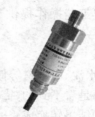
图1-1-6-26 压力传感器

控制仪表的种类、型号还有很多，可以在很多各岗位控制点见到它们。

1.1.7 巡检常用检验仪器及工具

巡检人员不能只凭自己的眼睛、鼻子、耳朵、手等"望、闻、问、切"，必须要借助于必要的仪器和工具才能做好巡检工作。

1.1.7.1 常用检验仪器有哪些？

① 冲击波测量仪器 冲击波测量仪器带有数据分析软件，用以评定滚动轴承及润滑状态，见图1-1-7-1所示。

② 超声波测量仪器 超声波测量仪器主要用以评定设备磨损状态，见图1-1-7-2所示。

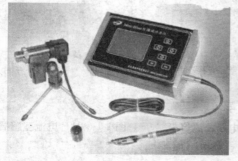
图1-1-7-1 冲击波测量仪

图1-1-7-2 超声波测量仪

③ 电子听诊器 电子听诊器带有盒式磁带,用以测定噪声,见图 1-1-7-3 所示。

④ 振动分析仪 设备运行的平稳度可用动分析仪来测定,见图 1-1-7-4 所示。

⑤ 万能电工用表 主要用以检查电机电流及仪表输出信号电流等,见图 1-1-7-5 所示。

图 1-1-7-3 电子听诊器

图 1-1-7-4 振动分析仪   图 1-1-7-5 万能电工用表

1.1.7.2 常用巡检工具有哪些?

巡检常用的工具主要有:

① 各类扳手:一般是 6 寸、8 寸、12 寸各一把,见图 1-1-7-6 所示。

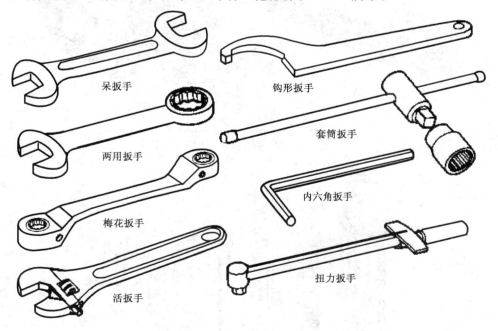

呆扳手

钩形扳手

两用扳手

套筒扳手

梅花扳手

内六角扳手

活扳手

扭力扳手

图 1-1-7-6 各类扳手

② 螺丝刀:6 寸、12 寸各一把,见图 1-1-7-7 所示。

③ 锤头一把,见图 1-1-7-8 所示。

④ 电焊工具及切割工具一套,见图 1-1-7-9 所示。

⑤ 电工工具一套,见图 1-1-7-10 所示。

⑥ 起重葫芦(一般 0.5t、1t 各一支)及钢丝扣、绳索,见图 1-1-7-11 所示。

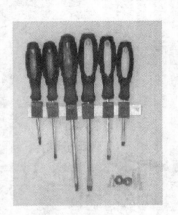  

图 1-1-7-7　螺丝刀　　　　　图 1-1-7-8　锤头　　　　　图 1-1-7-9　电工工具

 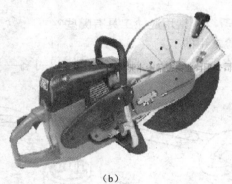

（a）　　　　　　　　　　　　　　（b）

图 1-1-7-10　电焊工具及切割工具

（a）电焊工具;（b）切割工具

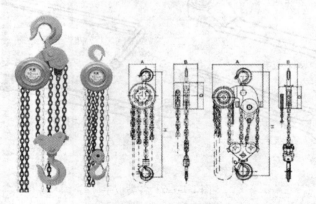

图 1-1-7-11　起重葫芦

1.2　安全操作与环境保护知识

1.2.1　安全生产

1.2.1.1　为什么安全巡检高于一切?

生命安全是人的第一需要,安全巡检直接关系到巡检工的根本利益。巡检过程中必须始终贯彻"安全第一,预防为主"的思想,树立"隐患险于明祸,防范重于救灾,责任重于泰山"意识。只要牢固树立安全意识,就可以杜绝工伤事故的发生,减少不必要的损失。所以无论是管理者,还是一线的巡检工,都要把保安全与健康放在地位,把劳动安全工作纳入目标管理之中,充分依靠职工,建立领导负责,群防群治的安全生产管理体系,时刻拉紧"安全"这根弦。

1.2.1.2　各车间有哪些安全规定?

不论你去哪一个车间去巡检,它们都有明确的安全生产规章制度,一般包括:

① 作业场所,必须有充足照明,坑、沟、井、平台、楼梯等必须有盖板或围栏。

② 作业场所内应按规定挂设安全标志或设置明显警告信号。

③ 各种电气设备和电线、电缆等必须符合要求。要有防漏电和可靠的绝缘、接地保护装置。

④ 各种机械设备要有符合要求的防护装置和良好的安全性能。

⑤ 气焊作业时,乙炔和氧气瓶的最短距离为 3m。乙炔应直立于地面,不能偏倒放置,气瓶存放时应分类放置。

⑥ 各种原材料、器材、配件、废料等合理堆放,不得妨碍操作、通行和装卸。

1.2.1.3　巡检工对其所在工作岗位的劳动安全有哪些职责?

有了安全规定,必须有人去执行。从业人员必须做到:

① 遵守有关劳动安全法律、法规和企业本部门的劳动安全规章制度、操作规程等。

② 积极参加安全技术培训活动,提高自身劳动保护能力。

③ 严格按照工作指令和操作规程进行设备巡检和维护,有权拒绝和举报违章指挥和强令冒险等危害生命和身体健康的行为。

④ 有权拒绝上级不符合安全生产要求的指令和意见。

⑤ 巡检时协调配合,做到安全确认制,即每次动作前对欲操作或动作的对象,必须做到确实、认定、确实可靠,确实准确地去执行。

⑥ 发生事故后,应立即采取措施,并报告上级领导,协助调查分析事故原因,有义务提供事故发生时的真实情况。

1.2.1.4　班组长有哪些安全职责?

班组长(工段长)是班组(工段)劳动现场安全主要责任人,要担负起生产安全的重要职责:

① 对班组的安全生产负责,认真执行企业、部门的劳动安全规章制定,教育职工按工种

的安全操作规程上岗作业。

② 组织班组(工段)成员,学习劳动安全技术和防护知识,指导和督促职工正确使用劳动防护用品、用具。

③ 经常检查和指导班组(工段)成员,坚持班中安全生产巡回检查制度,认真做好记录,及时消除一切可能引起伤亡事故的苗头。

④ 检修、安装作业的班组,在接到检修、安装作业计划的同时,制定安全操作和防护要领,督促参与作业人遵照要求,并注意监护。

⑤ 工作中,对班组(工段)各工种的安全操作方法进行指导,并检查其对安全技术要领的遵守情况,提醒职工做到"三不伤害"(不伤害自己,不伤害他人,不被他人伤害)。

⑥ 从保证安全需要出发,对进入危险场所或有危险性的作业现场,设置安全标志牌,以醒目地给人们以提示、提醒、指示、警告或命令。

⑦ 遇伤亡事故后,立即报告,并参加调查,按"三不放过"(事故原因分析不清不放过,事故责任者和群众没有受到教育不放过,没有防范措施不放过)的原则,认真分析事故原因,吸取教训提出改进措施和处理意见。

1.2.1.5 怎样安全用电?

1)让我们了解几个有关电的术语

电是一种能量,它不是凭空产生的,而是由其他能量,比如水能、热能、机械能、原子能等转换来的。它主要有以下指标:

(1)电流

水在水管里流动叫水流,电在电线里流动叫电流。也就是电能沿着传电的物体朝着一定方向有规律地流动,是看不见、摸不着的。电流的强度为安培(A)。

(2)电压

电压也叫电位差,它和水位差的意思是一样的。水面的高低差,叫水位差或水压,水位差越大,水流越急。电位的高低差,叫电位差或电压,电压越高,电流传送就越远,电压的单位是伏特(V)。

(3)电阻

电流在导体中流动时,所受的阻力称为电阻,单位是欧姆(Ω)。

(4)导体

电流可以通过的物体,也就是能传电的东西,都叫做导体。各种金属是导体,有些液体像日常用的水能传电,含有水分的物体也能传电,人的身体也能传电,大地也能传电,各种动物、植物都能传电,所有这些都是导体。

(5)绝缘体

凡是不容易传电的物体,都叫做绝缘体。比如塑料、橡胶、陶瓷、干燥的空气和木头、干燥的棉布等都不传电,这些都是绝缘体。

(6)单相交流电路

由交流电源、用电器、连接导线和开关等组成的电路称交流电路,如我们日常生活中用的照明电路。

(7)三相交流电

三个具有相同频率、相同振幅、相同位差,彼此相差120°的正弦交流电势、电压、电流称为三相交流电。

2）人体触电

如果人站在地上，身体碰到带电的东西，人的身体能传电，地也能传电，电流就通过人的身体传到地上，人就触电了。

（1）触电电流的大小对人体的危害程度

触电主要是指电流流经人体，使人体机能受到损害。人体对流经肌体的电流所产生的感觉，是随电流的大小而不同，伤害程度也不同。

① 当人体流过工频 1mA 或直流 5mA 电流时，人体就会有麻、刺、痛的感觉。

② 当人体流过工频 20～50mA 或直流 80mA 电流时，人就会产生麻痹、痉挛、刺痛，血压升高，呼吸困难。如果自己不能摆脱电源，就有生命危险。

③ 当人体流过 100mA 以上电流时，人就会呼吸困难，心脏停搏。

一般来说，10mA 以下变频电流和 50mA 以下直流电流流过人体时，人能摆脱电源，故危险性不大。

（2）与触电电流大小有关的因素

触电对人体的伤害程度主要表现为触电电流的大小。引起触电电流大小的变化，与以下因素有关。

① 人体电阻

人体电阻主要是皮肤电阻，表皮 0.05～0.2mm 厚的角质层的电阻很大，皮肤干燥时，人体电阻约为 6～10kΩ，甚至高达 100kΩ；但角质层容易被破坏，去掉角质层的皮肤电阻约为 800～1200Ω；内部组织的电阻约为 500～800Ω。

② 触电电压

电压越高，危险性就越大。人体通过 10mA 以上的电流就会有危险。因此，要使通过人体的电流小于 10mA，若人体电阻按 1200Ω 算，根据欧姆定律：$U = IR = 0.01 \times 1200 = 12V$。如果电压小于 12V，则触电电压小于 12V，电流小于 10mA，人体是安全的。我国规定：特别潮湿，容易导电的地方，12V 为安全电压。如果空气干燥，条件较好时，可用 24V 或 36V 电压。一般情况下，12V、24V、36V 是安全电压的三个级别。

③ 触电时间

触电时间越长，后果就越严重。触电电流与时间的关系为：电流的毫安乘以持续时间，以 mAs 表示。我国规定 50mAs 为安全值。超过这个数值，就会对人体造成伤害。

④ 触电部位及健康状况

触电电流流过呼吸器官和神经中枢时，危害程度较大；流过心脏时，危害程度更大；流过大脑时，会使人立即昏迷。心脏病、内分泌失调、肺病、精神病患者，在同等情况下，危险程度更大些。

（3）触电方式有几种？

触电最常见的形式是电击，也是最危险的。

① 单相触电：是人体接触一根火线所造成的触电事故。当人体接触其中一根火线时，人体承受 220V 的相电压，电流通过人体→大地→中性点接地体→中性点，形成闭合回路。这是中性点接地电网的单相触电，触电后果比较严重。

当人体接触一根火线时，触电电流经人体→大地→线路→对地绝缘电阻（空气）和分布电容形成两条闭合回路。如果线路绝缘良好,空气阻抗、容抗很大,人体承受的电流就比较小,一般不发生危险;如果绝缘性不好,则危险性就增大。

② 两相触电:人体同时接触两根火线所造成的触电为两相触电。当人体同时接触两相火线时,电流经 B 相火线→人体→C 相火线→中性点构成闭合回路。380V 线电压直接作用于人体,触电电流 300mA 以上,这种触电最为危险。

③ 跨步电压触电:三相线偶有一相断落在地面时,电流通过落地点流入大地,此落地点周围形成一个强电场。距落地点越近,电压越高,影响范围约 10m。当人进入此范围时,两脚之间的电位不同,就形成跨步电压。跨步电压通过人体的电流就会使人触电。高压线有一相触地尤其危险。在潮湿地面,低压线断线触地形成的跨步电压也在 10V 以上,对人体也会造成伤害。时间长了就会有生命危险。

(4)触电的原因

① 违反操作规程,人体接触电气设备的带电部分。

② 由于设备绝缘损坏,设备金属外壳带电,人体无意接触外壳。

③ 高压线(220kV、110kV、35kV、10kV 等)的接地点、短路点、跨步电压形成的对人体的伤害。

(5)触电规律

① 触电事故有季节性。触电事故多发生在 4~9 月份,而以 6、7、8 月为最,其原因是夏季气候潮湿多雨,电气设备的绝缘性能下降,人身因天气潮湿多汗,人体电阻降低。

② 触电事故多发生在 1000V 以下的交流设备上。

低压设备应用广泛,接触低压设备的人多。多种情况下是触及点不带电,偶尔因某种原因带电,大多是设备设计安装有缺陷,运行不合理、保护装置不完善等原因。

③ 触电事故多发生在非专职人员身上。非专职人员缺乏电的知识和安全用电常识。因此,加强安全用电知识普及教育尤为必要。

3)采取预防措施防止触电事故的发生

在供电系统中,常对用电设备采用保护接地和工作接地的方法防止设备漏电和发生触电事故。

(1)保护接地

在电源中性点不接地的配电系统中采用(三相三线制)。将用电设备的外壳与大地用接地体或导线可靠接地,一旦设备的绝缘损坏,设备外壳带电,因与地可靠接触,其电位基本为零,人体触及设备外壳时,流经人体的电流很小,不会发生危险。

(2)工作接地

在电源中性点接地的配电系统中采用,多用于低压系统。中性点接地的输电系统中,保护接地的作用不很完善,漏电时,人仍然有触电的危险。最完善的方法是将电器设备外壳与中性线连接起来。一旦有一相发生事故,而电气设备外壳相连,相线与中性线之间的瞬时电流将保险丝熔断,起到保护作用,保证人身安全。在同一配电系统中,不允许一部分设备采用保护接地而另一部分设备采用工作接地。

(3)防雷击

为了保护建筑物、凸出物不受雷击,应针对雷击的危害,分别对直击雷、感应雷和架空线引入的高电压采取措施。

① 对直击雷,采用避雷针、架空避雷线作为避雷装置。

② 对于感应雷是把屋内导电体可靠接地,减小接地电阻。把屋内的金属导管接成闭合回路,避免火花发生。

③ 对于架空线引入的高压电力,应在屋外 50～100m 远处改用电缆做引入线,在连接处加避雷器,避雷器接地线与电缆屏蔽线相近并接地,再和防感应雷的接地线相连。

(4)经常对电器设备进行全面安全检查

① 检查有无漏电情况。

② 检查绝缘老化程度。

③ 检查有无裸露部分。

④ 检查设备安装有无违规情况。

(5)电气设计和安装必须遵照有关规范进行

① 实行单机单闸,不允许一闸多用。

② 一般不要带电操作,断电检查时,必须挂"告示牌"。

③ 带电操作时,必须穿绝缘鞋、戴绝缘手套,用绝缘工具。由专业人员讲解操作要领,并现场监督。

④ 对有关人员进行经常性的安全用电常识教育。

4)触电急救常识

生活当中许多人有过轻微触电的经历,也有人可以说是经历惨痛,若您或者您的亲人真的遇上这事,您知道如何处理吗? 也许就在这时,您失去了最好的"断电"时机。说不准还帮了倒忙。那么让我给您讲讲触电急救的小知识:

① 总开关。切勿试图关上那件电器用具的开关,因为可能正是该开关漏电。如果触电者靠近高压电,你一定要保持在 50m 以外,不要盲目施救,应尽快打电话通知供电部门和医院。

② 若无法关上开关,可站在绝缘物上,如一叠厚报纸、塑料布、木板之类,用扫帚或木椅等将伤者拨离电源,或是用绳子、裤子或任何干布条绕过伤者腋下或腿部,把伤者拖离电源。切勿用手触及伤者,也不要用潮湿的工具或金属物质把伤者拨开,例如湿毛巾,这样会导致您也遭到电击。

③ 如果患者呼吸心跳停止,要立即进行人工呼吸和胸外心脏按压。

④ 若伤者曾经昏迷、身体遭烧伤,或感到不适,必须打电话叫救护车,或立即送伤者往医院急救。告诉院方人员伤者触电的时间有多久。

另外,您记住遇到触电的情形千万不要慌张,一边采取以上所列的紧急救护措施,一边要打急救电话,不要耽误时间。

5)电气设备着火时的处理

(1)产生火灾的原因

当线路及电器设备内部发生断路、过负荷、电火花、电弧等现象时,由于电流的突然增加,或者轴承落架,而且没有及时发现,电动机温度急剧上升等情况,都能引起电动机烧坏,所以应定时到位检查。

(2)处理火灾的方法

当电气设备着火时,应当立即将有关设备的电源切断,然后进行救火。对可能带电的电气设备以及发电机、电动机等,应使用干式灭火器、二氧化碳或灭火器灭火;对油开关,变压器(已隔绝电源)可使用干式灭火器、灭火器等灭火,不能扑灭时再用泡沫灭火器灭火,不得已时可用干砂灭火;地面上绝缘油着火,应用干砂灭火。

1.2.2 环 境 保 护

1.2.2.1 水泥生产过程中哪些地方会产生粉尘?

水泥生产处理的都是块状、颗粒状和粉状物料,在整个生产过程中,从物料的破碎、预均化、烘干、原料粉磨(湿法磨除外)、生料均化、煤粉制备、熟料煅烧、水泥制成、水泥入库,到包装或散装出厂,以及整个输送过程,每一道工序都会产生粉尘。例如干法闭路粉磨(球磨机),它是由喂料装置、分级设备和输送设备等连接在一起组成的粉磨系统,在对磨机喂料、卸料以及输送过程中,都会有大量的粉尘冒出来,它散布在车间和厂区会对我们的身体健康造成危害,扩散到厂外会对周边环境造成危害。实际上这些粉尘就是生料,它们的飘走就是生料产量的损失。

1.2.2.2 怎样保护好车间、厂区和周边的环境?

1)加强设备与连接管道处的密封

水泥生产要靠很多设备来完成,设备与设备之间多用管道或用输送设备连接起来,如除尘器排料口与输送设备受料口之间的连接,管道与设备进(出)料口的连接处如果漏风,则粉尘会泄露到环境中,造成环境污染。因此要经常检查接口处的密封是否严密。

2)对尘源点、物料进出口进行强制性除尘处理

粉尘十分可恶,弥漫在空间里会影响人们的健康。因此必须对尘源点安装除尘器,把容易散布到环境中的粉尘统统收集起来,把它们送到应该去的地方。

3)环境卫生清洁保持

尽管我们把设备与管道的连接处密封得严严实实,对各尘源点也强化了除尘处理,可仍然会有微小的颗粒"不服管教",游离到设备周围、操作间里,不紧不慢地降落在地面上和设备身上,一旦有"风吹草动",它们会"翩翩起舞"。怎么办?扫帚不到,粉尘自然不会自己跑掉。所以我们的手要勤快一点,经常清扫环境卫生、擦去设备身上的粉尘,干干净净地与之和谐相处。

2 初级水泥生产巡检工知识与技能要求

国家职业标准对初级水泥生产巡检工的要求:掌握本岗位的常规操作技能;能够独立完成生产设备的常规巡检操作。

2.1 知 识 要 求

水泥生产过程是流水作业,输送设备不仅是连接窑、磨等各主机设备的"桥梁",而且在一个相对独立的系统中也是主机与其他设备连接的纽带。如在生料闭路粉磨系统中,出磨生料要用提升机(竖直向上送料)、螺旋输送机或空气输送斜槽(水平或略向下倾斜送料)立即送到选粉机那里去,将粗细粉筛选出来,粗粉返回磨机重新粉磨,合格的生料送至均化库去搅拌、均化、储存,以满足入窑煅烧的要求。假如输送设备出了故障,如提升机"翻脸了",那么磨机就没有"脾气"了,出磨物料会被堵死,整个粉磨系统将面临瘫痪。为确保输送设备的"畅通无阻",需要经常性地对它们进行巡回检查,精心保养,将可能出现或不应该出现的故障消灭在萌芽之中。

我们在第一篇基本知识里的第一章第一节中的"四、新型干法水泥生产工艺流程是怎样的?"已经展现了各种输送设备在生料制备、熟料煅烧、水泥制成、物料烘干及水泥散装和包装出厂等各道工序中的位置,下面让我们来认识一下它们的结构,这对巡检和维护将会带来极大的帮助。

2.1.1 输 送 设 备

在现代化水泥生产过程中,原料、燃料、半成品(生料、熟料)和成品(水泥)需要经输送设备多次输送。输送设备主要有机械输送(斗式提升机、螺旋输送机、带式输送机、链式输送机等)和气力输送(空气输送斜槽、仓式气力输送泵、螺旋气力输送泵和气力提升泵等)两大类。

2.1.1.1 机械输送设备有哪些?

1)斗式提升机

斗式提升机(见图2-1-1-1)是垂直向上的输送设备,无论是块状、散状还是粉状物料,只要让它输送,来者不拒。它能把物料送到多高的地方去呢? 凡是气力提升泵能送到的高度,斗式提升机都敢跟它比一比。90m高的高度照样可以到达。斗式提升机主要有驱动装置

（图 2-1-1-2 中的 a）、牵引构件及料斗（图 2-1-1-2 中的 c、d、e、f）、张紧装置（图 2-1-1-2 中的 g）、壳体（图 2-1-1-2 中的 h、i）等零部件组成。

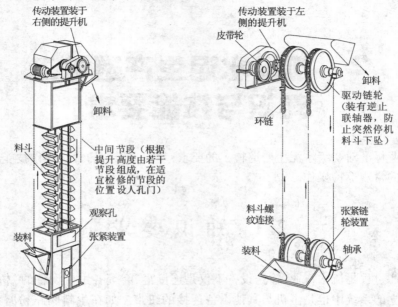

图 2-1-1-1　斗式提升机

（1）驱动装置

驱动装置由电动机、圆柱齿轮减速器、轴器、皮带或链传动和棘轮逆止器等五部分组成（见图 2-1-1-2 中的 a、c），整套驱动装置都安装在机壳上部区段的平台上。根据布置要求，可配置成右装或左装两种形式。由于驱动装置的体积和质量较大，会使机壳受到一定的弯曲和振动，对机壳和整机稳定性有一定的影响。因此，大型斗式提升机的驱动装置多采用机外安置，即将驱动装置安装在机壳外的土建基础上。

为了防止提升机因临时停电或偶然事故等迫使有载停机，引起牵引构件和载料料斗逆行，造成下部区段内积料和堵塞，在驱动装置中要装设逆止器，常用的有棘轮逆止器（见图 2-1-1-2 中的 b）、滚柱逆止器和凸轮逆止器等。

（2）牵引构件

斗式提升机牵引构件对提升机的工作性能和运行情况等具有决定性作用。对它的要求是：质量轻、成本低、承载能力大、运行平稳、挠性好、寿命长、与料斗连接牢固。常用的牵引构件有：橡胶带、锻造环链、板式套筒碾子链和铸造链，斗式提升机的类型常由所采用的牵引构件种类来确定：

① 带式提升机（D 型斗式提升机）

用橡胶带作牵引构件的提升机称为带式提升机，适用于输送粉状、粒状小块的磨损性小的物料，如：煤、砂、水泥、碎石等。采用普通橡胶带，物料温度不得超过 60℃；采用耐热胶带，物料温度可达 150℃。料斗与胶带的连接如图 2-1-1-2 中的 d 所示。

② 环链提升机（HL 型斗式提升机）

用锻造环链作牵引构件的提升机称为环链提升机，适用于输送粉状、粒状、小块磨损性较小的物料,如:煤、水泥、砂、矿渣、黏土、碎石等,可输送温度较高的物料。

料斗与环链的连接如图 2-1-1-2 中的 e 所示,用链环钩与料斗后壁连接。

③ 板链提升机(PL 型斗式提升机)

用板式套筒磙子链作牵引构件的提升机称为板链提升机,适用于输送粉状、粒状和表观密度大、磨损性较强的块状物料,如:水泥、硬煤、碎石和易碎物料木炭等,物料温度不超过250℃。板链由内外链板、套筒、辊子和销轴等构成,见图 2-1-1-2 中的 f。

斗式提升机可以有多个受料点,但卸料点只有一个。整个送料过程是在封闭的机体内进行的,在受料点和卸料点会产生扬尘,须进行除尘处理。

(3)料斗

料斗是斗式提升机的装载物料构件,一般用厚度为 2~6mm 钢板焊制而成,根据物料性质和装卸方式不同,料斗有深斗("S"制法,容量大,适合生料、水泥、干砂、碎煤等物料的输送)、浅斗("Q"制法,适合湿砂、黏土等物料的输送)、尖斗("J"制法,适用于石灰石块等物料的输送)三种主要形式(参照图 2-1-1-2 中的 d、e、f)。

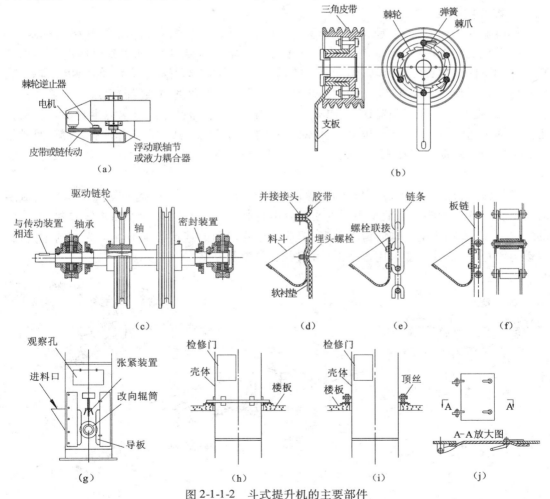

图 2-1-1-2 斗式提升机的主要部件
(a)驱动装置;(b)逆止联轴器;(c)驱动链轮装置;(b)料斗与胶带连接;
(e)料斗与环链连接;(f)料斗与板链连接;(g)张紧装置;(h)框架固定壳体;(i)顶丝固定壳体;(j)检修门

（4）张紧装置

斗式提升机的下部滚筒或链轮需用张紧装置使牵引构件保持一定张力,防止因牵引构件张力不足造成驱动辊筒与胶带打滑、牵引构件运行波动、牵引构件脱轨等故障,可使用扳手（注意两侧轴承的调节量应均衡,使张紧轮轴保持水平）调节牵引构件张力大小,见图2-1-1-2中的g。

（5）机壳

斗式提升机的机壳由中间机壳、上部区段和下部区段组成,一般用2～3mm厚钢板制造。

上部区段按卸料口形式分为带倾斜法兰盘和水平法兰盘卸料口两种。下部区段按进料口形式分为进料口的底面与水平面成45°和60°角两种。中间机壳根据提升高度由一定数目节段组成,用法兰盘互相连接,对口处要装密封垫。中间机壳有单通道和双通道两种形式。双通道机壳使牵引构件的有载边和空行边分别封闭在单独的通道内运行,多用于大型高速的提升机。

中间机壳的常见构造形式如图2-1-1-2中的h、i所示,在适当的位置上留有检修门,见图2-1-1-2中的j。

2）螺旋输送机

螺旋输送机俗称绞刀,是一种无牵引构件的连续输送机械,它的构造要比带式输送机、斗式提升机更简单一些,见图2-1-1-3。当电机驱动螺旋轴旋转时,加入到槽内的物料由于自重作用不能随螺旋叶片旋转,但受螺旋的轴向推力作用,朝着一个方向推到卸料口处,完成送料任务。输送距离在30～40m之间,水平输送、在20°角度内倾斜向上或向下输送都可以,与斗式提升机一样封闭输送,可以有多个受料点,一个卸料点。对水泥生料、碎煤、干黏土的输送最适宜,块状石灰石也可以,但对叶片的磨损较大。其主要零部件有:螺旋、悬挂轴承、端部轴承、驱动装置和机槽构成。

（1）螺旋

螺旋输送机的基本构件,由转轴和焊接在轴上的叶片构成。螺旋每段长2～3m,自制螺旋可更长一些。螺旋轴一般是用圆钢或无缝钢管制造。实心轴与钢管轴相比,在强度相同的情况下,钢管轴比实心轴质量小得多,钢管轴相互之间的连接更加方便。为节约钢材,减少动力消耗,螺旋轴一般采用50～100m直径无缝钢管制造。

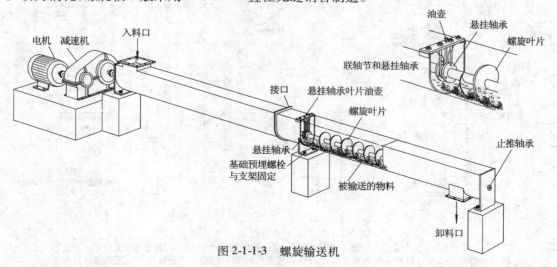

图2-1-1-3　螺旋输送机

（2）悬挂轴承

悬挂轴承装在两节螺旋的连接处,以保证各节螺旋的同轴度,并承受螺旋的质量和工作时所产生的力。悬挂轴承结构应紧凑,轴向和径向尺寸小,以免造成积料和阻力过大。悬挂轴承是易损件,为了防止物料进入轴承,减轻轴承磨损,悬挂轴承的轴衬通常采用铁或轴承合金材料等。轴承用铸铁铸造或钢板焊接,中部有加油孔。悬挂轴承采用钢板焊接,体积较小,便于制造。轴承上装有润滑和密封装置,轴承的润滑一般通过油杯挤入润滑脂,并在轴承内设有毡圈做密封,见图2-1-1-4(b)。

（3）端部轴承

端部轴承分别安装在机槽的头端和尾端,头端位于物料运移前方,用止推轴承支承,如图2-1-1-4(a)所示。止推轴承通常采用圆锥辊子轴承。止推轴承的作用是承受螺旋输送物料时所产生的轴向力。尾端轴承采用如图2-1-1-4(c)所示的双列向心球面轴承。螺旋因受工作环境和输送物料温度变化的影响,工作时长度发生变化。因此,轴承在轴承座内要有较大的轴向移动间隙。

（4）驱动装置

驱动装置系由电动机、减速器、联轴器及底座等组成。按装配方法不同,常有 JJ 型〔图2-1-1-4(d)〕、S 型〔图2-1-1-4(e)〕和 JTC 型〔图2-1-1-4(f)〕三种驱动装置。

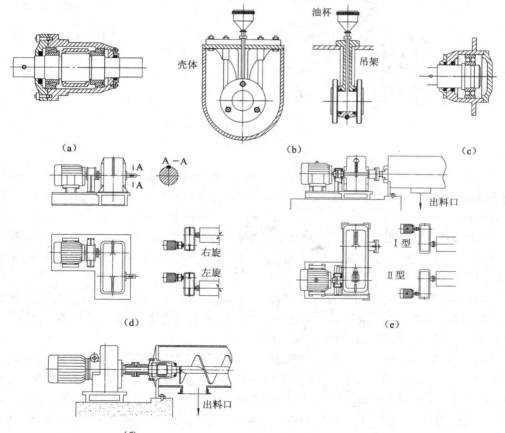

图 2-1-1-4　螺旋输送机的主要部件

(a)止推轴承(传动端);(b)悬挂轴承装置;(c)端部轴承;(d)JJ 型驱动装置;(e)S 型驱动装置;(f)JTC 型驱动装置

（5）机槽

机槽的结构如图 2-1-1-3 立体图所示,下部成半圆形,内直径应比螺旋叶片外径大 15～30mm。间隙大小要适当,间隙过大,降低螺旋输送效率;间隙过小,当轴承磨损或螺旋轴稍有弯曲时,螺旋叶片与机槽接触,产生磨损和异常响声。

螺旋输送机一般在输送距离不大、生产率不高的情况下用来输送磨琢性小的粉末状、颗粒状及小块状的散粒物料或成件物品。用于散粒物料的螺旋输送机,其输送长度一般为 30～40m,只有在少数情况下才达到 50～60m。

3）带式输送机

带式输送机的构造由图 2-1-1-5 中一看便知,由输送带、托辊、辊筒、传动装置、拉紧装置、装料装置、卸料装置等组成,每个部件都有自己的职责,互相配合,共同完成物料的输送任务。

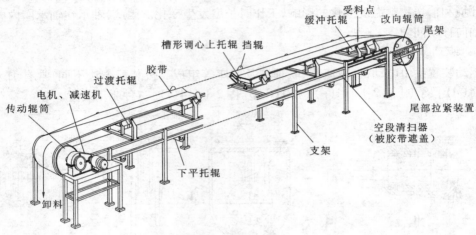

图 2-1-1-5 带式输送机

（1）辊筒及驱动装置:是传递动力的主要部件,通过驱动辊筒和输送带之间的摩擦作用牵引输送带运动。驱动装置由电动机、减速器、驱动辊筒和联轴器等组成。驱动辊筒有两种,图 2-1-1-5 中是一种用途较广泛的普通辊筒,采用钢板焊接结构。另一种是电动辊筒,它是将电机和减速器共同置于辊筒体内部的新型驱动装置,替代了传统的电动机、减速器在驱动辊筒之外的分离式驱动装置,其结构紧凑、外形尺寸小,适用于短距离及较小功率、单机传动,见图 2-1-1-6 中的 a。

（2）张紧装置:能使输送带具有足够的张力,限制输送带在各托辊之间的垂度,保证输送带与辊筒之间产生合适的摩擦力以防止打滑。张紧装置有螺旋式、垂直重锤式（图 2-1-1-6 中的 b、c）,还有重锤车式和固定绞车式拉紧装置。

（3）卸料装置:卸料装置有端部卸料和中途卸料两种形式。在端部利用辊筒（卸料辊筒处装卸料罩和卸料漏斗）直接卸料,不会产生附加阻力,适合于卸料点固定的场合。中途卸料常用的有犁式卸料器（手动和电磁气动）和卸料车两种。犁式卸料器是与输送带运动方向安装成一定角度的卸料挡板,当运行的物料碰到挡板时,就被挡板推向输送带的边侧卸下,适用于卸料点多和有压缩空气供应的地方。犁式卸料器仅适用于输运带的平行段缺料。车式卸料装置是在皮带的中途移动卸料,可涉及很多卸料点,可实现连续移动卸料,见图 2-1-1-6 中的 d。

（4）托辊：托辊是输送带和物料的支撑与约束装置，对输送带的运行情况和使用寿命有很大影响。

根据托辊装设部位和作用的不同，托辊可分为：槽形托辊（用于支承承载边的输送带和物料，角度30°~45°）、平行托辊（支承输送带的空载段）、调心托辊（除支承输送带和物料外，还能调整跑偏的输送带，使之复位）和缓冲托辊（在装载处减小物料对输送带的冲击作用），见图2-1-1-6中的e、f、g。托辊的结构及密封见图2-1-1-6中的h、i。

（5）清扫装置：在输送一些具有黏性的物料时，会在皮带的输送面上粘附一些物料，因此需要随时把它们刮掉，在头部设置了清扫器，图2-1-1-6中的k，在尾部辊筒前装有空段清扫器，以清除卸料后仍粘附在非工作面上的物料。

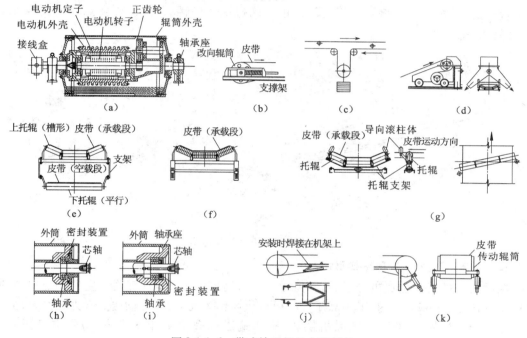

图2-1-1-6　带式输送机的主要部件

（a）油冷式电动滚筒；（b）螺旋拉紧装置；（c）垂直拉紧装置；（d）移动卸料装置（卸料车）；
（e）槽形上托辊及平行托辊；（f）缓冲托辊；（g）槽形调心托辊；（h）迷宫-毛毡式密封的托辊；
（i）填料密封的托辊；（j）空段清扫器；（k）弹簧清扫器

（6）制动装置：对于倾斜放置、正在向上输送物料的带式输送机，如果突然出现停电，可能会出现输送带反向运动（承载段上物料的自重作用），这是绝不能允许的。为了避免发生反向运动，在驱动装置处设置了驱动装置，常用的有带式逆止器、滚柱逆止器和电磁闸瓦式逆止器三种。

带式输送机可以有多个受料点，也可以有多个卸料点，胶带本身是牵引构件，运送量大、动力消耗低是它的优点，物料（生料、水泥等粉状物料不能输送）由预均化堆场或从原料库底到入磨，大多数厂都用它完成输送任务，如果进入车间里面一般采用敞开式输送，运行时有一定的振动，会产生粉尘，在受料和卸料端，粉尘更大，必须罩上吸尘罩，用管道连接在除尘器上，进行除尘处理。它不能输送粉状物料，因为粉尘飞扬得太厉害。

4）链式输送机

链式输送机包括FU型系列拉链机（用于输送收尘下来的水泥或生料、煤粉，或冷却机箅床漏下来的熟料，见图2-1-1-7）、板链输送机、链斗输送机（作为二级链式输送机用于输送出冷却机熟料入库）等，主要由牵引件、刮板或链斗或链板、轨道、驱动轮、改向轮、张紧装置、壳体及电机和传动链组成。它利用物料的内摩擦和侧压力的特征，FU链式输送机在机槽内受到输送链在其运动方向的拉力，使其内部压力增加，颗粒之间的内摩擦力增大，保证了料层之间的稳定状态，适用于生料、水泥、煤粉及其他小颗粒状物料的水平、倾斜输送。其特点是：输送能力大（在较小的空间内输送大量物料，输送能力达$6\sim600m^3/h$）、输送能耗低（是螺旋输送机电耗的50%）、全密封的机壳使粉尘无缝可钻、工艺布置灵活（可高架、地面或地坑布置，可水平或倾斜（≤15°）安装，也可同机水平加爬坡安装，可多点进出），操作安全，运行可靠。

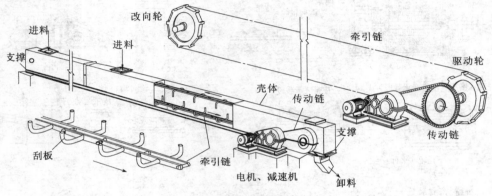

图2-1-1-7 FU型系列拉链机

2.1.1.2 气力输送设备有哪些？

粉状物料的气力输送可分三类，即低压、中压、高压输送。低压输送如空气输送斜槽，所需的空气压力为6kPa以内，采用高压离心风机供风作为动力；中压输送如气力提升泵，需要空气压力50kPa，一般采用罗茨风机供风；高压输送如螺旋泵和仓式泵，需要空气压力为$0.2\sim0.5MPa$，采用空气压缩机供风。

1）空气输送斜槽

空气输送斜槽是一种简单常用的气力输送设备，可用于生料、水泥、煤粉等具有一定流动性的粉状物料的输送，安装要求是倾斜向下，进料端高一些，出料端低一些，这样可以提高物料的输送量。

空气输送斜槽的构造见图2-1-1-8，其主要部件见图2-1-1-9。槽体由上槽和下槽组成，中间用透气层隔开。透气层是承托物料，使空气均匀透过、流化物料的装置，各段槽体用法兰连接。为了满足输送路线和卸料点的要求，使斜槽进行改向输送和分支输送，在改向处可装弯槽，在分支处可装高三通槽或四通槽。空气输送斜槽的规格按斜槽的宽度（mm）来表示，共有250、400、500、630、800五种。送料时由鼓风机提供压缩气源，进入槽体下层，经过透气层微孔，使上层物料充气呈流态化（微悬浮流动起来），完成送料任务，气体从槽体上部的气孔排出，并进行除尘处理。

空气输送斜槽以其输送能耗低、输送量大及工艺布置简单而在水泥生产线上得到广泛应用，但它的输送距离比较短，否则输送效率就会大打折扣了。

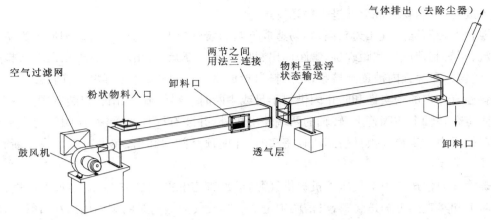

图 2-1-1-8 空气输送斜槽

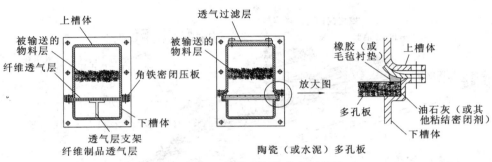

图 2-1-1-9 空气输送斜槽的主要部件

2）气力提升泵

上面介绍了空气输送斜槽,它的结构决定了它的输送距离短而且不能提升,如果要把出磨生料或水泥送到 60m 左右高的储库内,那么它只能"一筹莫展"。不过气力提升泵可"助君一臂之力",它能够把水泥提得老高老高的,这样可以入库了。气力提升泵输送装置如图 2-1-1-10 所示,由泵体、管道、顶部的膨胀仓和罗茨鼓风机等部分组成。物料由泵体上部连续加入提升泵内,压缩空气由提升泵下部通入泵体内,使物料随同气流经管道进入膨胀仓和受料设备内。在膨胀仓中,物料与空气分离,物料由下部卸出,空气由上部排入除尘设备。

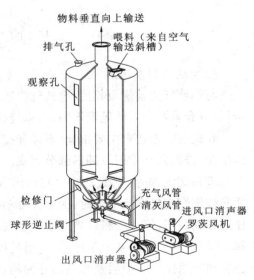

图 2-1-1-10 气力提升泵

3）螺旋气力输送泵

螺旋气力输送泵是压送式气力输送的一种供料设备,它可以把空气输送斜槽和气力提升泵共同完成的输送任务独自担当起来。物料由入料口加入,经螺旋叶片被推送到混合室内。在混合室下部装有两排喷嘴,压缩空气通过喷嘴喷入混合室,与物料混合并进入输送管道。

混合室内压缩空气压力较高,容易造成气料沿着螺旋与套筒向入料口倒流。为防止气料倒流,螺旋制造成变螺距螺旋,螺距向出料口方向逐渐减小,出料口螺距比入料口螺距小30%,使物料在螺旋内被逐渐挤紧,在出料口形成密实的料栓,这样可阻止气料倒流。为了保证料栓有一定的密实性和防止因供料不足或中断时气料倒流,在出料口装有阀门,阀门铰接在固定在转轴上的阀臂上,转轴的两端伸出机外,并装有杠杆和重锤,使阀门对出料口保持一定的压力。当料栓被推挤到比较密实时,才能顶开阀门卸出,在供料不足或中断时,阀门则及时关闭。

螺旋气力输送泵由空气压缩机提供气源,借助管道和阀门的支持,既能水平输送,又能倾斜向上和竖直向上输送物料,可谓两项全能。螺旋气力输送泵的规格用出料口管径表示,如 $\phi100$、$\phi135$、$\phi150$、$\phi180$、$\phi200$(mm)等,见图2-1-1-11。

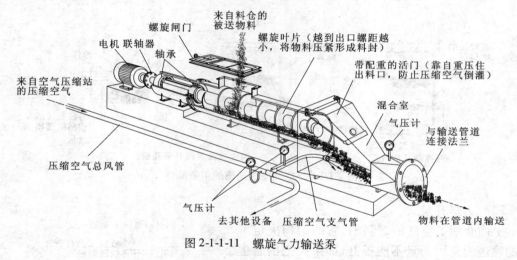

图 2-1-1-11　螺旋气力输送泵

4)仓式气力输送泵

与螺旋气力输送泵相比,仓式气力输送泵也不逊色,它有同样的输送能力,单仓泵间歇送料,双仓泵两个泵体轮流送料,可以连续送料,见图2-1-1-12。

仓式气力输送泵主要由仓、泵体和控制系统等组成。泵体用来盛装物料和输送物料,它由泵壳、进料阀和喷射及卸料部分组成。

进料阀的构造(见图2-1-1-13)由锥阀、长摇臂、短摇臂和气缸等部分组成。当气缸内的活塞被压缩空气推到下部时,活塞杆带动短摇臂和长摇臂把锥阀推向上方,与橡胶圈压紧,使进料阀关闭,停止进料。当活塞处于气缸的上部位置时,锥阀则靠其自重下落,打开进料阀,开始进料。在活塞上下运动时,通过拨板拨动压缩空气换向机构,使之换向,控制泵体的进料和输送操作。喷射及卸料部分的构造如图2-1-1-14所示。铸铁壳体上部与泵体连接,下部与喷嘴壳和喷嘴连接,喷嘴壳下部与铸铁管连接。输送时,由无缝钢管进入的压缩空气(一次空气)只用于输送物料,由管孔进入的压缩空气(二次空气)用于增大物料速度和调节气料混合比。一次和二次空气量是通过调节阀控制的。

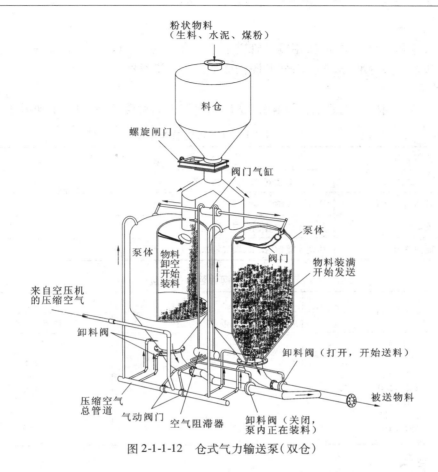

图 2-1-1-12　仓式气力输送泵（双仓）

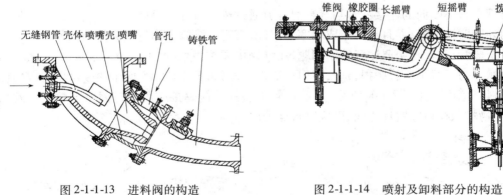

图 2-1-1-13　进料阀的构造　　　　图 2-1-1-14　喷射及卸料部分的构造

　　仓式泵的规格用泵体直径和总体高度（地面到泵体上部存料小仓）来表示，如 $\phi1000\text{mm}\times35000\text{mm}$。不管是哪一种气力输送设备，它们只适合于粉状物料或小颗粒散状物料的输送，而在生料、水泥粉磨过程中，入磨之前所处理的物料是破碎后的块状、粒状熟料、石膏及不同种类的混合材，这些物料用气力输送设备是无法解决的。这时我们不得不搬出机械输送设备。

5）输送管道

在供料器和卸料器之间,采用输送管道来连接,包括有直管、弯管、分支管、换向阀门、伸缩接头和卸料弯头等部分,与供料器共同构成了气力输送系统。

（1）直管

直管一般选用标准无缝钢管,水泥厂常用输送管道的材质见表 2-1-1-1 和表 2-1-1-2。

表 2-1-1-1　管道材质的选择

管道名称	管 道 材 料
泥浆、料浆管道	热轧无缝钢管、铸铁管、铸石管
粉状物料管道	热轧无缝钢管、铸石管
压缩空气管道	热轧无缝钢管、水、煤气输送钢管
输油管道	热轧无缝钢管、水、煤气输送钢管

表 2-1-1-2　钢管管壁的厚度

管道外径（mm）	管道壁厚（mm）	
	粉状物料管道	压缩空气管道
10 ~ 23		2.75
33 ~ 70	4.5	3.5
70 ~ 102	5	4
108 ~ 140	6	4.5
146 ~ 194	7	5
203 ~ 325	8	6
351 ~ 450	9	7

（2）弯管

弯管是管道改向的连接件。当气料混合流通过弯管时,由于物料的冲击和摩擦,不但使弯管的外壁磨损加剧,而且也易造成堵塞。因此,弯管是维修工作量较大的易损件。

对于弯管,在运行中要注意堵塞问题,在维修中要注意磨损问题,在设计中要注意压力损失问题。为了减小弯管磨损,延长使用寿命,可采用如图 2-1-1-15 所示的瓷衬弯管或喷涂耐磨材料。也可按如图 2-1-1-16 所示,在弯管内壁的外侧焊接或用螺钉固定上数道半圆形钢环,使物料积存在圆钢环之间,形成物料保护层。

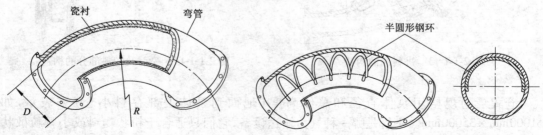

图 2-1-1-15　瓷衬弯管　　　　　　　　　图 2-1-1-16　带圆钢环弯管
D—弯管内径;R—转弯半径

弯管的曲率半径不宜过小,过小会使气流通过弯管时,速度大小、方向急剧改变,物料对弯管冲刷激烈,造成弯管堵塞和加速磨损。但曲率半径也不宜过大,过大不但使弯管制造和布置复杂,而且会增大弯管的阻力损失。一般为 $R/D = 6 \sim 10$。

(3)换向阀门

当气力输送系统需要向几处卸料时,在管道分叉处要装设换向阀门,用来改变气料的流向。换向阀门按结构和用途分有:单路换向阀门、双路换向阀门和三路换向阀门三种;按操作分为:手动和气动两种。图 2-1-1-17 为手动单路和双路换向阀门构造。在换向时,扳动手柄,转换阀盖位置,使一路管道接通,一路管道关闭。

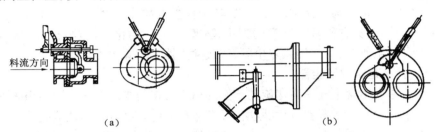

图 2-1-1-17　手动换向阀门

(a)单路手动换向阀门;(b)双路手动换向阀门

(4)伸缩接头

当气料温度较高,管道较长时,由于温度变化会使管道发生热变形,产生热应力,严重时,会造成管道弯曲或破裂。因此,当温度超过 50℃ 时,应在管道的主要部位装设如图 2-1-1-18 所示的伸缩接头。伸缩接头由如图所示的套管 1、插管 2、插管 3、石棉填料 4和压管 5 组成。插管 2 和插管 3 用法兰分别与管道两端连接,插管 2 和插管 3 的长度可在 $L_{min} \sim L_{max}$ 间自由伸缩。

(5)卸料弯头

输送管道进入受料仓的形式有:在料仓上部切向进仓和在料仓顶部轴向进仓两种。管道与料仓应连接严密,防止气料冒出,并应有一定的移动量,使管道能够活动并消除振动。图 2-1-1-19 所示为顶部轴向进仓的卸料弯头与料仓连接形式。

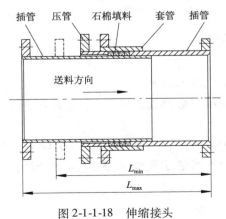

图 2-1-1-18　伸缩接头

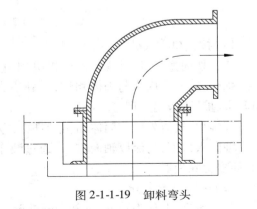

图 2-1-1-19　卸料弯头

2.1.2 除尘设备

在物料破碎、输送、粉磨、煅烧、储存、散装和包装等过程中几乎每道工序都会产生粉尘，对水泥厂及厂区附近的环境造成了一定的污染,国家对粉尘的排放量有严格的要求,如粉磨生料时,立式磨排放气体中的含尘浓度不得超过 $650g/m^3$,预分解窑排放的气体中含尘浓度不得超过 $60~90g/m^3$。为了达到环保要求,各个扬尘点都装有除尘设备,并有专门的巡检工来负责维护和检修,让它们诚心诚意的为主机(磨机、窑、均化库、包装机等)服务。水泥厂采用的除尘设备主要有三种:旋风除尘器、袋式除尘器和电除尘器。

2.1.2.1 什么是旋风除尘器?

旋风除尘器是利用含尘气体高速旋转产生的离心力将粉尘从气体中分离出来的除尘设备。它构造简单,易制造,投资省,尺寸紧凑,没有运动部件,操作可靠,适应高温高浓度的气体。这种除尘器对较大颗粒粉尘的处理有用武之地,但对微小粉尘的处理却无能为力,一般除尘效率为60%～90%(在水泥厂一般用于高浓度含尘气体的第一级收尘)。旋风除尘的类型按不同的方式可分为好几种,见图 2-1-2-1。

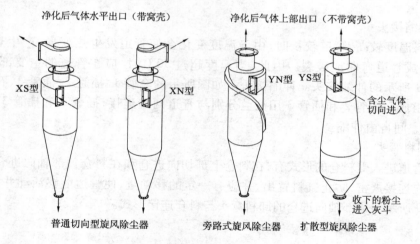

图 2-1-2-1　旋风除尘器

(1)按进口方式分

普通切向型:气流外缘与筒体相切,水平方向切入,如 CLT 型。

蜗壳型:气流内缘与筒体相切,其外缘为渐开线或对数螺线形外壳,水平方向进入,如 CLP 型、扩散型、蜗旋型等。

螺旋型:气流外缘与筒体相切,但顶面为螺旋面形,气流以螺旋方式进入,如 CLT/A 型。

轴向入口型:气流以轴向进入,通过装于排气管外缘的螺旋或花瓣状叶片形成旋流运动,如多管除尘器。

(2)按筒体形态分

普通筒型:上部为圆筒,下部为圆锥形。

扩散型:上部为圆筒,下部为上小下大的倒锥形(内部下方有隔离锥)。

旁路型:筒体外部带有旁路室的单层或双层圆筒圆锥形。

（3）按出风口与管路连接方式分

水平出风型：出风口带有蜗壳，称Ⅰ型或Ⅹ型。

上部出风型：出风口不带蜗壳，称Ⅱ型或Ⅵ型。

（4）按气流在旋风筒内的旋转方向分

S型：从顶上看，气流左侧进入，顺时针旋转的为右旋，即S型。

N型：从顶上看，气流右侧进入，逆时针旋转的为左旋，即N型。

这样，各型旋风除尘器的出风管外接形式可分为XN、XS、YN、YS四种。例如XN型表示左旋转并带出口蜗壳，采用哪一种形式是根据现场而定的。

旋风除尘器收集下来的粉尘进入下端的集灰斗里，由闪动阀控制排出，确保排灰而不漏风，见图2-1-2-2。

旋风除尘器可以安装在楼板上，也可以安装在单独做成的支架上，见图2-1-2-3。

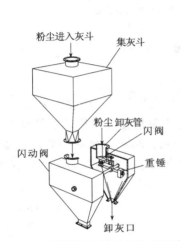

图2-1-2-2　旋风除尘器的灰斗及闪动阀

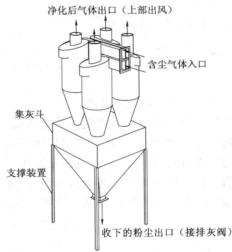

图2-1-2-3　旋风除尘器的固定（除尘器组）

2.1.2.2　袋式除尘器怎样除尘？

袋式除尘器利用的是过滤除尘方法，采用透气但不透尘粒的纤维织物作为滤袋，当含尘气体通过滤袋时，尘粒阻留在纤维滤袋上，使气体得到净化。袋式除尘器的构造要比旋风除尘器复杂，它由滤袋、清灰机构（对阻留在滤袋上的粉尘要定时清理）、过滤室（箱体）、进出口风管、集灰斗及卸料器（回转卸料器、翻板阀锁风等）组成，它能把0.001mm以上的微小颗粒阻留下来。如果把它与旋风除尘器或粗粉分离器串联起来，作为第二级除尘，对生料制备系统产生的粉尘的处理，收尘效率可稳定在98%以上，能够符合国家环保要求。袋式除尘器由多种类型，让我们认识一下常用的几种：

（1）气箱脉冲袋式除尘器

气箱脉冲袋式除尘器有上箱体、中箱体、下箱及灰头、梯子、平台，储气罐、脉冲阀、龙架、螺旋输送机、卸灰阀、电器控制柜、空压机等组成，本体分隔成若干个箱区，当除尘器滤袋工作一个周期后，清灰控制器就发出信号，第一个箱室的提升阀开始关闭切断过流气体，箱室的脉冲阀开启，以大于0.4MPa的压缩空气冲入净气室，清除滤袋上的粉尘；当这个动作完成后,提升阀重新打开,箱体重新进行过滤工作,并逐一按上述程序完成全部清灰动作,见图 2-1-2-4。

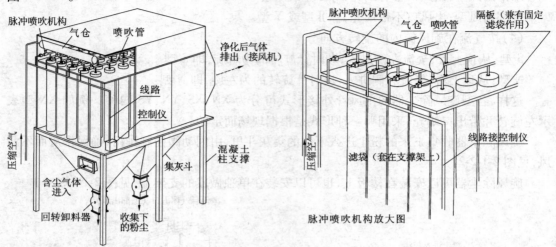

图 2-1-2-4　脉冲袋式除尘器

(2)气环反吹袋式除尘器

含尘气体由进入口引入机体后进入滤袋的内部,粉尘被阻留在滤袋内表面上,被净化的气体则透过滤袋,经气体出口排出机体。滤袋清灰是依靠紧套在滤袋外部的反吹装置上下往复运动进行的,在气环箱内侧紧贴滤布处开有一条环形细缝,从细缝中喷射从高压吹风机送来的气流吹掉贴附在滤袋内侧的粉尘,每个滤袋只有一小段在清灰,其余部分照常进行除尘,因此,除尘器是连续工作的。见图 2-1-2-5。

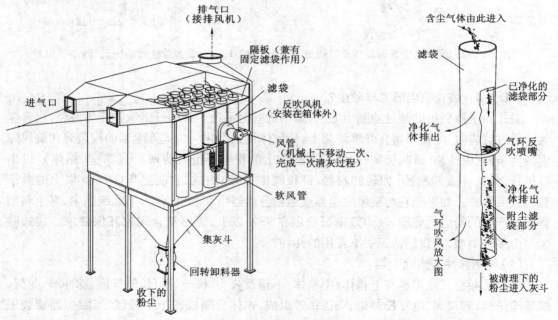

图 2-1-2-5　气环反吹袋式除尘器

（3）回转反吹袋式收尘器

清灰机构包括小型高压离心风机、反吹管路、回转臂和传动装置（转速 1.2r/min），在过滤过程中，随着粉尘的不断增厚，通风阻力也在增大，当这阻力达到一定值时，反吹风机和回转装置同时启动，高压气流依次由滤袋上口向滤袋内喷出，使原来被吸瘪的滤袋瞬时膨胀，粉尘抖下，随即高压气流离开，滤袋正常过滤，见图 2-1-2-6。

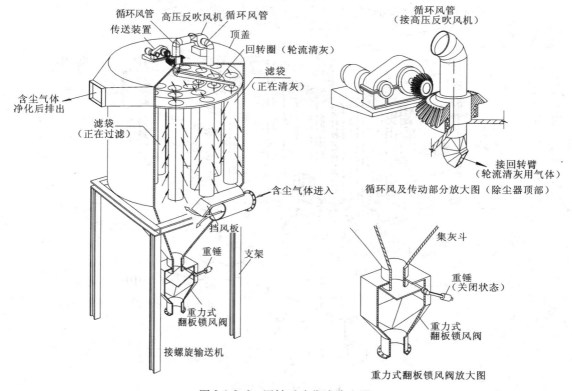

图 2-1-2-6　回转反吹袋式除尘器

此外还有中部振打（ZX 型）袋式收尘器（从顶部振打传动，通过摇杆、打击棒和框架，在收尘中部摇晃滤袋而达到清灰的目的）、中心喷吹脉冲袋式收尘器（利用脉冲阀按规定程序定时用压缩空气对滤袋进行喷吹）等等，在此不做详细陈述。

2.1.2.3　电除尘器又是怎样除尘的？

与旋风、袋式除尘器相比，电除尘器的除尘过程不是简单的离心沉降或过滤收尘，构造也非常复杂，主要有电晕极、沉淀极、振打装置、气体均布装置、电除尘的壳体、保温箱、排灰装置和高压整流机组组成。电晕极和集尘极是主要工作部件。

电源的负极又叫阴极、放电极、电晕极，电源的正极（接地）又叫阳极、集电极、沉淀极，当电压升高到一定数值时，在阴极附近的电场强度迫使气体发生碰撞电离，形成大量正负离子。由于在电晕极附近的阳离子趋向电晕极的路程极短，速度低，碰上粉尘的机会很少，因此，绝大部分粉尘与路程长的负离子相撞而带上负电，飞向集尘极，只有极少数粉尘沉积于电晕极，定期振打集尘极及电晕极，两级吸附的粉尘落入集灰斗中，通过卸灰装置卸至输送机械运走。

电除尘器的主体结构是钢结构，全部由型钢焊接而成，外表面覆盖蒙皮（薄钢板）和保温材料，见图 2-1-2-7。

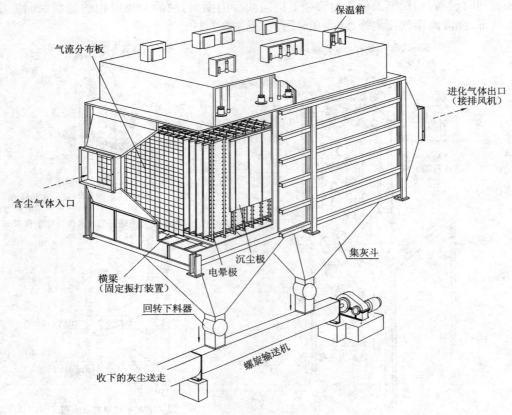

图 2-1-2-7　电除尘器

目前，水泥厂所用的电除尘有卧式和立式两种，其主要部件和除尘原理都是一样的。不论是哪一种除尘器，在集灰斗的出口处都需安装锁风装置（如回转卸料器本身就具备锁风功能），这样可防止已收回的粉尘再次悬浮飞扬起来。

2.1.3　风　机

水泥生产过程中的多道工序需要通风，窑头喷煤、冷却机、均化库需要供风，不同的扬尘点需要除尘，这些都离不开风机。从设备内部向外抽风的是离心通风机，如生料制备、熟料煅烧、水泥制成及包装发运等工序的通风，所采用的风机一般是离心式通风机，它们与除尘器共同构成了除尘系统；给设备送风的是离心鼓风机，如篦冷机用风、窑头喷煤用风等；用于生料均化库、水泥储存库的均化的是罗茨风机（也称容积回转式鼓风机）。

2.1.3.1　离心通风机的作用是怎样的？

1）型号规格

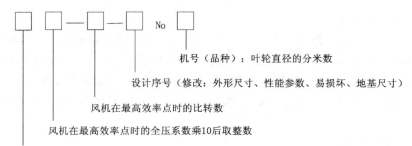

机号（品种）：叶轮直径的分米数

设计序号（修改：外形尺寸、性能参数、易损坏、地基尺寸）

风机在最高效率点时的比转数

风机在最高效率点时的全压系数乘10后取整数

用途代号。一般风机和输送（T）省略；防爆（B）；锅炉引风机（Y）
排尘风机（C）；煤粉（M）；高温（W）；冷却风机（L）

例如：Y4-73-11№31.5F 型离心通风机，表示锅炉引风机，最高效率点时的全风压系数 $0.42 \times 10 = 4.2 \rightarrow 4$，比转数为73，设计序列号为11，叶轮直径3150mm，支撑方式为旋臂双支撑。

在水泥水泥生产过程中，4-72、B4-72 型是一种高效率、中低压离心通风机，C4-73-11 型一般排尘风机；用于回转窑窑尾排风（输送介质为烟气）的 Y4-73 型离心通风机（高温风机）；用于煤磨排风或回转窑鼓风的 7-29-11 离心风机；而 9-19 和 9-26 型高压离心通风机，具有高效率、低噪声等特点，一般用于篦式冷却机的高压强制通风、空气输送斜槽和袋式除尘器反吹风清灰等场合。

2）机座的传动方式

风机的基座用建筑钢焊接或用生铁铸造而成，轴承大都采用滚珠轴承，有 A、B、C、D、E、F 六种传动方式，见图 2-1-3-1。

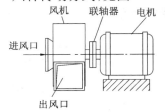

A式：旋臂支撑，无轴承座装置，
电动机直接传动

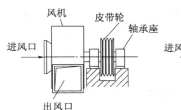

B式：旋臂支撑，皮带轮在两轴承
座中间，三角皮带传动

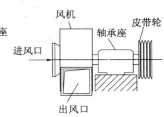

C式：旋臂支撑，皮带轮在外侧，
三角皮带传动

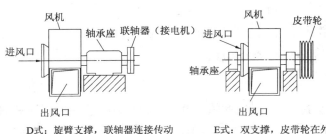

D式：旋臂支撑，联轴器连接传动

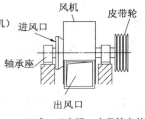

E式：双支撑，皮带轮在外侧，
三角皮带传动

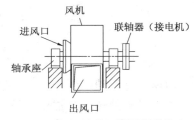

F式：双支撑，联轴器连接传动

图 2-1-3-1　离心通风机的六种传动方式

3）在工艺流程中的位置

对于窑、磨、烘干等系统的通风，按照工艺流程，离心通风机安装的位置在除尘器之后（参照图 1-1-1-1 至图 1-1-1-15），这样在整个系统中，不论是窑、冷却机或是磨机、除尘器还是在连接管道内，都处于负压操作状态，即使在连接口处有漏风，也是把环境中的空气吸入到系统内部，而不至于把系统内部中的含尘气体漏到体外，造成物料损失和环境污染。

4）构造及工作原理

离心式通风机主要由螺形机壳、叶轮、轮毂（将叶轮固定在机轴上）、机轴、吸气口（进口、是负压）、排气口（出口、是正压）、轴承座和机座（用于固定风机）、皮带轮或联轴器（与传动电机相连）组成（见图 2-1-3-2）。离心式通风机的构造看上去虽然比较简单，但工作原理是非常复杂的：当电机带动叶轮转动时，空气也随叶轮旋转并在惯性的作用下甩向四周，汇集到螺形机壳中。在空气流向排气口的过程中，由于截面积不断扩大，速度逐渐变慢，大部分动压转化为静压，最后以一定的压力从排气口压出，此时叶轮中心形成一定的真空度，外界空气在大气压力的作用下又被吸进来，由于叶轮在不停地旋转，空气就不断的被吸入和压出，从而达到输送空气的目的。

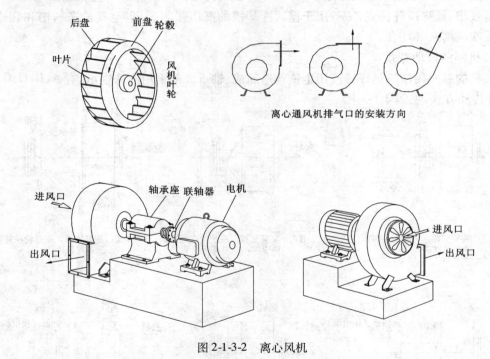

图 2-1-3-2　离心风机

5）密封和润滑装置

离心风机的转速非常高，回转件会造成磨损，因此需要润滑（中小型风机多采用油杯润滑，大型风机采用液压润滑装置强制润滑）。为防止润滑油的泄漏及灰尘、水分进入轴承，还要防止风机工作时漏气，在风机的壳体、轴承上采用组合密封装置，用来封气和封油，见表 2-1-3-1。

表 2-1-3-1　离心通风机的密封装置

类　别		形　式	用　途
封气装置	机械封气装置	迷宫式 整体密封　　梳齿气封　　键片气封	通用形式,常用于轴伸出机壳外的密封
		涨圈式 涨圈式密封	用于小型整体机壳
	联合封气装置	气封油封式 油杯　　排气轮排气　机壳壁　密封套　密封体　轴	用于输送空气和不易于爆炸的鼓风机
		气封水封式 进水　出水　机壳　油杯　密封体　水封环　密封套主轴　放水	用于易爆炸的煤气鼓风机
封油装置	迷宫式	轴承箱内侧　密封　密封　密封套　主轴　平式　导筒式	用于滑动轴承

2.1.3.2　罗茨风机的作用是怎样的?

罗茨风机属于容积式风机,与常见的离心式风机在性能上有很大差别。它所输送的风量取决于转子的转数,与风机的压力关系甚小,压力选择范围广,可承担各种高压力状态下的送风任务,在水泥生产中,多用于气力提升泵、气力输送、气力清灰、生料及水泥库内的均化搅拌等,见图1-1-1-8"生料均化库工艺流程中"的7#、8#、9#、20#。

1)型号规格

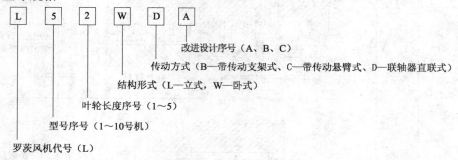

改进设计序号（A、B、C）

传动方式（B—带传动支架式、C—带传动悬臂式、D—联轴器直联式）

结构形式（L—立式，W—卧式）

叶轮长度序号（1～5）

型号序号（1～10号机）

罗茨风机代号（L）

2)构造及工作原理

罗茨风机有卧式和立式两种形式(见图2-1-3-3)。卧式罗茨风机的两根转子在同一水平面内(见图2-1-3-4),立式罗茨风机的两根转子在同一垂直平面内(见图2-1-3-5)。主要部件基本相同,由转子、传动系统、密封系统、润滑系统和机壳等部件组成,其中用于输送气流的主要工作部件是两只渐开线腰形的转子(叶轮和轴组成),依靠主轴上的齿轮,带动从动轴上的齿轮使两平行的转子作等速相对转动,完成吸气过程。两转子机之间及转子与壳体之间均有一极小间隙(0.25～0.4mm),否则气体是不能吸进来的,也就没有气体可送出去了。部件中只有叶轮为运动部件,而叶轮与轴承为整体结构,叶轮本身在转动中磨损极小,所以可长时间连续运转,性能稳定、安全性高。

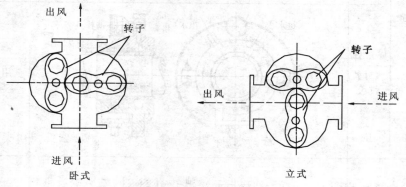

图2-1-3-3 罗茨风机的类型

3)轴承及密封

罗茨风机的轴承一般采用滚动轴承(较大型的罗茨风机采用滑动轴承),定位段轴承和联轴器端轴承采用调心辊子轴承(以解决轴向定位),自由端轴承、齿轮端轴承选用圆柱辊子轴承(解决热膨胀问题)。密封方式有机械密封式(效果较好,但结构复杂,成本高)、骨架油封(密封圈容易老化,需定期更换)、填料式(效果不是太好,需经常更换,新更换的填料不宜压得过紧,运转一段时间后再逐渐压紧)、涨圈式和迷宫式(这两种属于非接触式密封,寿命长,但泄漏量较大),各厂根据情况选用密封装置。

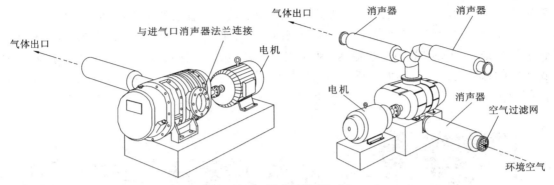

图 2-1-3-4 罗茨风机(卧式)

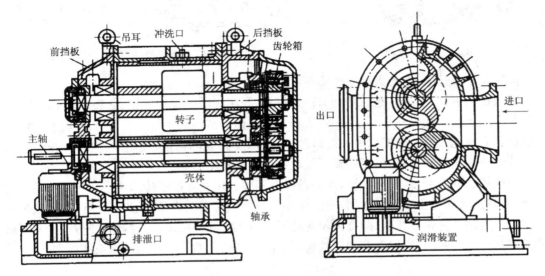

图 2-1-3-5 罗茨风机(立式)

4)润滑系统

小型的罗茨风机轴承和同步齿轮润滑采用润滑脂润滑。大型的罗茨风机采用稀油润滑装置,分主、副油箱,在主油箱内安装有冷却器和一定容量的润滑油,用作同步齿轮和自由端轴承润滑之用,同步齿轮浸入油池,通过齿轮的旋转带动甩油盘形成飞溅润滑。副油箱通过飞溅作用为定位轴承提供润滑。

2.1.4 电动机和减速机

2.1.4.1 不管什么设备运转都离不开电动机

电动机俗称马达,是一种将电能转化成机械能,并可再使用机械能产生动能,用来驱动其他装置的电气设备。

电动机按使用电源不同分为直流电动机和交流电动机,电力系统中的电动机大部分是交流电机,可以是同步电机或者是异步电机(电机定子磁场转速与转子旋转转速不保持同步速)。电动机主要由定子与转子组成。通电导线在磁场中受力运动的方向跟电流方向和

63

磁感线(磁场方向)方向有关。电动机工作原理是磁场对电流受力的作用,使电动机转动。

水泥生产过程中所有设备都由电动机来驱动,不管是各主机(窑、磨、冷却机、除尘器、包装机),还是辅助设备(收尘、输送、风机、空压机),几乎在各式机械的传动系统中都可以见到它的踪迹。它的应用太广泛了。图 2-1-4-1 是电动机的外形图,图 2-1-4-2 是电动机的内部结构图。

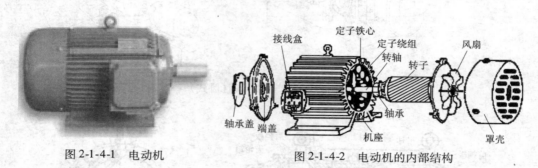

图 2-1-4-1　电动机

图 2-1-4-2　电动机的内部结构

2.1.4.2　减速机在动力传递中功不可没

减速机与电机相连接,是一种动力传递机构,利用齿轮的速度转换器,将电机(马达)的回转数减速到所要的回转数,并得到较大转矩的机构。范围应于传递动力与运动的机构中,减速机具有减速及增加转矩功能,在降速同时降低了负载的惯量,提高输出扭矩,扭矩输出比例按电机输出乘减速比,但要注意不能超出减速机额定扭矩。

减速机的种类繁多,型号各异,不同种类有不同的用途。按照传动类型可分为齿轮减速器、蜗杆减速器和行星齿轮减速器;按照传动级数不同可分为单级和多级减速器;按照齿轮形状可分为圆柱齿轮减速器、圆锥齿轮减速器和圆锥—圆柱齿轮减速器;按照传动的布置形式又可分为展开式、分流式和同轴式减速器,图 2-1-4-3 是直齿圆柱齿轮多级减速器。

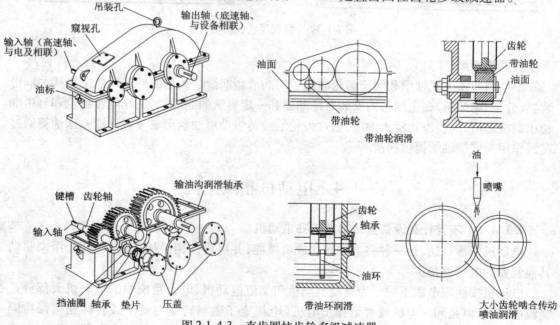

图 2-1-4-3　直齿圆柱齿轮多级减速器

2.1.4.3 液力耦合器在电机中是如何起到调速作用的?

连接在电机和减速机之间的离合装置,见图2-1-4-4。以液体为工作介质的一种非刚性联轴器,又称液力联轴器。液力耦合器的泵轮和涡轮组成一个可使液体循环流动的密闭工作腔,泵轮装在输入轴上,涡轮装在输出轴上。电动机带动输入轴旋转时,液体被离心式泵轮甩出。这种高速液体进入涡轮后即推动涡轮旋转,将从泵轮获得的能量传递给输出轴。最后液体返回泵轮,形成周而复始的流动。液力耦合器靠液体与泵轮、涡轮的叶片相互作用产生动量矩的变化来传递扭矩。液力耦合器输入轴与输出轴间靠液体联系,工作构件间不存在刚性连接。液力耦合器的特点是:能消除冲击和振动;输出转速低于输入转速,两轴的转速差随载荷的增大而增加;过载保护性能和启动性能好,载荷过大而停转时输入轴仍可转动,不致造成动力机的损坏;当载荷减小时,输出轴转速增加直到接近于输入轴的转速,使传递扭矩趋于零。液力耦合器的传动效率等于输出轴转速与输入轴转速之比。一般液力耦合器正常工况的转速比在0.95以上时可获得较高的效率。液力耦合器的特性因工作腔与泵轮、涡轮的形状不同而有差异。它一般靠壳体自然散热,不需要外部冷却。

（a）立体图

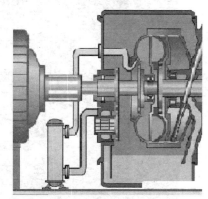
（b）平体图

图2-1-4-4 液力耦合器

2.1.5 堆料取料设备

物料的预均化一般在有遮盖的矩形或圆形预均化堆场内进行,主要有进料皮带机、堆料机、料堆、取料机、出料皮带机和取样装置组成,堆料机、取料机,见图2-1-5-1、图2-1-5-2和图2-1-5-3。

2.1.5.1 矩形预均化堆场内的设备怎样?

这类堆场一般设有两个料堆,一个料堆堆料时,另一个料堆取料,相互交替进行。采用悬臂式堆料机堆料(图2-1-5-1)或在库顶有皮带布料(图2-1-5-2),取料设备一般采用桥是刮板取料机,在取料机桥架的一侧或两侧装有松料装置,它可按物料的休止角调整松料耙齿使之贴近料面,平行往复耙松物料,桥架底部装有一水平或稍倾斜的由链板和横向刮板组成的链耙,被耙松的物料从端面斜坡上滚落下来,被前进中的桥底链耙连续送到桥底皮带机。

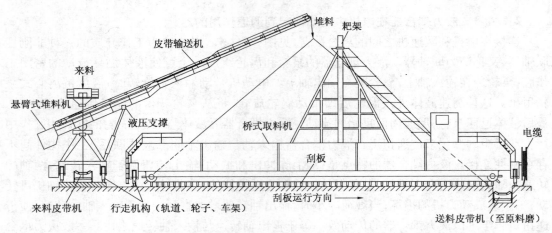

图 2-1-5-1　矩形预均化堆场中的侧式悬臂堆料机及桥式刮板取料机

图 2-1-5-2　矩形预均化堆场中的皮带进料机及刮板取料机

图 2-1-5-3　圆形预均化堆场中的悬臂式皮带堆料机和刮板取料机

1) 悬臂式堆料机

主要由旋臂部分、行走机构、液压系统、来料车、轨道部分、电缆坑、动力电缆卷盘、控制电缆卷盘、限位开关装置等 9 个部分组成。这种堆料机设在堆场的一侧，利用电机、制动器、减速机、驱动车轮构成的行走机构沿定向轨道移动，由俯仰机构支撑臂架及胶带输送机的绝大部分重量力，并根据布料情况随时改变落料的高度，具备钢丝绳过载、断裂、防止传动机构失灵等安全措施。运行时的操作控制方式可以是自动控制、机上人工控制和机房（维修）控制，以及在安装检修和维护工况时需要局部动作的机旁现场控制。不管哪一种操作，都可以根据需要，通过工况转换开关来实现。

（1）主要部件

① 旋臂部分。悬臂架由两个工字型梁构成，横向用角钢连接成整体，工字型梁采用钢板焊接成型。因运输限制，臂架分段制造，现场焊接成整体。在悬臂架上面安有胶带输送机，胶带机随臂架可上仰和下俯，胶带机采用电动辊筒。张紧装置设在头部卸料点处，使胶带保持足够的张力。胶带机上设有料流检测装置，当胶带机上无料时发出信号，堆料机停机。还设有打滑监测器，防跑偏等保护装置，胶带机头、尾部设有清扫器。

悬臂前端垂吊两个料位探测仪，随着堆料机一边往复运动，一边堆积物料，料堆逐渐升高。当料堆与探测仪接触时，探测仪发出信号，传回控制室。控制室开动变幅液压系统，通过油缸推动悬臂提升一个预先给定的高度。两个探测仪，一个正常工作时使用，另一个用作极限保护。

旋臂两侧设有走台，一直通到旋臂的前端，以备检修、巡视胶带机。旋臂下部设有两处支撑铰点。一处与行走机构的三角形门架上部铰接，使臂架可绕铰点在平面内回转；另一处是通过球铰与液压缸的活塞杆端铰接，随着活塞杆在油缸中伸缩，实现臂架变幅运动。

液压缸尾部通过球铰铰接在三角形门架的下部。

在悬臂与三角形门架铰点处，设有角度检测限位开关，正常运行时，悬臂在 −13° ~ 16° 之间运行；当换堆时，悬臂上升到最大角度 16°。

② 胶带机。胶带机的传动滚筒设在尾部。改向辊筒设在卸料端，下面设有螺旋拉紧装置。

③ 行走机构。由三角形门架和行走驱动装置组成。三角形门架通过球铰与上部悬臂铰接，堆料臂的全部重量压在三角形门架上。三角形门架下端外侧与一套行走驱动装置（摆动端梁）铰接，内侧与一套行走驱动装置（固定端梁）刚性连接成一体，每个端梁配一套驱动装置，驱动装置共两套。驱动装置实现软启动、延时制动。

在三角形门架的横梁处吊装一套行走限位装置，所有行走限位开关均安装在吊杆上，随堆料机同步行走，以实现堆料机的限位。三角形门架下部设有平台，用来安装变幅机构的液压站。

④ 液压系统。液压系统实现悬臂的变幅运动。液压系统由液压站、油缸组成，液压站安装在三角形门架下部的平台上，而油缸支撑在门架和悬臂之间。

⑤ 来料车。来料车由卸料斗、斜梁、立柱等组成。卸料斗悬挂在斜梁前端，使物料通过卸料斗卸到悬臂的胶带面上。斜梁由两根焊接工字型梁组成，梁上安有电气柜、控制室以及电缆卷盘。斜梁上设有胶带机托辊，前端设有卸料改向辊筒，尾部设有防止空车时飘带的压辊。大立柱下端装有 4 组车轮。

卸料改向辊筒处设有可调挡板,现场可以根据实际落料情况调整挡板角度、位置来调整落料点。

来料车的前端大立柱与行走机构的连接,通过连杆两端的铰轴铰接,使来料车能够随行走机构同步运行。堆料胶带机从来料车通过,将堆料胶带机带来的物料通过来料车卸到悬臂的胶带机上。

⑥ 电缆卷盘

动力电缆卷盘由单排大直径卷盘、集电滑环、减速器及力矩堵转电机组成。外界电源通过料场中部电缆坑由电缆通到卷盘上,再由卷盘通到堆料机配电柜。控制电缆卷盘由单排大直径卷盘、集电滑环、减速器及力矩堵转电机组成。主要功能是把堆料机的各种联系反映信号通过多芯电缆与中控室联系起来。

(2)控制操作

① 自动控制操作。自动控制下的堆料作业由中控室和机上控制室均互实施,当需要中控室对料堆机自动控制时,按下操作台上的操作按钮,堆料机上所有的用电设备将按照预定的程序启动,实现整机系统的启动和停车,操作进入正常自动作业状态。

② 机上人工控制操作。主要用于调试过程中所需要的工况或自动控制出现故障时,允许按非规定的堆料方式要求堆料机继续工作。

③ 机上控制室内操作。操作人员在机上控制室内的操作盘上的相应按钮进行人工堆料作业。当工况开关置于机上人工控制位置时,自动、机旁工况均不能切入,机上人工控制可对悬臂上卸料胶带机、液压系统、行走机构进行单独的启动操作,各系统之间失去相互连锁,但系统的各项保护仍起作用。

④ 机旁现场控制。在安装检修和维护工况时需要有局部动作时,可以依靠机房设备的操作按钮来实现。在此控制方式下,堆料机各传动机构解除互锁,只能单独启动或停机。

2)卸料车式堆料机

这种堆料机也叫天桥皮带堆料机,把它架设在堆料棚顶的房梁上、沿料堆的纵向中心线安装,一头连着从破碎机房下来的石灰石皮带输送机(图2-1-5-2),装上一台S型的卸料小车或移动式皮带机往返移动就可以直接堆料了。为了防止落差过大,一般要接一条活动伸缩管,或者接上可升降卸料点的活动皮带机。

3)桥式刮板取料机

桥式刮板取料机主要由松料装置、刮板取料装置(料耙)、大车运行机构、仰俯机构、机架组成,可配合多种堆料设备在矩形(图2-1-5-2)和圆形(图2-1-5-3)预均化堆场中使用,从料堆的端面低位取料,通过刮板转运到堆场侧面的带式输送机上运走(送至原料磨)。

(1)松料装置

对称设置两个,主要由钢丝绳和耙齿组成。两根钢丝绳的下端固定在沿桥架下梁滑轨做往复移动的滑块上,另一端通过滑轮绕过桅杆的顶部,与桥架中部的塔架上的一个可移动的平衡锤相连,使钢丝绳保持张紧状态。仰俯机构调整桅杆的仰角,与料堆的自然休止角一致,能与料堆端面上的物料直接接触,掠过料堆端面,起到送料作用。

(2)刮板取料装置

也叫料耙,由链条(链板)、刮板、托轮、驱动机构、张紧机构组成,将刮下的物料卸入堆场侧面的出料皮带机。

（3）大车行走机构

具备横向进给取料和调节功能及两种速度：刮板取料速度和空车行走速度，矩形堆场可以满足吊车，圆形堆场可以空车运行调整位置。

（4）操作控制

正常生产时采用"中控室集中控制"（状态），需要单机调试设备时实用"机旁控制"（状态），现场有"开"、"停"按钮。

2.1.5.2   圆形预均化堆场的设备怎样？

这种堆场的布置与矩形堆场不一样，原料经皮带输送机送至堆料中心，由安装在中心柱中部、悬臂伸出、围绕中心做360°回转的悬臂式皮带堆料机堆料，俯视观察料堆为一不封闭的圆环形，取料时用刮板取料机将物料耙下，再由底部的刮板送到底部中心卸料口，卸在地沟内的出料皮带机上运走。在环形堆场中，一般是环形料堆的1/3正在堆料、1/3堆好储存、1/3取料（图2-1-5-3）。

2.2 技 能 要 求

2.2.1 生产过程巡检

水泥生产中对设备的巡回检查显得非常重要。巡检工要熟悉和掌握自己管辖范围之内的设备巡检项目,履行自己的岗位职责,每次上前做好充分准备,巡检中做到不漏过一丝一毫的"小节"问题,将故障消灭在萌芽之中,确保设备的正常运行。

2.2.1.1 巡检员应具备哪些基本技能?

① 熟悉本区域的工作范围、任务及设备巡检路线图。

② 熟悉本区域设备结构、性能,熟练掌握所管辖设备的操作和维护。

③ 熟悉本区域所管辖设备的设备明细表。

④ 熟悉本区域各类运转设备的润滑点和润滑油(脂)的品牌及加油周期。

⑤ 具有一定的设备故障判断能力,能妥善处理本区域设备一般性故障及紧急故障,并能提出相应的预防措施,对重大设备事故能提出正确的处理意见。

⑥ 巡检组长的责任心要强,具有一定的组织能力、协调能力和较高水平的业务技能,能根据本区域的设备运转状况和问题,提出检修和改进意见。

2.2.1.2 巡检工的岗位职责有哪些?

巡检与维护永远是联系在一起的。对设备的巡检和维护应该是连续的、不断的、全面的,在设备的运行或停机时,都有不同的内容进行巡检和维护。

① 熟悉本系统的生产工艺、设备性能及正常维护巡检的技术要求,严禁违章作业,并有权拒绝和制止他人违章指挥、违章作业。

② 熟悉设备的开停车顺序、工艺参数、温度控制范围、振动幅度等,随时掌握设备的运转状态,严禁设备长时间开空车,并将信息及时反馈给中控室。

③ 负责日常运转设备的润滑、经常检查设备润滑点的油位及润滑情况。润滑油量不足要及时补充,并保持油路畅通;如遇润滑装置有损坏,加不进油等,要及时处理并向车间报告,以免发生事故;做好废油回收工作。

④ 利用巡检工具及仪器用耳听、眼看、手摸、鼻嗅和油质监测仪等诊断技术检查设备,认真检查并记录各设备的温度、振动、响声、电流等参数,分析是否在规定范围之内,判断设备的运行情况是否正常,发现情况异常不能及时处理的,应对存在隐患的设备重点检查,做好记录,随时向值班长汇报。

⑤ 及时了解各储库、现场的物料储存标识情况,严禁进错库、断库或堵塞情况发生。

⑥ 对现场的跑、冒、滴、漏要及时处理。

⑦ 协助钳工、电工完成本班次设备的维修工作。

⑧ 详细填写本班次的巡检记录。

⑨ 保证现场和设备的清洁,做好所管辖区域内的设备卫生工作。

2.2.1.3　上岗前要做好哪些准备?

① 穿好上岗工作服、带全其他劳保用品。

② 查看上一班巡检记录,认真听取上一班的巡检情况介绍。

③ 按巡检要求准备好常用工具。

④ 了解生产情况。

⑤ 牢记安全措施。

2.2.1.4　巡检员配备的工具及检测仪器有哪些?

(1)工具

手电筒一只;6寸、8寸、12寸扳手各一把;6寸、12寸螺丝刀各一把;锤头一把,电工工具一套;电焊工具、切割工具一套;0.5t、1t起重葫芦各一只及钢丝扣、绳等。前五种工具要随身携带,用专用工具袋放置,后三种工具需用时再取。

(2)检测仪器

冲击波测量装置(带有数据分析软件,用来评定滚动轴承及润滑状态);超声波测量装置(用以评定设备磨损状态);电子听诊器(带有盒式磁带,用于测定噪声);振动分析仪(用于评定设备运行的平稳度);万能电工用表(用于检查电机电流及仪表输出信号电流等),所用仪器随身携带。

所带巡检工具和仪器作为交接班内容完好的在各班之间交接。

2.2.1.5　怎样填写巡检工作记录?

生产中每个巡检岗位都需要把从接班开始到交班结束整个这一班的巡检过程及所发生的事情填写在记录簿上,目的是为下一班操作及以后的巡检及维护和检修提供参考。操作记录的书写格式各厂可能不完全一样,但是内容要写全、写详细,那么主要内容有哪些呢?

① 设备运行中的检查和维护情况、出现的问题及问题分析、采取的处理措施、结果怎样?

② 设备的维修、检修过程记录。

③ 把本班还没有做完的工作、下一步想怎么去做也要写在操作记录簿上,供下一班继续完成这一工作参考用。

这里要说明的是,对于初级工来讲,1~3项的操作记录是能够做到的,只要心灵、腿勤、善于思考、细细揣摩,是能够掌握各种参数值与生产之间的关系及变化规律的。后三项就复杂了,这就要求在工作中不断地学习、不断地实践、不断地总结,为操作技能的进一步提高储备能量。

2.2.1.6　输送设备巡检内容有哪些?

1)斗式提升机的巡检

参照图2-1-1-1和图2-2-1-1斗式提升机的构造完成巡检任务。

(1)开车前的巡检

① 检查各轴承、减速机、链条等部位的润滑油量是否正常。

② 查看斗子与链条或链板或胶带的连接螺栓有无松动,斗子有无变形,对于高效斗提机要检查皮带是否有损伤。

③ 链条是否长短不一。如有问题要拧紧、调整。

④ 检查拉紧(在机体下部)和逆止装置(在机体上部,为防止临时停机或偶然事故引起牵引构件和载料料斗逆行而导致下部区段内积料和堵塞)是否完好,传动链是否有松动,出

料装置是否畅通。

⑤ 尾部底座内的堆积物是否都清理干净了,特别是改变输送物料种类时,更要把料斗和机壳内的前一种物料卸干净,两种物料不能混淆。

⑥ 检查各检修孔、门是否关闭,各处螺丝是否有松动。

（2）运转中的巡检

① 检查电机、减速机及轴承有无异音、振动、过热,地脚螺栓是否松动。

② 检查传动部位轴承及减速机润滑是否良好,油位是否正常,有无漏油。

③ 提升机壳体内有无异音（如料斗刮碰、摩擦等）,头部、尾部轴承有无异音、振动、发热,头轮地脚螺栓是否松动。

④ 底部张紧装置有无松动。

⑤ 提升机壳体是否漏风、跑灰、漏料,各处螺栓是否有松动。

⑥ 入料及出料是否畅通,有无返料现象。

⑦ 控制开关是否完整、正常。

⑧ 慢转离合器是否有效脱开,板把是否固定可靠。液力耦合器是否漏油,模片联轴器是否异常。

⑨ 收尘管是否有漏洞、堵塞,观察孔、检修门是否关闭。

（3）停机后的巡检

① 传动链条和料斗有无变形、开裂或损坏、销轴窜出。

② 各润滑点的油量是否充足。

③ 各处螺丝有无松动。

2）螺旋输送机的巡检

（1）开车前的巡检

① 设备有无异物,盖板是否紧固。

② 减速机油位是否正常。

③ 电机、减速机、轴承等地脚螺栓是否松动、脱落。

④ 出料口是否有异物、积料等。

（2）运转中的巡检

① 螺旋叶片是否有振动、异音。

② 电机、减速机、轴承是否振动、异音、发热,地脚螺栓是否松动、脱落。

③ 盖板是否紧固,有无漏灰、漏风。

④ 吊瓦是否缺润滑油,如果缺,应定时补润滑油。

⑤ 检查传动链工作是否正常。

⑥ 检查出料是否畅通。

螺旋输送机巡检时参照图 2-1-1-3（立体图）和图 2-2-1-2 进行。

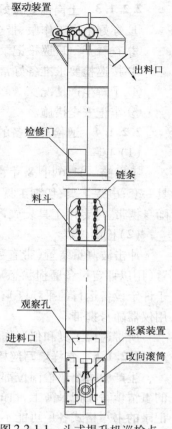

图 2-2-1-1　斗式提升机巡检点

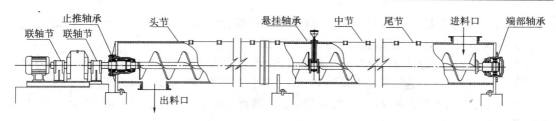

图 2-2-1-2 螺旋输送机巡检点

3）带式输送机的巡检

（1）巡检位置和润滑点

巡检位置见图 2-2-1-3，润滑点见表 2-2-1-1。

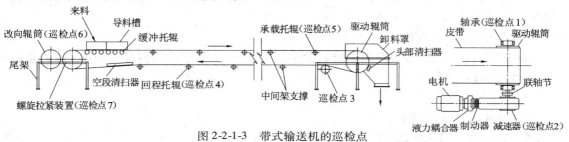

图 2-2-1-3 带式输送机的巡检点

表 2-2-1-1 带式输送机的润滑点（参照图 2-2-1-3）

序号	润滑部位	润滑方式	润滑剂牌号	标准填充量	首次加油量	补充周期	换油周期
1	驱动辊筒轴承	压注	2#锂基脂	油枪每班2次			
2	改向辊筒轴承	压注	2#锂基脂	每班2次			
3	张紧辊筒轴承	压注	2#锂基脂	每1/2~2年清洗轴承并更换润滑脂一次			
4	承重托辊	压注	1#锂基脂				
5	返回托辊	压注	1#锂基脂				
6	张紧辊轴承	压注	1#锂基脂				
7	减速机	油浴	L-CKC150	80kg	1个月	一年	
8	液力耦合器	浸油	32#汽轮机油	按游标	1个月	一年	

（2）开车前的巡检

① 传动减速机油位是否正常，辊筒、托辊是否完好。

② 轴瓦、辊轮是否有松动。

③ 收尘器的挡风开度是否合适，管道是否漏风或堵塞。

④ 皮带机带面及接口部位是否正常。

⑤ 皮带上有无杂物，辊筒及托辊表面有无粘附的物料，下料溜子有无物料。

⑥ 清扫器、张紧装置、密封罩或防雨罩是否完好。

⑦ 安全防护栏杆、安全罩、照明是否齐全有效。

（3）运转中的巡检

① 电机、减速机、头部辊筒（传动辊筒）和尾部辊筒（改向辊筒）、轴承、逆止器是否有振动、异音（耳听）、发热（手摸）。

② 各润滑部位是否有足够的油量,减速机油位是否正常。

③ 机架是否有开焊现象、各联结点是否牢靠。

④ 皮带接口是否有开裂,带面是否破损、划伤、严重磨损,皮带密封罩或防雨罩是否完好。

⑤ 缓冲托辊、上托辊、下托辊是否转动,磨损是否严重,确认是否需要更换。

⑥ 入料溜子是否漏料,挡板是否完好;导料槽有无歪斜、下料是否畅通;皮带运行中是否打滑及有无滑料。

⑦ 张紧装置是否合适,配重是否上下滑动。

⑧ 辊筒是否粘有异物,弹性刮料器是否正常刮料。

⑨ 传动系统地脚螺栓是否松动。

带式输送机的巡检可参照图2-1-1-5(立体图)和图2-2-1-3,每个零部件都非常清楚地展现在你的眼前了。

4)链式输送机的巡检

链式输送机一般配在电除尘或袋式除尘器的灰斗下面,巡检内容参照图2-1-1-7(立体图)和图2-2-1-4进行。

(1)开车前的巡检

① 减速机油位是否正常。

② 壳体内有无异物,盖板、观察孔等是否关闭。

③ 传动链是否有润滑油,是否正常。

④ 减速机、电机、轴承等地脚螺栓是否松动、脱落。

⑤ 机尾张紧装置是否正常。

(2)运转中的巡检

① 减速机油位是否正常。

② 电机、减速机、轴承是否振动、异音、发热,地脚螺栓是否松动。

③ 传动链润滑是否正常,链板、销子是否正常。

④ 输送链是否有摩擦引起的异音,输送链轮是否变形,输送链板是否开裂,销子是否脱落,输送链是否跑偏。

⑤ 输送物料量是否正常,物料湿度是否正常。

⑥ 输送链是否太松,张紧装置是否合适。

⑦ 机壳密封是否完好,观察门是否关闭,壳体螺栓是否松动、脱落。

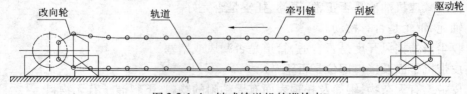

图2-2-1-4 链式输送机的巡检点

(3)停车后的巡检

① 内部是否有存料。

② 链板的磨损情况是否有裂纹。

③ 头轮齿块磨损情况。

④ 检查拉链销轴的紧固、断裂、脱落情况。

⑤ 检查导轨是否变形,磨损是否严重。

5)空气输送斜槽的巡检

(1)开车前的巡检

① 所属设备的各联结、紧固螺栓是否齐全、紧固,所有观察孔门密封是否严密。

② 各种仪器、阀门是否正常、灵活,指示刻度是否清晰、开度是否合适。

③ 油、水、风、料管有无泄漏、堵塞现象。

④ 斜槽进风挡板、料槽风机进口的挡板的开度是否合适。

⑤ 透气层是否完好,槽中有过多的物料堆积(正常情况应该有一层薄薄的物料)。

⑥ 风机的空气过滤网有无破损或积灰过多现象。

⑦ 收尘风管挡板是否打开,收尘管是否堵塞、有漏洞。

⑧ 启动之前一定要看好设备周围有无人或障碍物。

(2)运转中的巡检

① 充气箱内是否有积料。

② 物料流动是否畅通。

③ 充气风管、挡板开度是否合理。

④ 收尘管是否有堵塞、有漏洞,斜槽有无正压。

⑤ 各观察孔、检修门是否关闭,密封是否完好。

⑥ 斜槽壳体是否漏风、漏料。

⑦ 风机运转是否正常,振动是否过大、有无刮壳现象、有无异常声音。

⑧ 检查各紧固螺栓有无松动。

空气输送斜槽的构造比较简单,除鼓风机以外没有可动部件,巡检时参照图 2-1-1-8(立体图)和图 2-2-1-5 链式输送机的巡检点就可以了,空气输送斜槽的润滑点见表 2-2-1-2。

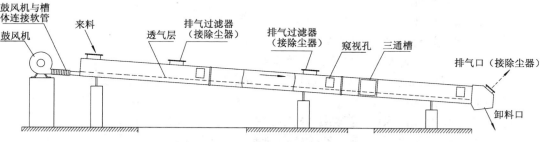

图 2-2-1-5 空气输送斜槽的巡检点

表 2-2-1-2 带式输送机的润滑点

序号	润滑部位	润滑方式	润滑剂牌号	补充量	备注
1	电机轴承	注入	2#锂基脂	每班一次	
2	风机轴承	注入	2#锂基脂	每班一次	

2.2.1.7 除尘及通风设备的巡检内容有哪些?

旋风除尘器没有可动部件,构造比较简单,巡检时参考图 2-1-2-1、图 2-1-2-2、图 2-1-2-3(旋风除尘器、灰斗及闪动阀的立体图)和图 2-2-1-6 旋风除尘器的巡检点即可。

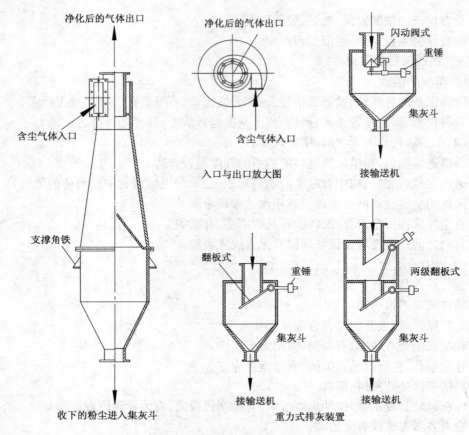

图 2-2-1-6　旋风除尘器的巡检点

1）旋风除尘器的巡检

（1）开车前的巡检

① 灰斗、管道有无堵塞和破裂。

② 各结合部位及卸灰装置的密封是否良好。

③ 开机前，挡板是否关小，启动风机后有无异常现象，挡板是否逐渐开大。

（2）运转中的巡检

① 管路系统有无漏风（管道破裂、法兰密封不严等）。

② 卸料阀运行是否正常，灰斗有无堵塞现象。

③ 风机、电机等温度、声音、振动是否正常。

④ 最易被粉尘磨损的部位的变化情况。

⑤ 气体温度变化情况，气体温度降低易造成粉尘的粘附、堵塞和腐蚀现象。

⑥ 气体流量和含尘浓度的变化。

（3）停车后的巡检

为了防止停机后粉尘的粘附、堆积和腐蚀，系统停机后，应让旋风除尘器继续运行一段时间，使含尘气体完全排除。

2）袋式除尘器的巡检

（1）开车前的巡检

① 确认箱体内有无异物；是否有漏洞，支架、防护网是否牢固、齐全。

② 收尘袋安装是否牢固，卡箍是否完好，无掉袋、破袋、糊袋现象。

③ 检修门、观察孔是否全部关闭。

④ 压缩空气油水分离器是否正常，确认反吹风压力正常。

⑤ 集灰斗下的螺旋输送机、分格轮等设备有无异常，出料口是否畅通。

（2）运转中的巡检

① 袋收尘压差是否正常。

② 目测袋收尘净化后的气体含尘是否正常。

③ 反吹振打是否有力，设定时间是否正常。

④ 螺旋输送机、分格轮等输送设备运转是否正常。

⑤ 滤袋有无漏风现象。

⑥ 反吹风压力是否正常，反吹风管是否漏风，压缩空气油水分离器是否正常。

⑦ 各室提升缸、电磁阀工作是否正常。

⑧ 振打是否正常。

（3）停车后的巡检

① 布袋是否有破损，支撑架是否有变形。

② 各润滑油点的油量。

③ 关闭风机入口挡板。

袋式除尘器的巡检点见图 2-2-1-7 所示。

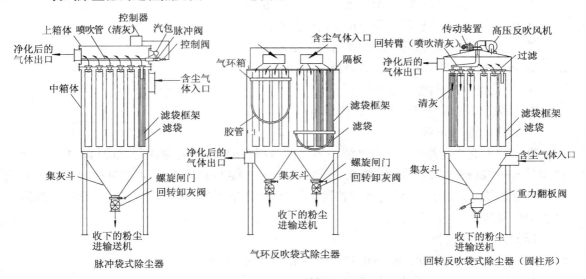

图 2-2-1-7 袋式除尘器的巡检点

3）离心风机的巡检

参照图 2-1-3-2 离心风机的（立体图）和图 2-2-1-8 及表 2-1-3-1（风机的密封装置）巡检。

（1）开车前的巡检

① 风机挡板是否关闭,入口是否有异物。

② 联轴器罩子是否安装完好。

③ 风机轴承润滑油是否正常。

④ 风机、电机地脚螺栓、连接螺栓等是否紧固。

⑤ 电液执行器油压是否正常。

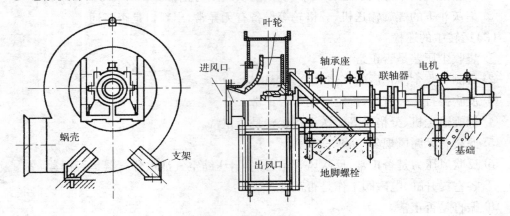

图 2-2-1-8　离心通风机的巡检点

(2)运行中的巡检

① 风机是否有振动、异音,是否有漏风现象,壳体螺栓是否松动、脱落。

② 电机是否有异音、振动、发热。

③ 轴承油位是否正常,轴承是否振动、异音、发热。

④ 电液执行器电机、油泵是否振动、异音、发热。

⑤ 电液执行器压力是否正常,是否有漏油现象。

⑥ 挡板是否正常,入口是否有异物。

⑦ 风机、电机地脚螺栓是否松动。

⑧ 联轴器是否有异音。

⑨ 冷却水是否正常。

这里的电液执行器是一种机电液一体化的新型传动机构,它由执行机构(油缸)、控制机构(液压控制阀组)和压力源(油泵、电机等)组成,接通电动机电源,可通过控制电动机正反转拖动齿轮泵,输出压力油并经液控器中各个阀的控制将压力油送至油缸,实现执行器活塞杆的往复运动。

(3)停车后的巡检

长期停车时,将冷却水阀关闭,排出支管和轴承内的残留水。

2.2.1.8　堆、取料机的巡检内容有哪些?

1)侧式悬臂堆料机的巡检

(1)巡检位置和润滑点

巡检位置见图 2-2-1-9,润滑点见表 2-2-1-3。

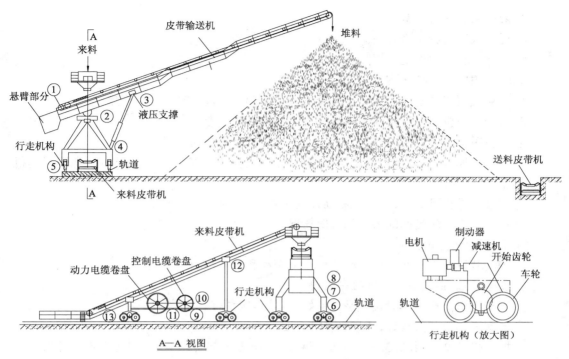

图 2-2-1-9　侧式悬臂堆料机的巡检点和润滑点

表 2-2-1-3　悬臂式堆料机的润滑点（参照图 2-2-1-9）

序号	润滑部位	润滑方式	润滑剂牌号	标准填充量	首次加油量	补充周期	换油周期
①	滚动轴承	压注	美孚力士		15L	—	12 个月
②	悬臂架绞座轴承	压注	美孚力士		0.3L	1 个月	
③	液压油箱	压注	美孚力士		0.3L	1 个月	
④	油缸铰轴	压注	美孚力士		0.3L	1 个月	
⑤	车轮轴承	压注	美孚力士		0.2L	1 个月	
⑥	减速器	油浴	L-CKC320				24 个月
⑦	耦合器	油浴	美孚 DTE				24 个月
⑧	制动器液压推杆	浸油	L-HM32				24 个月
⑨	电缆卷筒减速器	压注	L-CKC150		2×0.3L	1 个月	12 个月
⑩	链轮	涂抹	L-CKC320				
⑪	电缆卷盘轴承	压注	2#锂基脂	油枪每班 1 次			
⑫	悬臂铰链		2#锂基脂	油枪每班 1 次			
⑬	油缸铰链		2#锂基脂	油枪每班 1 次			

（2）开车前的巡检

① 大车行走减速机,堆料皮带减速机,升降油箱油位是否合适。

② 各紧固部位螺丝有无松动、短缺。

③ 电缆有无变形、划伤。

④ 液压系统是否正常。

⑤ 皮带张紧装置是否合适。

⑥ 清除堆料机轨道上一切障碍物。

（3）运行中大车行走机构的巡检

① 目测或用工具检测运行轨道是否有下沉、变形、压板螺栓松动等现象。

② 目测减速机及液压给油箱的油位是否低于规定标准。

③ 用扳手检查电机、减速机连接是否牢靠，螺栓有无松动。

④ 用手触摸电机、减速机有无振动、各轴承温度是否过热，耳听有无异音，观察减速机有无漏油。

⑤ 制动器是否可靠，及时清除制动瓦的污物。

⑥ 观察开式齿轮齿面的磨损和接触情况。

（4）运行中俯仰机构的巡检

① 传动装置是否平稳，电机、减速机有无振动和异常声响。

② 安全装置、传动系统的连接是否可靠。

③ 回转支撑机构工作时接触是否良好、各处连接是否有松动。

④ 各润滑部位是否良好，油量是否满足要求。

⑤ 堆料机悬臂与料堆的高度不应过近，严禁料堆尖与悬臂接触，刮伤皮带。堆料机与取料机换堆高度要有一定安全距离。

（5）停车后的巡检

① 润滑部位是否有缺油、漏油现象。

② 清除托辊架上下料口的积料。

③ 长时间停车时，关闭电源或打闭锁。

④ 有无设备损坏、下料口堵塞等现象。

⑤ 正常停车时严禁带料停车，汽车卸料斗内物料必须卸空。

2）桥式刮板取料机的巡检

（1）巡检位置和润滑点

巡检位置见图2-2-1-10，润滑点见表2-2-1-4。

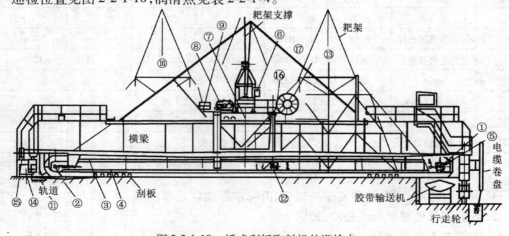

图2-2-1-10 桥式刮板取料机的巡检点

表 2-2-1-4　桥式刮板取料机的润滑点（参照图 2-2-1-10）

序号	点数	润滑部位	润滑和加换油方式	润滑剂牌号	标准填充量	首次加油量	首次补充周期	补充量	换油周期
①	2	传动链轮轴承	每半年~2年清洗换脂一次	2#极压锂基脂	轴承内腔 2/3	轴承内腔 2/3			
②	2	尾部链轮轴承							
③		刮板导向辊子							
④	2	刮板链	滴油	L-CKC220	适量				连续
⑤	1	减速机	油浴	L-CKC220		60L	600h	油标	5000h
⑥	2	涡轮升降绞盘	涂抹	2#二硫化钼锂基脂	按需要				
⑦		耙架驱动链	滴油	L-CKC2200					
⑧	1	耙架驱动减速器	油浴	L-CKC220		30L	600h	油标	5000h
⑨	2	耙架驱动链轮轴承	每半年~2年清洗换脂一次	2#极压锂基脂					
⑩	8	耙架行走轮							
⑪	8	大梁行走轮							
⑫	2	耙架大车挡轮							
⑬	6	电缆卷盘轴承		1#极压锂基脂					
⑭	2	行走减速器	油浴	L-CKC220		2×15L	1000h	油标	20000h
⑮	2	液力耦合器		L-HM32		2×7L	5000h	油标	5000h
⑯	3	电缆卷盘减速器	油浴	L-CKC150		2×0.3L	600h	油标	5000h
⑰	9	拉紧钢丝绳	涂抹每周一次	2#开式齿轮油					

（2）开车前的巡检

① 刮板传动、耙车传动,大车行走减速机润滑是否正常,油位是否符合要求。

② 刮板的防偏轮是否灵活、刮板输送链的润滑、滴油嘴磨损是否严重,是否对准内外链板的缝隙。

③ 各种保护装置是否齐全有效。

④ 各紧固部位螺栓有无松动、短缺;驱动装置、行走轮及刮板周围有无障碍物。

⑤ 松料装置(料耙)吊拉钢绳是否正常、钢丝绳是否挠度过大。

⑥ 取料机框架结构有无开焊开裂。

⑦ 大车行走平衡杠位置是否正常。

（3）运行中刮板取料机构的巡检

① 目测各部连接是否牢靠;中间导轮栓、前后链轮与链条的接触是否良好,磨损是否严重。

② 耳听驱动结构各部位有无异常振动和声响。

③ 手摸电机、减速机壳体感觉温度变化情况,不得超过40℃。

（4）运行中大车驱动机构的巡检

① 目测各部件的连接情况是否有松动,大车行走挡轮是否刮碰。

② 耳听驱动电机、减速器和减速装置有无异常振动和声响。

③ 手摸电机、减速机壳体感觉温度变化情况。

④ 观察刮板减速机、大车行走、耙车行走减速机是否漏油、振动、异音、发热。

⑤ 各润滑点是否良好,油位是否符合要求。

(5)其他部位的巡检

① 所取料量是否适宜,过大或过小可相应调整慢速行走速度。(左右变频器频率)

② 观察现场操作盘按钮,机旁按钮,运行指示灯是否正常;各部限位开关是否完好有效。

③ 动力电缆,控制电缆、耙车行走电缆卷线盘传动有无异音、转动是否正常;耙车行走电缆在滑动导轨上行走是否灵活自如。

刮板取料机的巡检点见图 2-2-1-11。

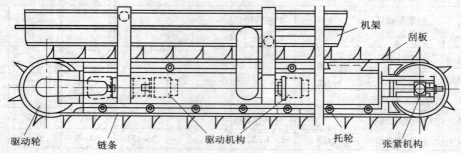

图 2-2-1-11　刮板取料机的巡检点

2.2.2　设备维护与保养

巡检人员不仅要认真检查设备的运行情况(温度、振动、响声、电流等参数是否在规定的范围之内)并做好记录,而且对某些故障要能够做现场处理,如设备振动较大可能是由于地脚螺栓或连接螺栓松动所致,当即要进行紧固;清洗或更换风机的过滤网;除尘器的清灰、更换掉袋或破损的滤袋;疏通管道堵塞;电机温度过高采取降温措施等。通过巡检还要能够分析判断出设备的运行是否正常。而且要在交接班记录上如实记载备查。对于机械、电气、工艺操作上存在的隐患要及时报告给值班长,对于的较大的故障要能够配合检修人员处理。

2.2.2.1　水泥设备维护保养的内容及要求是什么?

设备维护工作是全面的,而且是不断地、连续的,也就是说不管是设备运转还是停机,都应该有不同的维护项目。设备的维护与保养包括以下内容:

(1)整理

整理设备现场,将不用的东西、旧配件等清理到规定的地方去。

(2)整顿

将巡检所需用的工具、小配件、巡检记录等准备齐全。

(3)清洁

保证现场和设备的清洁,擦洗设备,清扫现场。

（4）润滑

在设备维护中，正确润滑是核心问题。操作中必须按说明书和润滑规范进行设备润滑，适时、适量的给油，油多了要放油，油少了要补油。润滑油要求高度清洁，润滑操作过程中同样必须高度清洁，保证润滑机械和水冷却系统正常运转。

（5）检查

巡检员必须按巡检制度进行检查，完成运行中或停机时的检查与维护，做到"四无"，即无积灰、无杂物、无松动、无油污；"六不漏"，即不漏油、不漏水、不漏灰、不漏气、不漏电、不漏风。

（6）紧固

对设备的固定连接部分的松动进行紧固。

（7）安全

检查安全保险设施，必须动作灵敏、齐全、可靠，以确保人身安全。

2.2.2.2 怎样紧固松动的地脚螺栓？

（1）标准

拧紧不同的螺栓，应使用不同的扳手，用力要适当，重要部位的螺栓连接必须按设计要求，采用力矩扳手。

（2）操作规程

① 设备运转时，如发现个别螺栓松动，在紧固松动螺栓的同时，必须对其他螺栓检查紧固，而且紧固操作要对称进行。

② 如果发现地脚螺栓松动30%以上，应停机对设备进行重平，重平是要选好沙墩、垫铁的位置（尽量靠近地脚螺栓，最好每个地脚螺栓旁放置一组）。

③ 如果紧固后不久再次发生松动，应检查设备受力是否不正常或设备基础是否出现了问题。

2.2.2.3 如何维护减速机？

（1）标准

① 减速机在运转中，出力轴的最大窜动量不得超过0.20mm，摆动量不得超过0.10mm，若超过了这个数值，则应将联轴器的间隙调至规范数值之内，并重新校正。

② 定期打开机箱盖，检查各齿轮的啮合与磨损情况，齿轮是否有断裂、点蚀等现象，齿轮磨损不得超过齿厚的20%。

③ 定期检查滚动轴承的间隙，轴承内径100mm以下时，间隙不得超过0.1mm，轴承内径100~250mm时，间隙不得超过0.2mm。

（2）操作规程

① 减速机漏油严重时要及时补充，停机时对漏油部位进行防漏处理。

② 断裂及点蚀严重或齿厚磨损超标时，应更换齿轮，轴承间隙超标时要更换轴承。

2.2.2.4 轴承温度超标了怎么处理？

1）标准

润滑部位的温升变化应低于设备所规定的温度值：

① 滑动轴承温升不超过30℃，最高温度不超过60℃。

② 滚动轴承温升不超过30℃，最高温度不超过65℃。

③ 电机温升不超过 40℃,最高温度不超过 75℃(有些厂规定 70℃)。

2)操作规程

(1)滚动轴承温升超标采取的操作措施

① 严密观察温度的发展趋势,如能保持相对稳定,设备可继续运行。

② 如发现轴承滚珠等已碎,应立即停机更换,避免事故扩大。

③ 采用冷却风、冷却水或增大排水量等方法,尽量降低环境温度,

④ 查找发热原因。润滑油是否适宜,油多、缺油都会引起轴承发热,检查设备运行是否平稳,按本节第二条方法紧固地脚螺栓和链接螺栓。

(2)滑动轴承温升超标采取的操作措施

① 带油勺失灵,补充新油并及时修复带油勺。

② 油质不洁或黏度不够,要清洗油箱、提高油的黏度,或更换新油。

③ 冷却过小,加大冷却水量。

④ 轴瓦磨损,更换轴瓦。

⑤ 轴与瓦接触不良,要重新刮研。

2.2.2.5 怎样判断和维护传动链条的拉紧度?

1)标准

① 链条与水平线夹角大于 45°时,从动边弛垂积累程度应为两轮中心距离的 1% ~ 1.5%。

② 链条与水平线夹角小于 45°时,从动边弛垂积累程度应为两轮中心距离的 2%。

弛垂程度较大时,说明链条拉长了或两链轮的中心距变小了,见图 2-2-2-1。

2)操作规程

如超过这个标准,要停机调整两链轮的中心距或减少皮带长度。

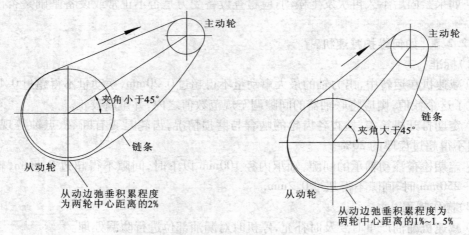

图 2-2-2-1　传动链条的拉紧度

2.2.2.6 皮带输送机跑偏了怎么调整?

1)标准

头轮、尾轮处的皮带偏离尾轮宽度中心线的距离不能超过皮带宽度的 5% 以上。

2)操作规程

（1）先从以下方面考虑

① 皮带较短时,首先要调节尾部张紧装置(调节螺栓),皮带往那边跑就紧哪边的螺栓,但不能紧得太多,一般情况下先紧一圈(360°)再进行观察,逐步达到正常。

② 皮带较长时,在皮带的机头、尾轮之间用垂直拉紧装置上的重锤进行张紧,当皮带跑偏了,调节配重。一般情况下配重过重或重量不够时都有可能引起皮带的跑偏,因此配重要适中。皮带往哪个方向跑,就增加哪个方向的配重,逐步校正过来。

③ 尾部小车重锤式拉紧装置的皮带机跑偏按照第②条进行调整,此外还应检查钢丝绳的长度,力求两边长度相等。

④ 如果皮带跑偏是由于下料冲击所造成的,需调整下料溜子的位置,清除辊筒上的附着物。

（2）如果以上四种办法都用过了还不能调整过来,需进一步调整

① 头、尾、中间三节托辊的中心线,偏差不应大于 ±3mm。

② 头、尾轮轴线对纵向中心线的垂直度不大于 ±2mm/m。

③ 各托辊的上母线应在同一平面上,其偏差不大于 ±1mm。

④ 托辊横向中心线与纵向中心线位置偏差不应大于 ±3mm。

⑤ 辊筒应水平,水平度为 0.5mm/m。

2.2.2.7　怎样更换和装配密封圈?

1)标准

被密封的介质不得有渗漏现象。

2)操作规程

① 装配 O 型密封圈,需正确选择预压量:橡胶密封圈用于固定密封和法兰密封时,预压量为密封圈橡胶圆条直径的 25%,用于运动密封时,预压量为橡胶圆条直径的 15%。

② 更换装配 V 型密封圈预压量应适当,如需搭接,应切成 45°坡口,相邻两圈的接口应错开 90°以上。

③ 更换装配 V 型、Y 型、U 型密封圈,其唇边应对着被密封介质的压力方向。

④ 压装盘根要符合下列条件:

A. 压装油浸石棉盘根,其中第一圈和最后一圈应压装干石棉盘根,防止油渗出。

B. 压装铅箔或铝箔包石棉盘根,应在盘根内缘涂一层用润滑油脂调和的鳞片石墨粉。

C. 盘根圈的接口宜切成小于 45°的坡口,相邻两圈的接口应错开 90°。

D. 盘根不应压得过紧。

⑤ 更换装配环形间隙密封,曲折(密封式)密封,应符合下列要求:

A. 环形间隙和曲折缝隙内应填满润滑脂(气封除外)。

B. 缝隙要均匀。

2.2.2.8　怎样维护与保养输送设备?

1)斗式提升机的常见故障及维修保养,见表 2-2-2-1。

斗式提升机的各部件在工作过程中承受较大动载荷,且工作环境较差、检查不便等,零部件的磨损较快,容易发生事故,维修工作量较大。因此经常性的巡检、加强日常维护是一项十分重要的工作,有些项目或故障排除是巡检员自己应该解决的事情,如拧紧松动、更换断裂的连接螺栓和开口销;处理下料不畅;轴承、减速机温度超过 75℃ 时所采取

的降温措施等。有些故障在巡检时发现了要及时报告给值班长,并配合专业检修人员做好设备的维修和保养,如电动机、减速机运行不正常;提升机链条开口销掉落或销轴、轴套断裂;料斗拉伤变形;电器开关失灵;喂料口堵塞或下料不畅;提升机负荷过大;防逆装置损坏等。

表 2-2-2-1　斗式提升机的常见故障及处理保养措施

序号	常见故障现象	出现故障的原因	处理及保养措施
1	上、下轴承温度高	①润滑油脂不足; ②润滑脂脏污; ③各部件制造、安装不良	①补足润滑脂; ②清洗轴承、换注新的润滑脂; ③修理或更换,找正、调整
2	机体出现摩擦、碰撞声	①硬质大块物料卡斗; ②导料板与料斗、链条接触; ③断链或掉斗; ④链条与链轮齿或槽咬合不良	①停机清除硬料; ②调整导料板; ③更换链条,处理掉斗; ④换链条,修理轮齿,调整链轮位置
3	链条脱轨,胶带跑偏	①两链条磨损不均,节距、总长不等; ②上下轮中心; ③张紧轮两侧张紧	①调整或更换链条; ②调整上、下轮中心; ③调整张紧装置
4	上链轮发生链条打滑	①上链轴主轴不水平; ②关节板链条和上链轮磨损严重,使二者节距不一	①调整机首两侧主轴承,使上链轮主轴水平; ②更换磨损的链条和链轮
5	断链、掉斗,链条、料斗坠落	①链条磨损过多或质量差; ②斗环钩或链环断裂、开焊; ③下部集料阻卡	①更换或修复链条、料斗; ②更换或修复斗环钩、链条、料斗; ③清除集料,修换链条、料斗
6	牵引构件运行起伏、波动	①链轮键松动,链轮移位; ②牵引构件过长,张紧力不够; ③加料过多	①修复、调整链轮; ②整牵引构件长度和张紧力; ③调整加料量
7	传动装置振动	①传动装置固定不牢、不水平、不对中; ②传动轴、传动轮制造、安装质量差; ③传动链轮与链条节距误差太大	①找平、找正、紧固; ②修理或更换,找正、调整; ③修复或更换链轮、链条,调整链张紧力
8	输送能力低	①喂料量不足; ②出料管磨损、粘料、倾角小; ③料斗粘料; ④料斗没有卸空	①解决喂料设备问题; ②清料,更换或调整异料板; ③消料,必要时更换斗型; ④必要时进行料斗卸空校验,进行调整
9	物料回料	①底部有物料堆积; ②料斗填装过多; ③卸料不尽	①调整供料量; ②调整供料量; ③在卸料口增设可调接料板

2)螺旋输送机的常见故障及维修保养,见表 2-2-2-2。

螺旋输送机的日常维护主要是对外观进行目检,发现问题及时解决,如及时拧紧松动的地脚螺栓或连接螺栓;更换吊轴承座剪断的插销和损坏的油嘴,及时补充或更换润滑油;轴承、减速机温度超过75℃时所采取降温措施等。如果巡检中发现电机、减速机运行不正常(电流过大、温度过高、声音异常、振动过大)、电机开关不灵敏;设备负荷过大而造成设备卡死;吊轴承磨损;短轴磨损严重;减速机漏油;螺旋叶片擦壳而需要调整中线等,需向值班长汇报,并配合专业检修人员处理。

表 2-2-2-2　螺旋输送机常见故障及处理保养措施

序号	常见故障现象	发 生 原 因	处 理 方 法
1	溢料	①物料中的杂物使螺旋吊轴承堵塞; ②物料水分大,集结在螺旋吊轴承或螺旋叶片上并逐渐加厚,使料不宜通过; ③传动装置失灵; ④出了口堵塞; ⑤入料量超过设计值	①停机清除体内杂物; ②控制入料水分,及时清理结皮; ③停机、修复传动装配; ④检查出口及下游设备; ⑤控制入料量
2	机壳晃动	安装时各螺旋节中心线不同心,运转时偏心擦壳,导致外壳晃动	重新安装时找正中心线
3	驱动电机过载	①输送物料中有坚硬块料或小铁段混入,卡死绞刀,电流剧增; ②来料过大,电机超负荷; ③出料口堵塞; ④停机前存料太多	①防止小铁块进入; ②绞刀和机壳保持一定间隙; ③疏通出料口; ④停机前将物料送完

3)带式输送机的常见故障及维修保养,见表 2-2-2-3。

带式输送机如果出现下料不畅、皮带破裂或接头脱胶,巡检员可在等物料卸空后停车处理;如果轴承、减速机温度超过75℃,应立即采取降温措施;皮带跑偏、松紧不当、各连接螺栓松动、辊筒机托辊损坏等,处理这些问题都在巡检员的工作范围之内。如果电机、减速机运行不正常(电流过大、温度过高、声音异常、振动过大)、电机开关不灵或停机不灵或急停不到位;卸料溜筒内结大物料无法清通;卸料溜筒破裂;皮带划破;接头脱胶严重;皮带负荷大而造成皮带压死;减速机严重漏油等,巡检工还应协助专业检修人员处理好这些问题。

表 2-2-2-3　带式输送机常见故障及处理保养措施

序号	常见故障现象	发 生 原 因	处 理 方 法
1	输送带打滑	①带的张力小; ②带的包角小; ③胶带、辊筒表面有水、结冰	①适当增大拉紧力; ②用改性辊增大包角; ③清除水、冰
2	输送带在端部辊筒跑偏	①辊筒安装不良; ②托辊表面粘料	①调整滚筒; ②清除滚筒表面物料
3	输送带在中部跑偏	①托辊安装不良; ②托辊表面粘料; ③带接头处不直	①调整托辊; ②清除托辊表面物料; ③重新按要求接头
4	输送带有载运行一段时间后跑偏	①输送机的托辊、辊筒因紧固不良松动; ②输送带质量差,伸长率不均; ③物料在带上偏载,或有偏移力	①调整、紧固松动件; ②尽快解决输送带质量问题; ③调整装载装置,清扫卸料、消除偏移力
5	输送带接头易开裂	①接头质量差; ②拉紧力过大; ③辊筒直径过小,反复弯曲次数过多	①提高接头质量; ②适当减小拉紧力; ③增大辊筒直径,改进布置形式,减少反复弯曲次数

序号	常见故障现象	发 生 原 因	处 理 方 法
6	输送带龟裂	①带反复弯曲次数过多,疲劳损伤; ②输送带质量差	①改进布置形式,减少反复弯曲次数; ②尽快解决输送带质量问题
7	输送带纵向撕裂	①机件损伤脱落,被夹入带与辊筒或托辊之间; ②带严重跑偏,被机身等物碰剐; ③托辊的辊子断裂,不转动	①修复或更换带子,处理好损伤的机件; ②解决带的跑偏问题; ③更换损坏的辊子
8	辊筒、托辊粘料	清扫器损坏或工作不良	修理、调整清扫器
9	托辊的辊子转动不灵或不转	积垢太多,润滑不良,或轴承损坏	清洗或更换轴承的密封件
10	输送机不运行或运行速度低	①电气设备有故障; ②物料过载,超负荷; ③驱动力不足,输送带打滑; ③驱动装置发生故障	①检查、排除电气设备的故障; ②卸除物料启动,控制加料量; ③解决输送带打滑问题; ④检查、排除驱动装置的故障
11	轴承发热	①轴承密封不良或密封件与轴接触; ②轴承缺油; ③轴承损坏	①清洗、调整轴承和密封件; ②按润滑制度加油; ③更换轴承
12	机件振动	①安装、找正不良; ②地脚和连接螺栓松动; ③轴承损坏; ④基础不实或下沉量不均	①检查安装质量,重新安装找正; ②检查各部分连接螺栓的紧固情况,保证紧固程度; ③更换损坏的轴承; ④设法解决基础问题

4)链式输送机的常见故障及维修保养,见表2-2-2-4。

巡检员日常巡检中发现问题,需要在现场做出处理,如:各连接螺栓的松动、断裂;各轴承、减速机温度超过75℃,要立即采取降温措施;更换损坏的油嘴、清通堵塞的油路;更换损坏的销子、压板、辊轮;调节拉链跑偏的上轨、链条下垂等现象。如果电机运行不正常(温度过高、声响过大或异常、振动过大、电流过大、有异味);电器开关不灵敏;料斗卡死或变形;链条变形;逆止器动作不灵或轮珠卡死;轴承油隙过大等,要向值班长及时报告,协助处理。

表 2-2-2-4　链式输送机常见故障及处理保养措施

序号	常见故障现象	发 生 原 因	处 理 方 法
1	链板局部磨损过大	①拉链松紧不适; ②机壳局部变形	①调节张紧装置; ②修复机壳
2	减速机异音,温度高	①缺油或有杂质; ②减速机内部磨损大	①清除润滑油里的杂质; ②更换减速机
3	卡导轨	导轨磨损严重	焊补导轨
4	链轮不转动	①辊轮内轴承润滑不好,润滑脂干结或灰尘进入滚动轴承道内,引起滚动阻力过大; ②辊轮内滚动轴承损坏; ③辊轮与链条之间被物料卡住	①彻底清洗轴承,加润滑脂; ②更换轴承; ③排除杂物

5)空气输送斜槽的常见故障及维修保养,见表2-2-2-5。

空气输送斜槽的构造看上去很简单,实际上要让它非常顺畅地送走物料也不是件很容

易的事,有时也会犯些小脾气。巡检工对它不仅要做好日常的巡检,还要做好日常的维护保养:

① 风机的过滤网较容易被附着上灰尘,要清洗或定期更换,要经常紧固松动的连接螺栓。

② 更换斜槽内破损的尼龙帆布。

③ 输送物料过程中出现管路漏风或漏料、管路堵塞、斜槽堵塞、风机运行不平稳等及下列情况(见表2-2-2-5),要报告值班长,协助检修人员处理。

表2-2-2-5　空气输送斜槽常见故障及处理保养措施

序号	常见故障现象	发　生　原　因	处　理　方　法
1	堵料	①负压风量不足; ②雨季斜槽进水; ③下部吹风压力不足; ④斜槽透气层破损; ⑤斜槽进入异物堵住	①查找收尘风管有无阻塞、漏风现象,密闭好壳体; ②查找吹风管路有无阻塞、漏风现象; ③查找斜槽风机有无故障,吹风口是否阻塞; ④更换透气层; ⑤取出异物
2	物料不能气化	①下槽体密闭不严、漏风,使透气层上下的压力差低,使物料不能气化; ②物料水分较大,堵塞了透气层的孔隙,气流不能均匀分布;使物料不能气化; ③物料中含有较多的粗颗粒或铁屑滞留在透气层上,积到一定厚度了导致物料不能气化	①查找漏风点,增加卡子或临时用石棉绳堵缝,严重时局部拆装,按要求垫好毛毡; ②更换被堵塞的透气层,严格控制物料水分; ③定时清理积留在槽内的粗颗粒或铁屑

2.2.2.9　怎样维护与保养除尘及通风设备?

1)旋风除尘器常见故障及维修保养,见表2-2-2-6。

旋风除尘器在维护和保养中,应特别注意防止磨损,巡检员对漏风、管道积灰和排灰口堵塞等,要及时处理。如果发现管道、壳体及灰斗磨损;进出口压差超过正常值等,要向值班长汇报,并协助专业检修人员处理。

表2-2-2-6　旋风除尘器常见故障及处理保养措施

序号	常见故障现象	发　生　原　因	处　理　方　法
1	壳体磨损	①壳体过度弯曲不圆造成局部凸起; ②内部焊接未磨光滑	①矫正,消除凸形; ②打磨光滑
2	圆锥体下部和排尘口磨损,排尘不良	①倒流入灰斗气体增至临界点; ②排灰口堵塞或灰斗粉尘装得太满	①防止气体漏入灰斗; ②疏通积存的积灰
3	排气管磨损	排尘口堵塞或灰斗积灰太满	疏通堵塞,减少灰斗的积灰高度
4	排尘口堵塞	①大块物料或杂物进入; ②灰斗内粉尘堆积过多	①及时消除; ②人工或采用机械方法清理排灰口,保持排灰畅通
5	进气和排气管道堵塞	积灰	查看压力变化,定时吹灰处理或利用清灰装置清除积灰

序号	常见故障现象	发 生 原 因	处 理 方 法
6	壁面积灰严重	①壁表面不光滑； ②微细尘粒含量过多； ③气体中水汽冷凝	①磨光壁表面； ②定期导入含粗粒子气体,擦清壁面,定期将大气或压缩空气引进灰斗,使气体从灰斗倒流一段时间,清理壁面； ③隔热保温或对器壁加热
7	进出口压差超过正常值	①含尘气体状况变化或温度降低； ②筒体灰尘堆积； ③内筒被粉尘磨损而穿孔,气体旁路； ④外筒被粉尘磨损而穿孔,漏风； ⑤灰斗下端气密性不良,空气漏入	①适当提高含尘气体温度； ②消除积灰； ③修补穿孔,加强密封； ④修补穿孔,加强密封； ⑤加强密封

2）袋式除尘器常见故障及维修保养,见表 2-2-2-7。

袋式除尘器一般都与主机连锁在一个系统中,在运行中有些条件可能会发生某些改变,或者出现了某种故障,这都会影响袋式除尘器的运行,所以要经常性的检查,特别要关注温度、压差和流量的变化,如果发现各连接螺栓松动、断裂、灰斗堵塞、滤袋破损较严重或者掉袋处理,轴承或减速机温度超过 75℃需采取降温措施等,巡检人员要能够自行解决。如果电机、减速机运行不正常（电流过大、温度过高、声音异常、振动过大）、电机开关不灵或停机不灵或急停不到位；清灰机构松动或不能运转；出口粉尘浓度严重超标需要调节滤袋才能达到收尘效果；管路系统漏风（管道破裂、法兰密封不严）；回转卸料阀无法正常工作；风门开关不灵等,要及时报告值班长并需配合专业检修人员处理。

表 2-2-2-7　袋式除尘器的常见故障及处理保养措施

序号	常见故障现象	发 生 原 因	处 理 方 法
1	排气含尘量超标	①滤袋使用时间过长； ②滤袋有破损现象； ③处理风量大或含尘量大	①定期更换滤袋； ②更换破损的滤袋； ③控制风量及含尘量
2	粉尘积压在灰斗里	①粉尘水分大,凝结成块； ②输送设备工作不正常	①停机清灰；控制粉尘水分,袋除尘器壳体保温； ②保证输送物料畅通
3	运行阻力小	①有许多滤袋损坏； ②测压装置不灵	①停机更换滤袋； ②更换或修理测压装置
4	运行阻力异常上升	①换向阀门或反吹阀门动作不良及漏风量大； ②反吹风量调节阀门发生故障及调节不良； ③换向阀门与反吹阀门的计时不准确； ④反吹管道被粉尘堵塞； ⑤换向阀密封不良； ⑥粉尘湿度大,发生堵塞或清灰不良； ⑦汽缸用压缩空气压力降低； ⑧灰斗内积存大量积灰； ⑨风量过大； ⑩滤袋堵塞； ⑪因漏水使滤袋潮湿	①调整换向阀门动作、减少漏风量； ②排除故障、重新调整； ③调整计时时间； ④调整疏通； ⑤修复或更换； ⑥控制粉尘湿度、清理、疏通； ⑦检查、提高压缩空气压力； ⑧清扫积灰； ⑨减少风量； ⑩检查原因、清理堵塞； ⑪修补堵漏

序号	常见故障现象	发 生 原 因	处 理 方 法
5	滤袋堵塞	①处理气体水分含量高； ②滤袋使用时间过长； ③滤袋因过滤风速过高或含尘量过大引起堵塞； ④反吹振打失败	①控制气体湿度； ②定期更换滤袋； ③适当调整风量和含尘量； ④检查反吹风压力，反吹时间及振打是否正常
6	滤袋破损	①清灰周期过短或过长； ②滤袋张力不足或过于松弛； ③滤袋安装不良； ④滤袋老化或因热硬化或烧毁； ⑤泄漏粉尘； ⑥滤速过高； ⑦相邻滤袋间摩擦；与箱体摩擦；粉尘的腐蚀使滤袋下部滤料变薄；相邻滤袋破坏	①加长或缩短时间； ②重新调整紧张； ③检查、调整、固定； ④查明原因，清理积灰、降温； ⑤查明具体原因并消除； ⑥研究原因，更换滤料材质； ⑦调整滤袋间隙、张力及结构；修补已破损滤袋或更换
7	脉冲阀不动作	①电源断电或清灰控制器失灵； ②脉冲阀内有杂物或膜片损坏； ③电磁阀线圈烧坏或接线损坏	①恢复供电，修理清灰控制器； ②拆开清理或更换膜片； ③检查维修电磁阀电路
8	提升阀不工作	①电磁阀故障； ②气缸内密封圈损坏	①检查电磁阀，恢复或更换； ②更换密封圈

3) 离心风机的常见故障及维修保养，见表 2-2-2-8。

离心风机在运行时轴的振动双幅值超过允许限度时会报警；压力过高(排除流量减少)或过低(流量增大)都会给风机运行造成不利影响；润滑不好会产生轻微振动并伴有噪声。日常巡检时主要通过看、听、闻、摸等手段对设备的运行状态进行判断，并将巡检结果记录下来，如果发现各连接螺栓松动、断裂要及时拧紧或更换；销轴、V型带的更换，轴承、电机温度超过规定值时要尽快采取降温措施。如果振动过大、摩擦声大、杂音大、偶尔有撞击声；进出口压力差波动大；叶轮损坏、变形等，要报告给值班长，需配合专业检修人员和工艺操作人员处理。

表 2-2-2-8 离心风机的常见故障及处理保养措施

序号	常见故障现象	发 生 原 因	处 理 方 法
1	振动超过允许值	①轴承磨损和轴承油膜振荡； ②气体管路给机壳增加了附加应力； ③风机喘振	①查看磨损情况、分析润滑状态，改变轴承参数，必要时更换轴承； ②管路可能有变形或移位，若有要尽快消除； ③改变风机运行工况，使其离开喘振区
2	压力过高或过低	①气体密度增大或减小了； ②进出气体管道堵塞，进气阀门开度不够； ③出气体管道破裂，法兰密封不严、叶片磨损	①测定气体密度、分析密度增大或减小的原因并消除； ②清理堵塞，调整阀门开度； ③补破裂管道及密封，更换叶片
3	局部振动(主要是轴承箱盖)，偶尔有尖锐的撞击声或杂音	①滑动轴承瓦或轴颈磨损使间隙过大； ②滚动轴承与轴承箱盖间力过小或有间隙而松动，滚动轴承损坏； ③叶轮或联轴器连接松动	①补焊轴瓦，调整垫片； ②更换滚动轴承； ③重新固定叶轮或联轴器

续表

序号	常见故障现象	发 生 原 因	处 理 方 法
4	风机内有周期性的摩擦声	①叶轮歪斜与内壁相蹭; ②推力轴承歪斜或磨损; ③机壳刚度不够产生周期性晃动,密封圈与密封齿相蹭	①找出叶轮与风机内壁相剐蹭的部位,进行修复; ②修复和更换推力轴承; ③调整密封圈与密封齿的间隙
5	润滑不良,轴承温度过高	①油膜没有很好的形成; ②润滑油入口油温过低; ③润滑油选用不当,不符合要求或过期	①查找、分析油膜没形成的原因并消除; ②可能有冷却过度导致油温过低,需要调整冷却水流量; ③更换优质润滑油
6	叶轮损坏、变形	①气体含尘量大; ②气体温度过高	①及时清洗过滤网,保证上游设备除尘效率; ②控制气体温度,修理、校正或更换叶轮

2.2.2.10 怎样维护与保养堆取料设备?

堆、取料设备服务于石灰石及辅料的预均化堆场,较远离窑、磨设备及中心控制室,但绝不能把它们遗忘,而要精心维护和保养,巡检中发现各联轴器连接点的螺栓、胶皮缓冲出现松动;地脚螺栓松动;传动机构温度过高;油箱出现漏油;密封磨损需要更换;行走机构及回转机构有阻碍物出现;限位开关不到位;松料刮板螺栓松动;快慢刹车皮需要调整等,要能够现场解决。如果发现压板螺栓松动;动力及控制电缆、老化、接触点接触不良、烧焦;集中电气碳刷磨损严重等问题,要及时报告值班长并需配合专业检修人员处理,见表2-2-2-9、表2-2-2-10。

表 2-2-2-9　侧式旋臂堆料机的常见故障及处理保养措施

序号	常见故障现象	发 生 原 因	处 理 方 法
1	液压系统压力过高或过低	①油泵不出油; ②压力设定不当; ③调压阀阀芯工作不正常; ④调压阀的先导阀工作不正常; ⑤压力表已损坏; ⑥液压系统内漏	①参照油泵排量异常; ②重新按规定设定压力; ③分解阀并清洗; ④分解阀并清洗; ⑤更换; ⑥按系统排气
2	液压系统压力不稳定	①管路中进气; ②油中有灰尘; ③调压阀阀芯工作不正常	①给系统排气; ②拆洗,若油的污染严重则更换; ③分解阀并清洗或更换调压阀
3	液压泵噪声过大	①黏度过高(油温低); ②油泵与吸油管接合处漏气; ③泵传动轴处密封不严进气; ④装备不良零件磨损松动; ⑤油泵与电机轴不同心; ⑥油中有气泡; ⑦油箱油量不足	①检查油温,低则加热; ②检查漏气部位,加固或更换垫圈; ③在传动轴部加油,如有噪声则换垫圈; ④拆卸泵体,修磨或更换零件; ⑤允许同轴度公差为 $\phi0.10mm$; ⑥检查回油管是否在油中以及是否同进油管分离; ⑦观察液位计,不足则补充

序号	常见故障现象	发 生 原 因	处 理 方 法
4	液压系统发热	①油箱油量不足; ②油黏度过高; ③阀设定压力同规定值不一样; ④冷却器装置的工作不正常; ⑤阀或传动装置内漏过多;	①观察液位计,不足则补充; ②检查介质,换符合设计规定的介质; ③重新按规定值设定阀的压力; ④维修或更换冷却器; ⑤更换正常元件或密封圈;
5	液压系统泄漏	①接头松动; ②密封圈损伤或劣化; ③密封圈额定压力等级不当	①拧紧; ②更换; ③检查,若不合适则更换相应的密封圈
6	液压泵排量异常	①泵转向相反; ②油箱液位低; ③泵转速过低; ④黏度过高(油温低); ⑤进油管路积有空气; ⑥进油管漏气; ⑦吸油管堵塞或阻力太大; ⑧叶片泵轴或转子损坏; ⑨叶片在槽内卡住	①检验铭牌,确认后改变; ②检查液位,不足则补充; ③检查电机是否按规定转速运转,使其高于规定的最低转速; ④检查油温,低则加热; ⑤自排油侧接头部放气,旋转油泵使其吸油排气; ⑥圈类损伤或管路松动,更换垫圈和拧紧螺栓; ⑦排除管路堵塞; ⑧更换或修理; ⑨拆开油泵,取出内部零件,除掉灰尘,清除毛刺,检查配油盘
7	液压阀不动作	①电磁阀线圈工作不正常(电磁力不足或线圈内有杂质); ②控制阀工作不正常	①检查电器信号,控制压力,线圈是否过热,更换电磁阀; ②检查阀内滑阀体与阀芯配合是否合适,内漏产生背压,阀内存有杂质、锈等,调至正常值或更换
8	液压速度达不到规定值或速度不稳定	①流量不足; ②压力不足; ③温度变化引起黏度变化	①检查流量调节阀和油泵的排量是否正常,调至正常值或更换; ②检查压力调节阀和泵的压力是否正常,调至正常值或更换; ③调整适当油温
9	整台电机过热	①工作时间超过额定值; ②工作负载过大	①减少工作时间; ②降低负载
10	电机工作时振动	①动机与减速器轴之间不同心; ②轴承磨损; ③转子变形	①调整同心度; ②检修并更换轴承; ③检修
11	电机工作不正常	①滚动轴承磨损; ②键损坏或配合松动	①更换轴承; ②更换新键
12	减速器齿轮噪声大	①齿轮轮齿损坏; ②轴承间隙过大; ③轴承损坏	①更换齿轮; ②调整轴承间隙; ③更换轴承
13	减速器轴承温度升高	①减速箱中油位低; ②轴承有缺陷; ③油液老化	①检查油位,加油; ②更换轴承; ③换油

续表

序号	常见故障现象	发 生 原 因	处 理 方 法
14	减速器齿轮箱漏油	①结合面密封不好; ②迷宫式密封漏油; ③密封环损坏	①处理接口密封; ②清洗或更换迷宫式密封; ③更换密封环
15	减速器运行温度过高	①箱体中油位太高; ②油液老化、污染; ③油泵油问题	①检查并调整油位; ②换油; ③检查强制润滑泵性能,必要时更换
16	减速器周期性颤动声响发出	齿轮误差过大引起	更换齿轮
17	制动不灵	制动器闸瓦与制动轮间隙过大或闸瓦磨损严重	调整间隙、更换闸瓦
18	其他	参照带式输送机	

表 2-2-2-10　桥式刮板取料机的常见故障及处理保养措施

序号	常见故障现象	发 生 原 因	处 理 方 法
1	机架开裂、变形	长时间使用或受力不均	调整受力、焊接开裂部分、矫正变形
2	松料、仰俯机构松弛	使用中拉力不均衡,产生振动	调整受力;消除振动
3	刮板磨损	寿命到期或材质不好	补焊或更换
4	滑轨与滑块磨损大	润滑不良或损坏	适时更换
5	轴承发热	①轴承密闭不良; ②轴承缺油; ③轴承损坏	①清洗、调整轴承和密封件; ②按润滑制度加油; ③更换轴承
6	导轮松动	磨损和振动引起	停机时紧固和更换
7	耙车行走轮、挡轮轴承磨损	受力不均和行走未在直线上	应定期调整
8	取料机下料漏斗处皮带跑偏跑料	下料点不正	调整下料挡板
9	刮板固定螺丝、导向轮架固定螺丝和其他连接螺丝松动或脱落	设备长期运转所致	紧固或更换
10	机件振动	①地脚螺栓和连接螺栓松动; ②轴承损坏; ③基础不实或下沉量不均	①检查各部分连接螺栓的紧固情况,保证紧固程度; ②更换损坏的轴承; ③与厂技术部门结合设法解决基础问题

3 中级水泥生产巡检工
知识与技能要求

国家职业标准对中级水泥生产巡检工的要求:熟练运用基本技能独立完成本岗位的生产设备巡检操作与维护;在特定情况下,能够运用专门技能完成较为复杂的设备巡检任务和一般性故障处理。

3.1 知 识 要 求

3.1.1 破 碎 设 备

从图1-1-1-1中可以看出,水泥生产工艺过程是十分复杂的,要走完这个过程,从原料的开采到水泥的出厂需要用很多种设备为它服务。石灰石从矿山开采下来时大块小块都有,而多数还都是块度较大的物料,首先要把它们破成20mm以下均齐的碎石;水泥制成所需的石膏等也需要破碎,这个任务是由破碎机来完成的。此外出窑较大块的熟料、石膏、块煤等也需要破碎后才能入磨。水泥厂常用的破碎机主要有:颚式破碎机、锤式破碎机和反击式破碎机,下面是这三种常用的破碎机。

3.1.1.1 颚式破碎机——嚼碎物料没商量

1)颚式破碎机的组成和四种类型

颚式破碎机是水泥厂常用的一种粗碎和中碎机械,由机架及定颚板、活动颚板、偏心轴、皮带轮和飞轮、推力板、拉杆、压力弹簧、调节螺杆等部件组成,在定颚板和活动颚板上镶嵌上耐磨衬板。颚式破碎机按照活动颚板的运动特性可以分为四类,见图3-1-1-1。

① 简单摆动颚式破碎机。活动颚板以悬挂轴为支点做往复摆动,其运动行程以活动颚板的底部,即卸料口处为最大。

② 复杂摆动颚式破碎机。活动颚板悬挂在偏心轴上,而活动颚板的底部则支撑在推力板上。当偏心轴转动时,活动颚板在其带动下作上下、左右的复杂的运动,故称"复杂摆动式"。

③ 组合摆动颚式破碎机。活动颚板也悬挂在偏心轴上,而其底部则支撑在与连杆铰接的两块推力板上。这种破碎机的活动颚板的顶端和底部分别具有简摆式及复摆式破碎机的结构特性,是二者的组合。

④ 液压颚式破碎机。其结构与简摆式相近，不同之处是在连杆和推力板处各装一个液压装置。连杆上的液压油缸和活塞不仅便于主电机的启动，而且当颚腔内掉入难碎物料时，能对破碎机的主要部件起到保险、保护的作用。推力板上的液压装置则用来调整出料口间隙的大小。破碎机的活动颚板的上部悬挂在偏心轴上，底部则支撑在推力板上。当偏心轴转动时，活动颚板在其带动下作上下、左右的复杂的运动，故它也是"复杂摆动颚式破碎机"。

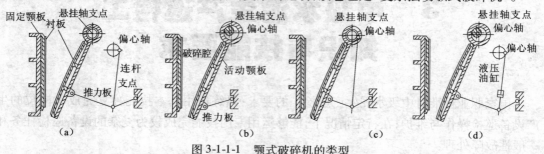

图 3-1-1-1 颚式破碎机的类型
（a）简单摆动颚式破碎机；（b）复杂摆动颚式破碎机；（c）组合摆动颚式破碎机；（d）液压颚式破碎机

2）颚式破碎机的构造及物料的破碎过程

目前水泥厂常用的颚式破碎机是上边的第二种——复杂摆动颚式破碎机（见图 3-1-1-2），让我们看一看它的结构、物料的破碎过程：

（1）机架与支承装置

机架由两个纵向侧壁和两个横向侧壁组成的刚性框架，在工作中承受很大的冲击载荷，所以要具有足够的强度和刚度。中小型破碎机一般整体铸造，大于 1200mm×1500mm 的颚式破碎机都采用上、下机架的组合形式。

支承装置主要用于支承偏心轴和悬挂轴，使它们固定在机架上。目前，支承装置一般都采用滚动轴承，以减小摩擦、方便维修和保证润滑。

（2）破碎部件

破碎机的破碎部件是活动颚板和固定颚板（简称动颚和定颚），颚板用于直接破碎物料，为了避免磨损，提高颚板使用寿命，在颚板和颚腔两侧一般都镶上衬板。在衬板与颚板之间，常常垫以塑性衬垫，以保持衬板与颚板紧密结合以及使衬板受力均匀。衬板采用强度高且耐磨的锰钢铸造。为了有效地破碎物料，衬板的表面常铸成波纹形或齿条形。

（3）传动机构

偏心轴是颚式破碎机的主轴，也是带动连杆和活动颚板作往复运动的主要部件，两侧分别装有飞轮和胶带轮，使动力负荷均匀，破碎机稳定运转。主轴的动力通过连杆、推力板传递给活动颚板，连杆、推力板承受很大的力，故用铸钢制造。

（4）拉紧装置

拉紧装置由弹簧、拉杆及调节螺母等组成。拉杆的一端铰接在动颚底部，另一端穿过机架壁的凸耳，用弹簧及螺母张紧，当连杆驱动动颚向前摆动时，动颚和推力板将产生惯性力矩，而连杆回程时，由于上述惯性力矩的作用，使动颚不能及时进行回程摆动，有使推力板跌落的危险。因而要用拉紧机构使推力板与动颚、顶座之间保持紧密接触。在动颚工作行程中，弹簧受到压缩；在卸料行程中，弹簧伸张，拉杆借助弹簧拉力来平衡动颚和推力板向前摆动时的惯性力，使动颚及时向反方向摆动。

（5）调节装置

用于调整出料口宽度。大中型颚式破碎机的出料口宽度，是由使用不同长度的推力板来调整的，通过在机后壁与顶座之间垫上不同厚度的垫片来补偿颚板的磨损。小型破碎机通常采用楔铁调整方法。楔铁调整是在推力板和机架后壁之间，设有楔形的前后顶座，拧动调节螺栓，使后顶座上下移动，前顶座在导槽内移动，这样可以调节出料口宽度。

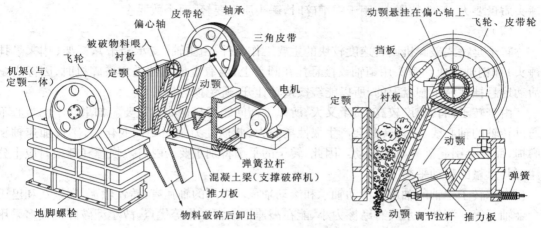

图 3-1-1-2　复杂摆动颚式破碎机的构造及物料的破碎过程

（6）保险装置

为保护活动颚板、机架、偏心轴等大型贵重部件免受损坏，一般都设有安全保险装置。通常颚式破碎机的保险装置是将推力板分成两段，中间用螺栓连接，设计时将螺栓的强度设计得小些；也有的是在推力板上开孔或用铸铁制造，当破碎机负荷过大时，推力板或其螺栓就会断裂，活动颚板停止摆动，从而起到保险作用（液压颚式破碎机连杆处的液压装置也具有保险作用）。

颚式破碎机的规格型号用入料口的宽度和长度来表示，P（破碎机）E（颚式）F（复杂摆动）600mm（入料口宽度）×900mm（入料口长度）。

3.1.1.2　锤式破碎机——敲碎物料不手软

1）锤式破碎机的结构及物料的破碎过程

与颚式破碎机相比较，锤式破碎机具有大破碎比（可达 30～40）。它的主要工作部件为带有锤头的转子。主轴上装有锤架，在锤架上挂有锤头，机壳的下半部装着篦条。内壁装着衬板（为了保护机壳）。由主轴、锤架、锤头组成的旋转体称转子。转子的圆周速度很高一般在 30～50m/s。当物料进入破碎机中，受到高速旋转的锤头的冲击而被破碎。物料获得能量后又高速撞向衬板而被第二次破碎。较小的物料通过篦条排出，较大的物料在篦条上再次受到锤头的冲击被破碎，直至能通过篦条而排出。锤式破碎机有单转子和双转子两种类型，图 3-1-1-3 是单转子锤式破碎机。

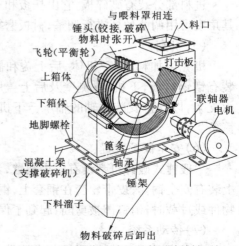

图 3-1-1-3 锤式破碎机的构造（单转子）

2)锤式破碎机的主要部件

（1）锤头

锤头是直接击破物料的易损件，常用优质高碳钢锻造或铸造而成，也可用高锰钢铸造。近来，采用高铬铸铁铸造的锤头获得了良好效果。锤头的形状和重量直接影响破碎机的产量和使用寿命，一般根据被破碎物料的性质、进料粒度及检修情况进行选择。用于粗碎时，锤头质量要大，但个数要少；用于中细碎时，锤头质量要轻，而个数要多。

（2）转子

转子是锤式破碎机回转速度较快的主要工作部件，由主轴（支承转子）、锤架（用来悬挂锤头）和销轴组成。锤头用销轴铰接悬挂在圆盘上，当有金属物件进入破碎机时，因锤头是活动地悬挂在转子圆盘上的，所以能绕铰接轴让开，避免损坏机件。

由于转子回转速度较高，质量又大，所以平衡问题就显得非常重要。如果转子的重心不通过转轴的轴心线，则运转时会产生惯性离心力，此惯性力是周期性变化的，不仅加速轴承磨损，而且会引起破碎机的振动。因此，转子的平衡特别重要，在挂锤、换锤和锤架时应十分注意其重量的静动平衡。

支承转子主轴的轴承有滑动轴承和滚动轴承。常用的轴瓦有：铸铁轴瓦、铜轴瓦和巴氏合金轴瓦等。滚动轴承具有摩擦力小、能在高速下正常工作等优点，故小型破碎机较多采用滚动轴承。

（3）篦条筛

篦条筛由篦条支架、扁钢压板和篦条等组成。其主要作用是控制破碎产品的粒度；支承物料使其承受锤头的冲击和研磨等。篦条间隙一般做成向下扩散形，物料易通过，不易产生堵塞现象。

（4）篦条和破碎板

锤式破碎机的下部装有出料篦条，两端由可调节的悬挂轴支承。篦条的安装形式与锤头的运动方向垂直，锤头与篦条之间的间隙可通过螺栓来调节。在破碎过程中，合格的产品通过篦缝排出，未能通过篦缝的物料在篦条上继续受到锤头的冲击和研磨作用，直至通过篦缝排出。

进料部分装有破碎板，它由托板和衬板等部件组成，用两根轴架装在破碎机的机体上，其角度可用调节丝杆进行调整，衬板磨损后可以更换。

（5）机壳

机壳由加料口、下机体、后上盖和侧壁组成，各部分用螺栓连接成一整体。机壳内壁装有锰钢衬板，下机体、侧壁及后上盖用钢板焊接而成，两侧外壁有用钢板焊接而成的轴承支架，以支持安装主轴的轴承。下机体前后两侧开有检修孔，以便于检修、调整和更换篦条。

（6）安全保护装置

一般锤式破碎机都设有安全装置，为防止金属物件进入破碎机造成机械事故，在其主轴上装有安全铜套，皮带轮套在铜套上，铜套与皮带轮则用安全销连接，当破碎机内进入金属物件或过载时，销钉即被剪断，起到了保护作用。

（7）传动系统

电动机通过皮带轮、联轴节直接带动转子运转，主轴的另一端装有飞轮，飞轮的主要作用是储备动能、均衡负荷、减少转子旋转的不均匀性,确保设备平衡运转。

锤式破碎机的规格型号用转子的直径和长度来表示,PCK-ϕ1000×600,P(破碎机)C(锤式)K(可逆式,不可逆式不注)表示型号为锤式破碎机,转子的直径为1000mm,转子长度为600mm。

3.1.1.3 反击式破碎机——击碎物料不留情

反击式破碎机与锤式破碎机有很多相似之处,如破碎比大(一般为20左右,高的可达50~60),产品粒度均匀等,其工作部件为带有打击板的作高速旋转的转子以及悬挂在机体上的反击板组成。进入破碎机的物料在转子的回转区域内受到打击板的冲击,并被高速抛向反击板,再次受到冲击,又从反击板反弹到打击板上,继续重复上述过程。物料不仅受到打击板、反击板的巨大冲击而被破碎,还有物料之间的相互撞击而被破碎。当物料的粒度小于反击板与打击板之间的间隙时即可被卸出。反击式破碎机也有单转子和双转子两种

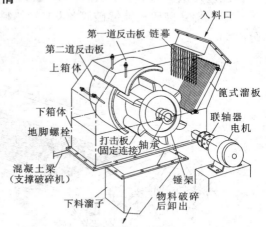

图 3-1-1-4 反击式破碎机的构造(单转子)

类型,图3-1-1-4是单转子反击式破碎机。主要由转子、打击板(又称板锤)、反击板和机体等部件组成。机体分为上下两部分,均由钢板焊接而成。机体内壁装有衬板,前后左右均设有检修门。打击板与转子为刚性连接;反击板是一衬有锰钢衬板的钢板焊接件,有折线形和弧线形两种,其一端铰接固定在机体上,另一端用拉杆自由悬吊在机体上,可以通过调节拉杆螺母改变反击板与打击板之间的间隙以控制物料的破碎粒度和产量。如有不能被破碎的物料进入时,反击板会因受到较大的压力而使拉杆后移,并能靠自身重力返回原位,从而起到保险的作用。机体入口处有链幕,既可防止石块飞出,又能减小料块的冲力,达到均匀喂料的目的。

双转子反击式破碎机装有两个平行排列的转子,第一道转子的中心线高于第二道转子的中心线,形成一定高差。第一道转子为重型转子,转速较慢,用于粗碎;第二道转子转速较快,用于细碎。两个转子分别由两台电动机经液压联轴器、弹性联轴器和三角皮带组成的传动装置驱动,作同方向旋转。

两道反击板的固定方式与单转子反击式破碎机相同。分腔反击板通过支挂轴、连杆和压力弹簧等悬挂在两转子之间,将机体分为两个破碎腔;调节分腔反击板的拉杆螺母可以控制进入第二破碎腔的物料粒度;调节第二道反击板的拉杆螺母可控制破碎机的最终产品粒度。

反击式破碎机的规格采用直径乘长度来表示,如 PFϕ500×400,PF 表示型号为反击式破碎机,转子的直径为500mm,转子长度为400mm。2PFϕ500×400 则表示为转子的直径为500mm,长度为400mm 的双转子反击式破碎机。

3.1.1.4 辊压破碎机——挤压物料成碎块

辊压破碎机主要与篦式冷却机配套,熟料冷却过程中或出冷却机后,对大块熟料的实行挤压破碎。辊压破碎机可以安装在篦冷机的两段篦床之间,也可安装在冷却机的卸料端,见

图 3-1-1-5 所示。破碎机的每个辊子都由电动机和减速器驱动,靠近篦冷机的第一排辊子旋向是将物料向破碎机中间输送,而最后一排辊子的旋向足以将熟料推回破碎机。中间的辊子则是成对地两两反向相对旋转,液压传动,每一个辊齿都被设计成同一规格,可以任意互换,从而也大大提高了其使用寿命。另外,当有不可破碎的铁块等物品进入破碎机里时,辊子在经过几次努力后会反转,可保护辊齿。

液压辊式破碎机能够破碎 800℃ 的熟料,冲击载荷小,破碎后的熟料粒度均匀并得到充分冷却。

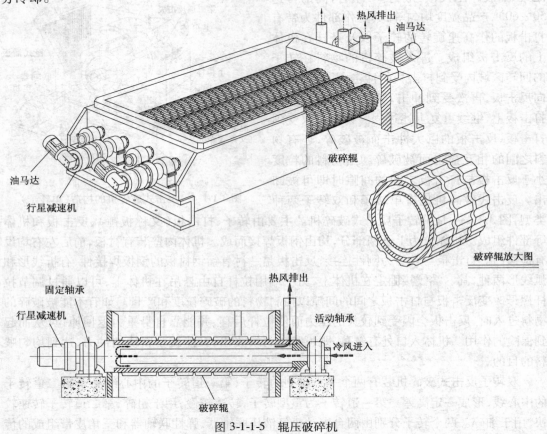

图 3-1-1-5 辊压破碎机

3.1.2 粉磨及分级设备

破碎后的物料为粉磨做好了准备。无论是生料(半成品)还是水泥(成品),或是煤粉,都需要通过粉磨来获得,那么粉磨及选粉设备在生料、煤粉制备和水泥制成中扮演了十分重要的角色。近年来,随着水泥工业化的进程及生产工艺、过程控制技术的不断升级,生料、水泥粉磨由过去以球磨机为主导的设备,发展为今天的高效率的立式磨、辊压机等新型粉磨设备以及几种设备并用的工艺组合,而且在朝着粉磨设备大型化(如 ϕ5m ×10m + 2.5m 烘干中卸生料磨)、提升工艺控制技术智能化方面发展,以满足水泥生产现代化的需要。

3.1.2.1 咆哮怒吼的球磨机

球磨机仍然是目前应用较为广泛的一种生料制备、水泥制成的粉磨设备,它的适应性强,能连续生产,粉碎比大(300~1000),在磨制生料的同时,通入适量的窑尾废热气体,还能烘干石灰石、黏土、铁粉等原料中的水分,省去了烘干工序,可谓一举两得。

1)球磨机的构造

球磨机主体是一个回转的筒体,两端装有带空心轴的端盖,空心轴由主轴承支撑,整个磨机借传动装置以 16.5~27r/min 的转速(大磨转速低、小磨转速高)运转,并伴随着冲击声,把约 20mm 的块状物料磨成细粉。筒体内被隔仓板分割成了若干个仓,不同的仓里装入适量的、用于粉磨(冲击、研磨)物料用的不同规格和种类的钢球、钢段或钢棒等作为研磨体(烘干仓和卸料仓不装研磨体),筒体内壁还装有衬板,以保护筒体免受钢球的直接撞击和钢球及物料对它的滑动摩擦,同时又能改善钢球的运动状态、提高粉磨效率。

我们把距进料端(也是磨头)近的那一仓叫粗磨仓,所装研磨体(干法磨为钢球、湿法磨为钢棒)的平均尺寸(3~4 种不同球径的尺寸配合在一起)大一些,这主要是刚喂入的物料是从前一道工序——破碎、预均化后送来的配合原料,这其中占有绝大多数的块状石灰石 20mm 左右的粒度,尺寸也不算小,在粗磨仓里首先要受到冲击和研磨的共同作用而粉碎,成为小颗粒状物料和粉状物料(粗粉),通过隔仓板的箅孔进入下一仓(细磨仓)继续研磨。第二仓或第三仓、四仓研磨体(钢球或钢段)的平均尺寸就逐渐减小了,对小颗粒物料和粗粉主要是研磨,从磨端(磨尾)或磨中(中卸)卸出。

球磨机的规格用筒体的内径和长度来表示,如 $\phi 3.5m \times 10m$,这里 10m 是筒体两端的距离,不含中空轴,$\phi 5.6m \times 11m + 4.4m$ 中卸烘干球磨机,含义是:带烘干仓、中部卸料的球磨机,磨机筒体直径为 5.6m,烘干仓长度为 4.4m,粉磨仓总长度为 11m。

2)几种用于原料粉磨的球磨机

(1)边缘传动中卸烘干磨

图 3-1-2-1 是边缘传动的中卸烘干磨(剖开了,可以看到内部结构),传动系统由套在筒体上的大齿圈和传动齿轮轴、减速机、电机组成。磨内设有 4 个仓:从左至右分别为:烘干仓(仓内不加衬板和研磨体,但装有扬料板,磨机回转时将物料扬起)、粗磨仓、卸料仓、细磨仓,待粉磨的配合原料从烘干仓(远离传动的那一端,人们习惯称之为磨头)喂入,经过粗粉磨,从卸料仓卸出,被提升到上部的选粉机去筛选,细度合格的就是生料了,较粗的物料再从磨机的两端喂入,中间卸料,形成闭路循环。热风来自回转窑窑尾或窑头冷却机,从磨机的两端灌入,在烘干仓端并备有热风炉。卸料仓长约 1m,在这一段的筒体上开设了一圈椭圆形或圆角方形的卸料孔。当然这些孔的开设会降低筒体强度,因此需把这一段筒体加厚,以避免运转起来使筒体拧成"麻花"。

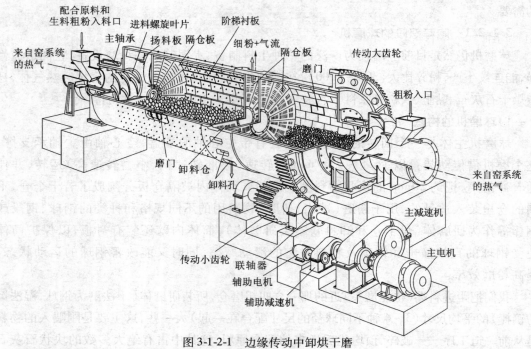

图 3-1-2-1　边缘传动中卸烘干磨

（2）边缘传动尾卸烘干磨

图 3-1-2-2 是带有烘干仓的边缘传动的尾卸烘干磨，它的传动与图 3-1-2-1 相似，但筒体结构与中卸烘干磨不太一样，它一端喂料，另一端出料（靠近传动的那一端），烘干仓设在入料端，被磨物料先进入烘干仓，与来自窑尾废气或热风炉（当回转窑未启动或立窑煅烧水泥熟料时）的热气体充分接触，让物料中的水分蒸发掉。磨内装有隔仓板，将磨内分为粗磨仓（刚喂入的物料粒度还较大，因此粗磨仓以冲击粉碎为主，研磨为辅）和细磨仓（物料经过粗磨仓的粗碎后通过隔仓板进入细磨仓，以研磨为主），磨尾卸料处装有一道卸料篦板，（结构与单层隔仓板基本相同）和提升叶片。

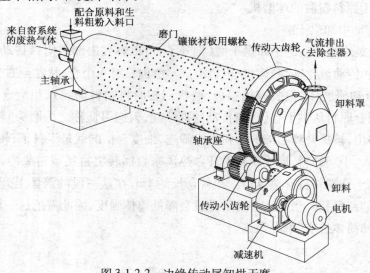

图 3-1-2-2　边缘传动尾卸烘干磨

（3）中心传动中卸烘干磨

图 3-1-2-3 是中心传动的中卸烘干磨，它的传动方式与前面的两种不同，是减速机的输出轴与细磨仓的中空轴相连的，省略了传动大齿轮。为了避免筒体运转起来拧成"麻花"（预应力的存在），同边缘传动的中卸烘干磨一样，在筒体中间的卸料口处的筒体加厚，问题就解决了。

该图在磨机细磨仓入料口端作了局部剖视，可以看见端盖、中空轴的内部结构。

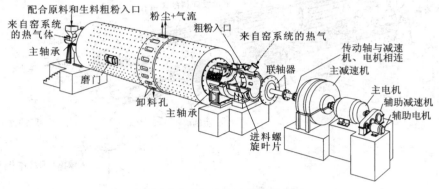

图 3-1-2-3　中心传动中卸烘干磨

（4）中心传动主轴承单滑履中卸烘干磨

以上图 3-1-2-1、图 3-1-2-2 和图 3-1-2-3 这三种典型磨机，都是靠筒体两端的主轴承支撑运转的，而下面的图 3-1-2-4 磨机是一端（传动端）靠主轴承支撑，另一端由滚圈、托瓦支撑，烘干仓较长（悬臂），我们叫它主轴承单滑履磨机。

除此之外，还有中心传动尾卸烘干磨、中心传动双滑履中卸烘干磨，它们的筒体结构、传动、支撑部分等与图 3-1-2-1 至图 3-1-2-4 有相似的地方，在此不再复述，也不再用图来展示了。

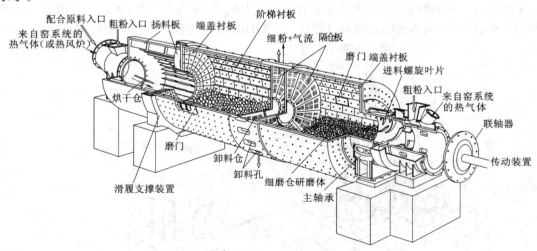

图 3-1-2-4　中心传动主轴承单滑履中卸烘干磨

3）用于水泥粉磨的球磨机

水泥磨与同规格原料磨的结构基本相同，但去掉了烘干仓。磨内设 2～4 个粉磨仓，第

一、二仓采用阶梯衬板,两仓之间用双层隔仓板分开,第二、三仓和第三、四仓之间采用单层隔仓板,安装小波纹无螺栓衬板,被磨物料从远离传动的那一端(磨头)喂入,从靠近传动的那(磨尾)一端卸出。为降低水泥粉磨时的磨内温度,在磨尾装有喷水管(有的水泥磨各仓均设有喷水管),见图3-1-2-5。

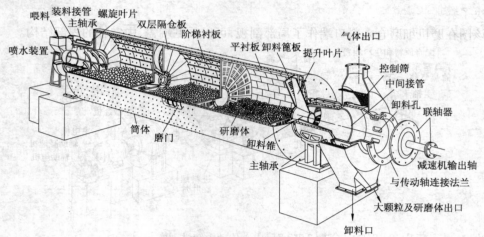

图 3-1-2-5　中心传动的水泥磨

除此之外,还有边缘传动尾卸水泥磨,其传动装置和筒体部分与图3-1-2-2基本相同;中心传动双滑履水泥磨,筒体的两端都用滑履支撑,没有主轴承。可参照图3-1-2-4的烘干仓与粗磨仓连接部分的支撑处去联想,但水泥磨不设烘干仓,这两类磨机不再复述和图示。

4)用于煤粉磨的风扫磨

煤作为煅烧熟料的燃料,在入回转窑煅烧之前需要磨成细粉。承担磨煤任务的粉磨设备主要由风扫磨来完成,粉磨过程中通入适量的热气体,也烘干了煤所含的外在水分。它实际上也是循环闭路粉磨,只是出磨煤粉借助于气力提升、输送和选粉,不需要单独设选粉机和提升机,出磨粗细粉的筛选设备及过程与生料闭路粉磨有所不同,见图3-1-2-6。

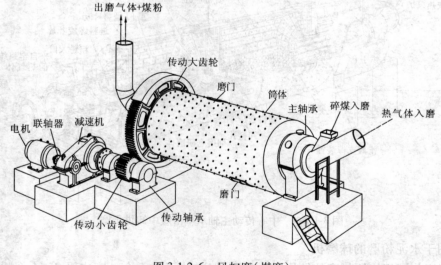

图 3-1-2-6　风扫磨(煤磨)

5）球磨机的主要部件

（1）主轴承支承装置

磨机的重量很大，若把筒体及端盖、中空轴、衬板、隔仓板、研磨体、进出料装置、被磨物料等统统加起来，大型磨机的重量足足有二百多吨！而且它还要运转，运转就要有冲击、有震动。有谁能把这个庞然大物支撑起来呢？从图3-1-2-1至图3-1-2-3球磨机的立体图中可以看出，只有主轴承"兄弟俩"分别在磨体两端的中空轴处勇敢地挑起了这副重担！图3-1-2-7（a）是磨机进料端的主轴承，凹面有轴承合金的球面瓦支承在有凹球面的轴承座上，轴承底座置于几根钢辊上，可使轴瓦和轴承座一起随磨机筒体热胀冷缩而相应往复移动，避免中空轴颈擦伤轴瓦。磨机出料端的主轴承底座经螺栓固定在轴承底座上。在轴承端面用螺栓固定的密封圈、毛毡圈与中空轴紧贴，防止漏油和进灰。磨机主轴承采用油泵进行强制循环润滑，在开磨之前启动高压油泵，将一定量的高压润滑油打入轴瓦的油囊中，从油囊向四周间隙扩散开，形成一层稳定的静压油膜，托起空心轴使之与轴瓦表面脱离。此时启动磨机，摩擦产生的启动转矩比一般动压润滑时低40%左右。冷却水由进水管进入轴承空腔内冷却润滑油，并将腔内残留的空气由排气管排出，经橡胶管进入球面瓦内冷却轴承合金，再经排气管一侧的出水口排出。

（2）滑履支承装置

磨机的两端或一端不用通常的主轴承支承，而是采用滑履支承。如图3-1-2-7（b）所示，一端是主轴承支承，而另一端是滑履支承的混合支承装置见图3-1-2-4（磨机结构立体图）。

滑履轴承支撑的磨机是通过固装在磨机筒体上的轮带支承在滑履上运转，采用的是动静压润滑。当磨机启动、停止和慢速运转时，高压油泵将具有一定压力的润滑油通过高压输油管送到每个滑瓦的静压油囊中，浮升抬起轮带，使轴承处于静压润滑状态，而在磨机正常运转时，高压油泵停止供油，此时润滑是靠轮带浸在润滑油中，轮带上的润滑油被带入瓦内，实现动压润滑。由于轮带的圆周速度较大，其"间隙泵"的作用也大，且滑履能在球座上自由摆动，自动调整间隙，故润滑效果也较好。

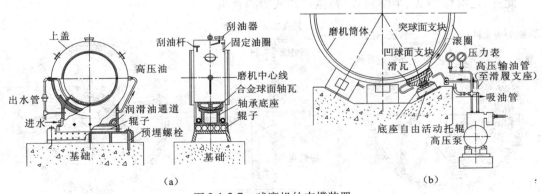

图3-1-2-7　球磨机的支撑装置
（a）带辊子的进料端主轴承（出料端主轴承不带辊子）；（b）滑履支撑装置

（3）传动装置

磨机是通过电机、传动轴、减速机转动起来的，传动方式有边缘传动和中心传动两种。

① 边缘传动:由传动齿轮轴上的小齿轮与固定在筒体尾部的大齿轮啮合,带动磨机转动。规格大的磨机如 $\phi3.5m \times 10m$ 生料磨等,设有辅助传动电机,可以打慢速,主要是为了满足磨机启动、检修和加、倒球操作的需要。见图3-1-2-1(磨机结构立体图)。

② 中心传动:以电动机通过减速机直接驱动磨机动转,减速机输出轴和磨机中心线在同一条直线上。它可分为低速电机传动、高速电机(带减速机)传动。中心传动的效率高,但设备制造复杂,大型磨机多用于中心传动,见图3-1-2-3至图3-1-2-5(磨机结构立体图)。增设有辅助传动装置。

(4)隔仓板

① 隔仓板的作用

A. 分隔研磨体:使各仓研磨体的平均尺寸保持由粗磨仓向细磨仓逐步缩小,以适应物料粉磨过程中粗粒级用大球、细粒级用小球的合理原则。

B. 筛析物料:隔仓板的篦缝可把较大颗粒的物料阻留于粗磨仓内,使其继续受到冲击粉碎。

C. 控制物料和气流在磨内的流速:隔仓板的篦缝宽度、长度、面积、开缝最低位置及篦缝排列方式,对磨内物料填充程度、物料和气流在磨内的流速及球料比有较大影响。

② 隔仓板的类型

A. 双层隔仓板:由前篦板和后盲板组成,中间设有提升扬料装置。如图3-1-2-8(a)所示,通过篦板进入两板中间,由提升扬料装置将物料提到中心圆锥体上,进入下一仓,系强制排料,流速较快,不受隔仓板前后填充率的影响,便于调整填充率和配球,适于一仓。双层隔仓板的篦板有扇形和弓形,图3-1-2-8(a)是扇形隔仓板。

B. 单层隔仓板:由若干块扇形(或弓形)篦板组成。如图3-1-2-8(b)所示,大端用螺栓固定在磨机筒体上,小端用中心圆板与其他篦板连接在一起。已磨至小于篦孔的物料,在新喂入物料的推动下,穿过篦缝进入下一仓。单层隔仓板的通风阻力小,占磨机容积小。

此外,还有倾斜式、半倾斜式、料流可调式等隔仓板。

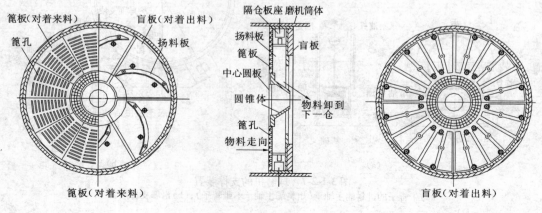

(a)

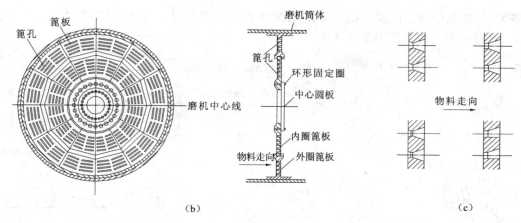

图 3-1-2-8　隔仓板
(a)双层隔仓板；(b)单层隔仓板；(c)隔仓板篦孔的形状

③ 隔仓板的篦孔

隔仓板的篦孔能让物料通过，但不准研磨体窜仓，篦孔的形状和排列是有一定要求的，从断面上来看，一定要让篦孔的小端对着进料端，大端朝向出料端，不可装反。

(5)衬板

磨机在运转时要把研磨体带起、抛出，砸碎物料，落入物料中。在带起的同时，也会沿筒体内壁下滑，这会对筒体内壁造成严重的磨损，所以加上内衬用来保护磨体内壁和磨头免受研磨体直接冲击及物料的研磨，这就是衬板。如果我们在衬板的表面上"做点手脚"，搞成不同的形状，使衬板又多了一项功能：那就是帮助提升研磨体，使研磨体的大小在磨机轴线方向实行合理分级，以改善粉磨效果，提高粉磨效率。

① 常用衬板的种类

平衬板(随靠筒体运转时离心力产生的摩擦力提升钢球，适合安装于细磨仓)、压条衬板(由平衬板和压条衬板组成，压条高出衬板，增加对钢球的提升能力，抛落下去对块状物料有较强的冲击力，适于装在粗磨仓)、阶梯衬板(表面呈一倾角，安装后成为许多阶梯，可以加大对研磨体的推力，同一层研磨体被提升的高度均匀一致，防止研磨体之间的滑动和磨损，适合安装在粗磨仓)、小波纹衬板(波峰和节距都小，适于细磨仓和煤磨)、端盖衬板(装在磨头端盖或筒体端盖上－保护端盖不受磨损)、环沟衬板(在衬板的工作面上铸出有圆弧形沟槽，安装后形成环形沟槽，适于多仓磨的第一仓和第二仓)，见图 3-1-2-9(a)至图 3-1-2-9(e)。

除以上衬板外，还有分级衬板、角螺旋衬板、波形衬板、凸棱衬板、半球形衬板和橡胶衬板等。

② 衬板的排列

衬板排列时环向缝隙应互相错开，不能贯通，以防止物料或铁销对筒体内壁的冲刷。如图 3-1-2-9(g)所示。为了找平，衬板与筒体内壁之间填充一些水泥等材料。考虑到衬板的整形误差，衬板之间可以留有 5mm 左右的间隙。

③ 衬板的安装

一般采用螺栓固定法：在固定衬板时，螺栓应加双螺母或防松垫圈，以防磨机在运转时因研磨体冲击造成螺栓松动，见图 3-1-2-9(h)。还可采用镶砌法：在衬板的环向缝隙中用铁板搣紧,衬板与筒体之间加一层 1:2 的水泥砂浆或石棉水泥,将衬板相互交错地镶砌在筒体内,这种固定方法一般用于细磨仓。

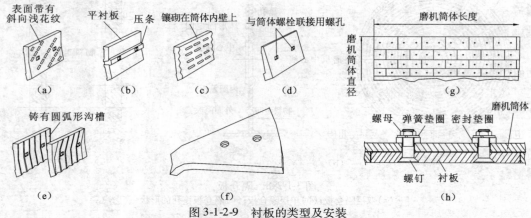

图 3-1-2-9　衬板的类型及安装
(a)平衬板;(b)压条衬板;(c)小波纹衬板;(d)阶梯衬板;(e)环沟衬板;
(f)端盖衬板;(g)衬板的排列方式;(h)衬板的螺栓固定法

（6）进料装置

不论是边缘传动还是中心传动,也不论是尾卸磨还是中卸磨,进料都要经过中空轴,进料装置的作用主要是将物料顺利地送入磨机内。主要有以下两种:

① 溜管进料:物料经溜管进入磨机中空轴颈内的锥形套筒内,再沿旋转着的套筒内壁滑入磨中。

② 螺旋进料:物料由进料口进入装料接管,并由隔板带起溜入套筒中,被螺旋叶片推入磨内。

（7）卸料装置

球磨机的卸料方式有尾卸式(物料从头端喂入,尾端卸出)和中卸式(物料从两端喂入,中部卸出)两种。

① 边缘传动磨机的尾部卸料装置:将通过卸料篦板后的物料由提升叶板提升到螺旋叶片上的,再由回转的螺旋叶片把物料输送至卸料出口,经控制筛溜入卸料漏斗中。磨内排出的含尘气体经排风管进入收尘系统。

② 中心传动磨机的尾部卸料装置:物料由卸料篦板排出后,经叶板提升沿卸料锥外壁送到空心轴内的卸料锥形套内,再经椭圆形孔进入控制筛,过筛物料从罩子底部的卸料口卸出。罩子顶部装有和收尘系统相通的管道。

③ 中卸烘干磨机(无论是边缘传动还是中心传动)的卸料装置:在磨体的粗磨仓与细磨仓之间专门设有一个卸料仓,与粗磨仓和细磨仓用装隔仓板隔开,在卸料仓出口处的筒体上有椭圆形卸料孔,筒体外设密封罩,罩底部为卸料斗,顶部与收尘系统相通。

本节立体图 3-1-2-1 边缘传动中卸烘干磨、图 3-1-2-4 中心传动主轴承单滑履中卸烘干磨、图 3-1-2-5 中心传动的水泥磨对进料与卸料装置表现得比较清楚,来参照分析解读。

3.1.2.2　用于粗细粉分级的选粉设备

由球磨机构成的原料或水泥粉磨系统,有开路粉磨或闭路粉磨之分。对于被磨物料从磨机的一端(磨头)喂入、经过粉磨成为合格的细粉之后,从另一端卸(磨尾)出,这是开路粉磨系统。它的流程简单,设备少,投资少,一层厂房就够了。不过它有很多缺点:那就是要保证被粉磨物料全部达到细度合格后才能卸出,那么被粉磨物料从入磨到出磨的流速就要慢一点(流速受各仓研磨体填充高度的影响),磨的时间长一些,这样台时产量就低了,相对电耗高了,而且部分已经磨细的物料颗粒要等较粗的物料颗粒磨细后一同卸出,大部分细粉不能及时排出。(尽管磨内通风能带走一定量的细粉)在磨内继续受到研磨,会出现"过粉磨"现象了,并形成缓冲垫层,妨碍粗颗粒的进一步磨细。

　　如果我们让被磨物料在磨内的流速快一点,就能把部分已经磨细的物料颗粒及时送到磨外,可以基本消除"过粉磨"现象和缓冲垫层了。不过这样一来大部分还没有磨细的粗颗粒也随之出磨了,致使最终产品细度不合格。此时需要加一台分级设备,把出磨的粗粉和细粉分开,粗粉送入磨内再磨,细粉是合格的产品,这个分机设备就是选粉机,这样就组成了闭路粉磨系统。常用的选粉机有离心式、旋风式、笼式高效选粉机及粗粉分离器等。

　　(1)离心式选粉机

　　离心式选粉机是第一代选粉机(图3-1-2-10),外壳与内壳均匀由上部筒体、下部锥体组成,它们之间通过支架连接在一起构成壳体,外壳下部是细粉出口,内壳下部是粗粉出口。外壳的上部装有顶盖,传动装置(电机和减速机)固定在顶盖上,离顶盖中部较近的有一处开孔,这是入料孔。外壳有个铸铁底座,用螺栓与基础底座连接。

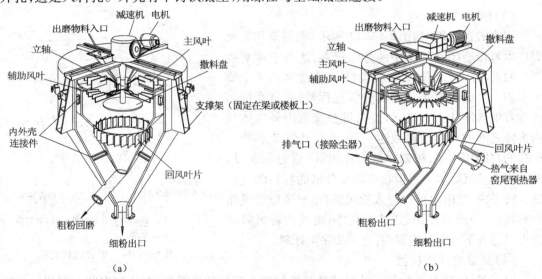

图 3-1-2-10　离心式选粉机
(a)普通型离心式选粉机;(b)内部带有烘干结构的离心式选粉机

　　仅有壳体是不能将粗细粉料分开的,壳体里面还有很多玩意,那就让我们走进它的内心世界去看一看吧:噢,东西还真不少呢!有大风叶即主风叶,小风叶即辅助风叶及撒料盘它们都装在立轴上(用于产生循环风),内壳顶部的环行通道上装有一圈可以拉出又能推进的挡风板(用于调节选粉细度和产量),中部装有角度可调节的回风叶(也是用于调节选粉细度和产量)。

　　(2)旋风式选粉机

　　旋风式选粉机是第二代选粉机(图3-1-2-11),用外部专用风机和4~6个均匀分布的旋风筒分别替代离心选粉机内部的大风叶和内外筒之间的细粉分离空间,将抛粉分级、产品分离、流体推动三者分别进行,这种分级设备叫旋风式选粉机。鼓风机与选粉室之间的连接管道上设有调节阀,用于调节循环风的大小以调节产品细度和产量。

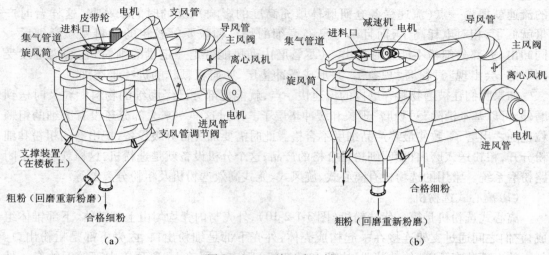

图 3-1-2-11　旋风式选粉机
(a)普通型;(b)洪堡-韦达 ZUB 型

（3）组合式选粉机

组合式选粉机(如图 3-1-2-12 所示)主要是作为水泥厂生料粉磨闭路系统中的分级设备,适合于球磨机系统的选粉同时兼有除尘功能。该设备主要由 4 个旋风子和一个分级筒组成。其分级过程是:来自磨机高浓度含尘气体从下部进入,经内锥整流后沿外锥体与内锥体之间的环形通道减速上升,在分选气流和转子旋转的共同作用下,粗粉在重力作用下(重力分选)沿外锥体边壁沉降滑入粗粉收集筒。合格的物料随气流进入转子内,经由出风口进入旋风筒,由旋风筒将成品物料收集,经出口排出,送往均化库;废气由旋风筒顶部出口进入下一级收尘器内,进一步除尘处理。

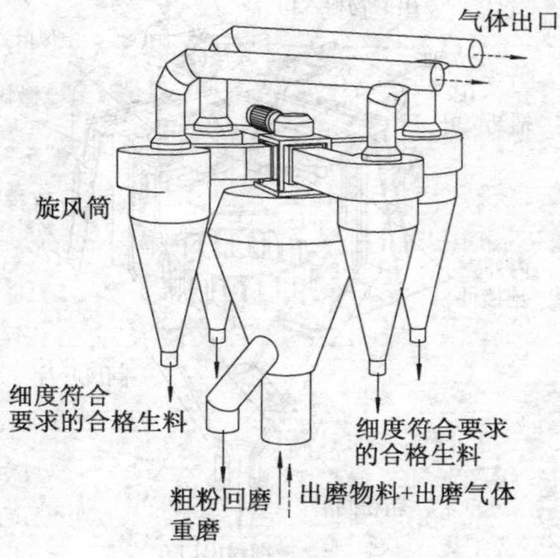

（4）高效笼式选粉机

图 3-1-2-12　组合式选粉机

以 O-Sepa 选粉机为代表的笼式选粉机被称为第三代选粉机,它不仅保留了旋风式选粉机外部循环风的特点,而且采用笼式转子,改变了选粉原理,大幅度提高了选粉效率。在此基础上不少公司推出了类似的笼式选粉机,如 SD 选粉机、Sepol 选粉机、SKS-Z 选粉机、Sepax 选粉机等。目前我国多用于水泥闭路粉磨上,生料闭路粉磨也将在新建扩建改造中得到广泛应用。让我们对照图 3-1-2-13 来看一下分级过程:物料经入口落到撒料盘分散后,进入分选气流之中。分选气流大部分来自磨机的含尘气体,通过切向一次进风口、二次进风口及固定导流叶片水平进入选粉区。由垂直叶片和水平叶片组成的笼式转子,回转时使内外压差在整个选粉区高度内维持一定,从而使气流稳定均匀,物料自上而下,为每个颗粒物料提供了多次重复分选的机会,粗粉受到一、二次风的漂洗。到下部再受到三次进风口的漂洗后,从机体底部卸出。细粉则随气流从中心管道排出,用收尘器收集。

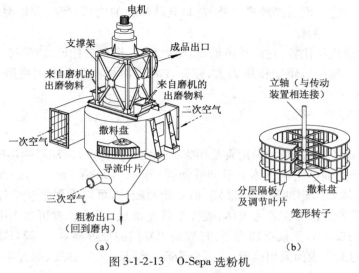

图 3-1-2-13　O-Sepa 选粉机

（a）立体图；（b）笼形转子放大图

（5）粗粉分离器

粗粉分离器是一种通过式风力分级设备，它不像离心、旋风式和笼式选粉机那样有运转部件，构造就简单多了，我们从图 3-1-2-14 中能看出，其主体部分是由外锥体和内锥体组成，外锥体上有顶盖，下接粗粉出料管和进气管，内锥体下方悬装着反射锥，外锥体盖下和内锥体上边缘之间装有导向叶片，外锥体顶盖中央装有排气管。

有了这些部件，我们就可以利用颗粒在垂直上升及旋转运动的气流中，由于重力及惯性力的作用将粗细粉分离分级设备与磨机的工艺连接关系请参看图 1-1-1-6、图 1-1-1-7、图 1-1-1-8 的生料粉磨和图 1-1-1-12 的煤粉磨工艺流程图。

3.1.2.3　何为辊压机？

1）辊压机的构造及粉碎原理

辊压机是 20 世纪 80 年代以来发展起来的一种新型节能粉磨设备，可以作为生料粉磨或水泥粉磨的预粉磨，与球磨机共同组成，也可以自成粉磨系统。辊压机由两个相向同步转动的挤压辊组成，辊子由耐磨材料制成，一个为固定辊（固定在机架上），一个为活动辊（轴承装在滑块上，以便按喂料量和物料性质随时间调节辊子间隙）。物料从两辊上方喂入，被挤压辊连续带入辊间，受到高压作用后，变成密实而且充满裂纹的扁平料饼从机下排出，见图 3-1-2-15。排

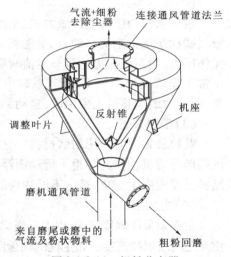

图 3-1-2-14　粗粉分离器

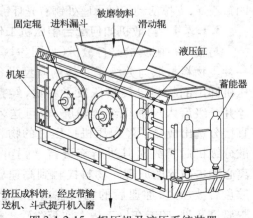

图 3-1-2-15　辊压机及液压系统装置

111

出的料饼除含有一定比例的细粒成品外,在非成品颗粒的内部,产生大量裂纹,在进一步粉碎过程中,可降低粉磨能耗。

辊压机与球磨机相比较,它的噪声低、粉磨效率高、钢材消耗低,质量轻,占地面积小,安装容易。不过由于辊压机辊子作用力大,还存在着辊面材料脱落及过度磨损,轴承容易损坏,对工艺操作要求严格等。

2)辊压机的主要部件

(1)挤压辊

辊子分为滑动辊和固定辊,固定辊是用螺栓固定在机体上;滑动辊两端四个平油缸对辊施加压力,使辊子的轴承座在机体上滑动并使辊子产生100kN/cm左右的线压力。辊子有镶套式压辊和整体式压辊两种结构形式,如果物料较软,可以采用带楔形连接的镶套式压辊,水泥厂多用后者。轴与辊芯为整体,表面堆焊耐磨层,焊后硬度可达HRC55左右,寿命为8000~10000h;磨损后无须拆卸辊子,直接采用专门的堆焊装置,一般只需1~2d即可完成。通常,辊子的工作表面采用槽形,又可分为环状波纹、人字波纹、斜井字形波纹三种,都是通过堆焊来实现。

(2)液压系统

液压系统为压辊提供压力,它是由两个大蓄能器,两个小蓄能器,四个平油缸、站等组成液气联动系统。主要有油泵、蓄能器、液压缸、控制阀件组成。蓄能器预先充压至小于正常操作压力,当系统压力达到一定值时喂料,辊子后退,继续供压至操作设定值时,油泵停止。正常工作情况下油泵不工作,系统中如压力过大,液压油排至蓄能器,使压力降低,保护设备,若压力继续超过上限值时,自动卸压。操作中系统压力低于下限值时,自动启泵增压。

(3)喂料装置

喂料装置内衬采用耐磨材料。它是弹性浮动的料斗结构,料斗围板(辊子两端面挡板)用碟形弹簧机构使其随辊子滑动面浮动。用丝杆机构将料斗围板上下滑动,可使辊压机产品料饼厚度发生变化,适应不同物料的挤压。

(4)主机架

主机架采用焊接结构,由上下横梁及立柱组成,相互之间用螺栓连接。固定辊的轴承座与底架端部之间有橡皮起缓冲作用,活动辊的轴承底部衬以聚四氟乙烯,支撑活动辊轴承座处铆有光环镍板。

3.1.2.4 打散机如何配合辊压机工作?

与辊压机配套的是打散机(见图3-1-2-16),是一种集物料打散与分级于一体的新型设备。从辊压机卸出的物料已经挤压成了料饼,经打散机打碎并分级后入球磨机继续粉磨,也可送入选粉机直接分选出成品。经辊压机挤压过的物料进入打散分级机后首先对其进行充分打散,打散是利用离心冲击破碎的原理。物料接触到高速旋转的打散盘后被加速,加速后的物料在离心力的作用下脱离打散盘,冲击在反击板上而被粉碎。粉碎后的物料进入风力选粉区内,粗粉运动状态改

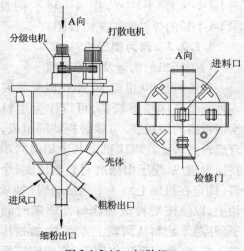

图3-1-2-16 打散机

变较小,而细粉运动状态改变较大,从而使粗、细粉分离。如打散效果降低,考虑反击衬板磨损、打散机传动皮带打滑、物料水分偏高以及分级环形通道堵塞等原因。

3.1.2.5　辊压机系统是怎样的?

辊压机与打散分级机及计量喂料、输送和除尘设备构成辊压机系统,可与球磨机共同组成生料或水泥粉磨系统,图3-1-2-17是水泥粉磨系统中的一部分,也可以称之为水泥预粉磨系统。辊压机与球磨机组成的生料粉磨系统及辊压机自身组成的粉磨系统见前面讲过的图1-1-1-8。

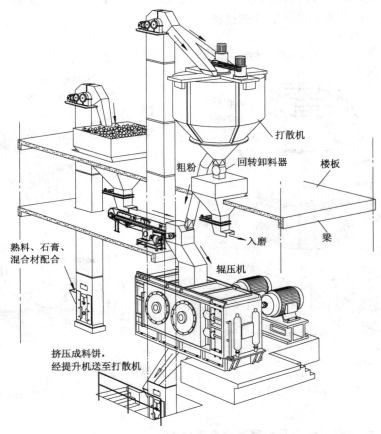

图 3-1-2-17　辊压机系统

3.1.2.6　立式磨与球磨机有何不同?

立式磨与球磨机的工作内容和目的是一样的,但构造和工作方法却差别很大。球磨机是"躺着"工作的,而立式磨是"站着"工作,所以我们也称它为立磨(或立式辊磨、环辊磨、辊式磨),见图3-1-2-18。这是继球磨机之后的一种新型粉磨设备,其构造与粉磨原理和球磨机是完全不一样的,物料不仅在辊下被压碎,而且还被推向边缘,越过挡料圈落入风环,被高速气流带起,大颗粒被折回落到磨盘上,小颗粒被气流带入顶部的分离器,在回转风叶的作用下进行筛选,粗粉重新回到磨盘再粉磨,合格的细粉随气流带出机外被收集作为产品(达到细度要求),见图3-1-2-19。粉磨的同时引入回转窑窑尾(或窑头冷却机)的热风,可以烘干粉磨含水分20%、颗粒尺寸 50~150mm 的入磨物料。大型立式磨的生产能力可达 400t/h, 比球磨机 $\phi 4.8 \mathrm{m} \times 10 \mathrm{m} + 4 \mathrm{m}$ 的尾卸烘干磨产量 230t/h 高出了近一倍。立磨自身可以构成闭路粉磨系统, 不像球磨机组成的闭路系统那样需要其他辅助设备(提升机、螺旋输送机或空气输送斜槽、选粉机等), 显得非常分散、庞大、复杂, 而只用选粉机的风叶, 与转子组成了分级机构, 装在磨内的顶部, 构成了粉磨——选粉闭路循环, 自己的事情自己在内部解决, 简化了粉磨工艺流程, 减少了辅助设备, 运转起来噪声低, 集原料破碎、烘干、粉磨、选粉为一体的多功能、高效率的粉磨优点。尽管它比球磨机复杂得多, 操作、维修、管理的技术难度也大, 但近几年发展的速度非常快, 已成为新型干法水泥生产线对原料粉磨的首选设备。

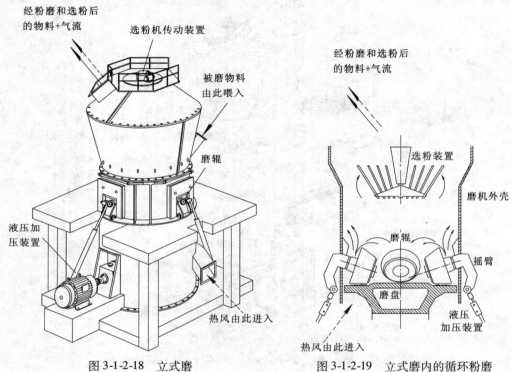

图 3-1-2-18　立式磨　　　　　　图 3-1-2-19　立式磨内的循环粉磨

3.1.2.7　立式磨的构造及粉磨过程是怎样的?

立式磨有好多种类型:如伯力鸠斯磨、莱歇磨、雷蒙磨、彼特斯磨、培兹磨、MPS 磨、ATOX 磨、OK 系列磨。不管是哪一种, 它们的主要部件都是碾辊与磨盘。当然还有加压机构、选粉机构、密封进料装置、润滑装置等, 它们之间所不同的是在磨盘的结构、碾辊的形状和数目上的差别, 还有就是在选粉机上做了点"手脚", 物料在碾辊与磨盘之间受碾辊的压力和碾辊与磨盘间相对运动的研磨作用而粉碎。下面我们来了解一下联邦德国伯力鸠斯制造的伯力鸠斯磨和丹麦史密斯(FLS)制造的 ATOX 磨两种立式磨。

伯力鸠斯立式磨见图 3-1-2-20, 磨机为四辊, 是互相平行的两对鼓形辊。磨辊由同一根辊轴及轴承固定在拖架上。磨盘工作表面上有两圈弧形沟槽, 磨辊与双槽形粉磨表面联合创造了稳定的料床。

图 3-1-2-21 是 ATOX 立式磨, 它的主要部件与伯力鸠斯立式磨的功能是相同的。从这

两种磨机的构造图中可以看出,被磨物料是从磨体中部喂入落在靠近磨盘中心的,由于磨盘的转动,物料的离心力的作用下让它甩向靠近边缘的辊道(一圈凹槽),碾辊在自身重力和加压装置(液压系统)作用下逼近辊道里的被磨物料,对其碾压、剪切和研磨,就这样,被磨物料不断地喂入,又不断地被粉磨,直至细小颗粒被挤出磨盘而溢出。

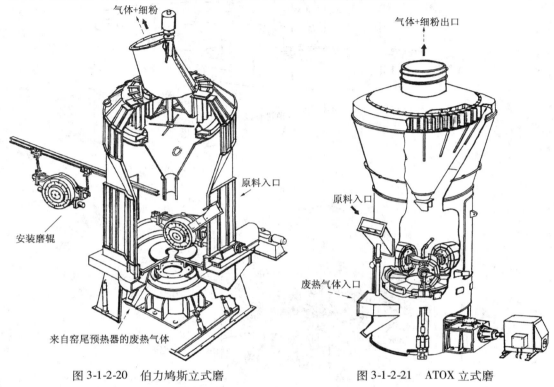

图 3-1-2-20　伯力鸠斯立式磨　　　　　图 3-1-2-21　ATOX 立式磨

热风是从磨机底部进入的,靠排风机的抽力在机体内腔造成较大的负压,对粉磨后但仍含有一定水分的物料进行悬浮烘干并将它们吸到磨机顶部,经选粉机的分选,粗粉又回到磨盘与喂入的物料一起再粉磨,细粉随气流(此时物料基本烘干、热气体也降温了)出磨进入除尘器,由它将料、气分离,料就是合格的生料了。气体经除尘净化后排出。

3.1.3　均　化　设　备

3.1.3.1　不知疲倦的连续式生料空气搅拌均化库

生料从均化库的库顶进料→库内均化→库底或库侧卸料都在同一时间内进行,也就是说把进料储存、搅拌和出料进行了更加合理的贯通,这就是连续式空气均化库,我们以圆柱形混合室(还有锥形的)均化库为例,到库里边去看一看到底是什么样子的。库内容积好大啊,黑咕隆咚什么也看不见。别急,让图 3-1-3-1 把库"剖开",这下可以看清了,库底结构也太复杂了:有充气箱、卸料器、罗茨风机、回转式空气分配阀、螺旋输送机、储气罐,还有密密麻麻的送气管道等,它们都起什么作用呢?初来乍到时还真让人眼花缭乱的。不过仔细瞧瞧,很快就能理出头绪来的:

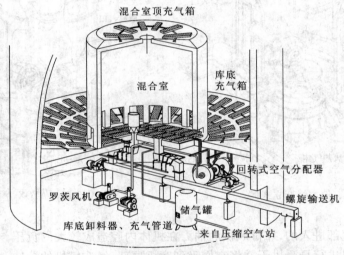

图 3-1-3-1 生料均化库的构造

1）充气箱

那些一块一块带孔眼的是充气箱，它由箱体和透气性材料组成，铺设在均化库的库底和混合室的顶部。充气箱的形状有条形、矩形、方形、环形或阶梯形等，用得最多的是矩形充气箱，其箱体用钢板、铸铁或混凝土浇制而成，透气层采用陶瓷多孔板、水泥多孔板或化学纤维过滤布（工业亚麻、帆布），由罗茨风机产生的低压空气的一部分，沿库内周边进入充气箱，透过透气层，对已进入库内的生料在库的下部产生充气料层。不过库的容量很大，我们不要认为整个一个大库都能使全部的物料在这里剧烈"折腾"起来，也就是说在此是不能完全均化的。

2）混合室

既然库的容量很大，不能使库内的全部物料剧烈翻腾起来而均化，那么我们可以在均化库内设置一个小的搅拌室，专门给物料提供一个充分搅拌的"单间"，让库内下部的生料在产生充气料层后，沿着库底斜坡流进（粉状物料是有一定的流动性的）库底中心处的搅拌室，在这里会受到强烈的交替充气，使料层流态化，充分搅拌趋于均匀。

混合室内装有一高位出料管,一般高出充气箱 3 ~ 4m,经过空气搅拌均化后的生料从高位管溢流而出,由库底卸料器卸出。低位出料管比充气箱约高 40mm 用于库底检修卸空物料之用。

3)充气装置

连续式空气均化库的工作特点是局部充气、连续操作,所需空气压力一般不超过 5000Pa,空气消耗量较大,可达 45m³/min 以上。均化库的气源来自罗茨风机,经回转式空气分配阀分配,通过库底若干条充气管路分别送给搅拌室和环行充气箱,进入隧道区充气箱及混合室充气箱。在库底环形充气区(倾斜度为 13%)和混合室底部平面充气区是对应分区充气的,由回转式空气分配阀来控制,它与均化库相匹配,有四嘴和八嘴两种,由一组传动装置驱动,转动时向库底充气区轮流供气。

4)卸料装置

均化合格的生料可以入窑了,它们可以从库底和库侧分别卸出。可用刚性叶轮卸料器控制卸料量,也可用气动控制卸料装置,出口接输送设备。

5)库顶加料与除尘装置

物料是从库顶喂入的,由于均化库的高度约 60m,物料由库顶落到库内会从库顶孔口冒出粉尘,也就是生料的微细粉。特别是在库内存料量少时,落差就更大,冒出粉尘也就更多了,所以库顶要加除尘器。

3.1.3.2 水泥还需要均化吗?

出磨水泥的质量还不是很稳定(这里指安定性、细度、凝结时间、有害化学成分等),有时甚至波动较大,导致水泥的质量下降,因此水泥的均化是不可缺少的重要工艺环节。水泥均化与生料均化同属粉状物料均化,所采用的空气搅拌库均化过程与生料均化库基本相同,但在库底或库侧设置了散装或包装系统,均化后合格的水泥可以出厂了,见图 3-1-3-2 水泥均化库。

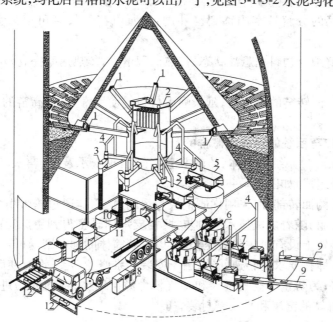

图 3-1-3-2　水泥均化库

1—装有流量控制闸阀的出料口;2—袋式除尘器;3—装载机;4—除尘管道;5—振动筛;6—包装机;

7—清包机;8—控制柜;9—袋装水泥发运;10—火车散装水泥发运;11—汽车散装水泥发运;12—散装车磅桥

3.1.4 煅烧设备

3.1.4.1 回转窑怎样煅烧熟料？

水泥生产过程可以概括为"两磨一烧"，其中这"一烧"就是把经过粉磨配制好的生料、均化以后送进窑内，在高温作用下烧成为熟料的工艺过程。因此，窑是水泥生产中的主机，俗称水泥工厂的"心脏"。新型干法水泥生产采用的是回转窑，它是一个有一定斜度的圆筒状物，斜度为3%~4%，借助窑的转动（4r/min 左右）来促进料在回转窑内搅拌，使料互相混合、接触进行反应。窑头喷煤燃烧产生大量的热能，以火焰的辐射、热气的对流、窑砖（窑皮）传导等方式传给物料。生成水泥熟料中的硅酸三钙、硅酸二钙、铝酸三钙和铁铝酸四钙，依靠窑筒体的斜度及窑的转动在窑内向前运动出窑进入熟料冷却机，冷却后卸出入熟料库。

3.1.4.2 什么是预分解窑？

预分解窑是 20 世纪 70 年代发展起来的一种煅烧工艺设备。它是在悬浮预热器和回转窑之间，增设一个分解炉或利用窑尾烟室管道，在其中加入 30%~60% 的燃料，使燃料的燃烧放热过程与生料的吸热分解过程同时在悬浮态或流化态下极其迅速地进行，使生料在入回转窑之前基本上完成碳酸盐的分解反应，因而窑系统的煅烧效率大幅度提高。这种将碳酸盐分解过程从窑内移到窑外的煅烧技术称为窑外分解技术，这种窑外分解系统简称预分解窑（包括：NSF、RSP、KSV 与 SV、NKSV、MFC-NMFC、FLS 等窑型）。使熟料的单位热耗大为降低，产量成倍增加。它的煅烧的特点：

① 在一般分解炉中，当分解温度为 820~900℃时，入窑物料的分解率可达 85%~95%，需要分解时间平均仅为 4~10s，而在窑内分解时约需 30 多分钟，效率之高可想而知。

② 由于碳酸钙的分解从窑内移到窑外进行，所以窑的长度可以大大缩短，降低占地面积。

③ 由于在分解炉内物料呈悬浮状态，传热面积增大，传热速率提高，从而使熟料单位热耗大大降低。

④ 由于减轻了回转窑的热负荷，延长耐火材料的使用寿命，提高窑的运转率，同时提高了窑的容积产量。

3.1.4.3 回转窑系统的组成是怎样的？

回转窑（也称旋窑）系统由筒体、传动装置，托、挡轮支承装置，窑头、窑尾密封，窑头罩及燃烧装置等部分组成，如图 3-1-4-1 所示。

窑筒体是受热的回转部件，采用优质钢板卷焊制成，筒体通过轮带由多组托轮支撑（窑外分解窑一般为三组，随着烧成技术的进步，两档支承回转窑得到更广泛的应用）并在其中一档或几档支承装置上设有机械或液压挡轮，以控制筒体的轴向窜动；传动装置通过设在筒体中部的齿圈使筒体按要求的转速回转；由于安装和维修的需要，设有使筒体以很低转速回转的辅助传动装置；为防止冷空气进入和烟气粉尘溢出筒体，在筒体的进料端（尾部）和出料端（头部）设有可靠的窑尾和窑头密封装置。

1）支撑部分

支撑装置由轮带、托轮、轴承和挡轮组成，它承受着窑的全部重量，同时对窑体起着定位作用，使其安全稳定地运转。

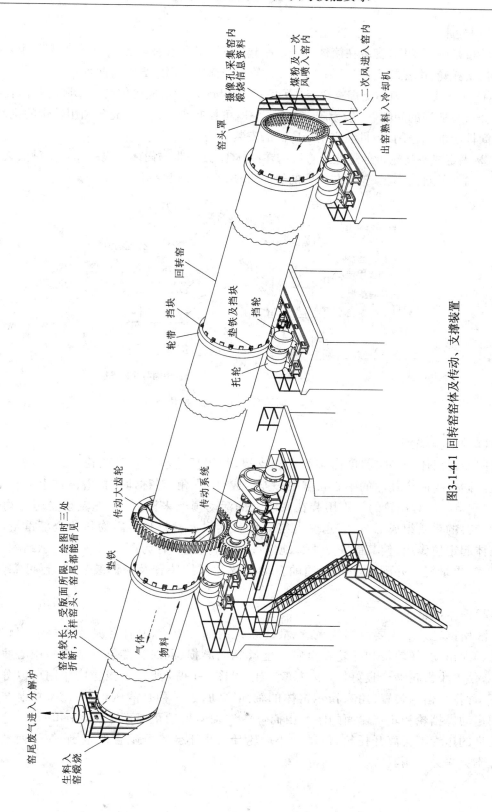

图3-1-4-1　回转窑窑体及传动、支撑装置

（1）轮带

轮带是圆形钢圈，套装在筒体上随窑一起回转。轮带在托轮上滚动，因此窑的重量是靠轮带传给托轮，由托轮支撑，见图3-1-4-2。轮带与筒体的固定方式有两种：

① 活套式　在筒体上焊有垫板（厚度20～50mm），为适应筒体的热膨胀轮带内径与垫板外径留有适当的间隙（一般为3～6mm），它既可控制热应力又可充分利用轮带的刚性，使之对筒体起加固作用，是目前应用最广泛的安装方法。

② 固定式　将轮带通过垫板直接铆在筒体上，使轮带与筒体构成一体。这种安装方式限制了筒体的自由膨胀，轮带与筒体的热应力较大，现在很少用了。

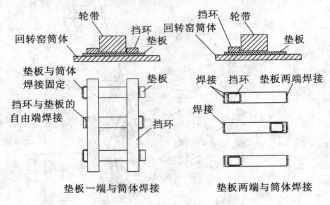

图3-1-4-2　回转窑筒体、垫板、挡块、轮带

（2）托轮与轴承

回转窑筒体按一定斜度由多组托轮支撑，每组托轮包括一对托轮、四个轴承和一个底座。同一组两个托轮的中心与窑中心连线成60°夹角，对称地支撑着筒体上的轮带，见图3-1-4-3。每对托轮的间距用装在底座上的活动顶丝来调节（使托轮承受压力均匀）。是回转窑的重要组成部分，它承受着窑筒体及其耐火材料和窑内物料的全部重量，并对窑筒体起定位作用，使其能安全平稳地进行运转，支撑装置为调心式滑动轴承结构，其结构紧凑、重量轻。并配置了润滑油的自动加热和温控装置及测温装置，运行可靠，适应性强。

2）液压挡轮

液压挡轮系统主要由挡轮系统、液压系统两部分组成，其任务是用来控制回转窑窑体的轴向窜动，使轮带和托轮在全宽上能够均匀磨损，同时又能够保证窑体中心线的直线性，使大小齿轮啮合良好，减少功率消耗，见图3-1-4-4所示。挡轮按作用可以分为两种，一种作为信号装置，用来指示窑体的轴向窜动，另一种是液压挡轮，用来控制窑体的轴向窜动。挡轮和轮带侧面的距离由筒体允许轴向窜动距离而定（20～40mm），这样保证轮带的边缘不会离开托轮，传动大小齿轮牙齿也不会离开啮合的范围，筒体两端密封装置不会失去作用。

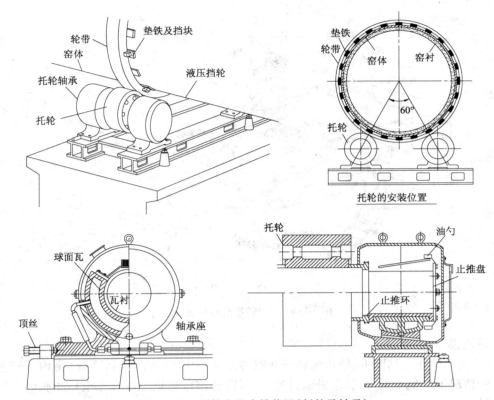

图 3-1-4-3 回转窑的支撑装置（托轮及轴承）

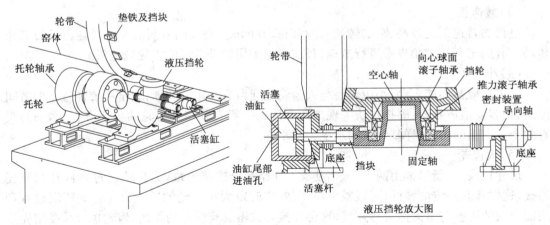

图 3-1-4-4 液压挡轮

3）传动装置

回转窑是一个慢速转动的设备,传动装置由电机、减速机、大小齿轮所组成,见图 3-1-4-5。套在窑体上的大齿轮的中心线与窑的中心线重合。

（1）主电机（动力马达）

回转窑载荷的特点为恒力矩、启动力矩大、要求均匀地进行无级变速。可采用单边传动,多数采用双边同步电机。采用双边传动便于布置,也省投资,比较适合于较为大型的回转窑。

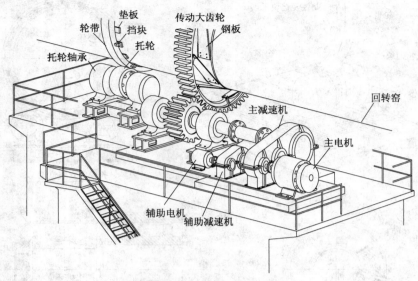

图 3-1-4-5 回转窑的传动装置

（2）辅助电机

主要是为防止突然断电,辅机慢转或间隙转窑可防止窑体在高温、重载(窑内有较多的余料)的情况下发生变形,回转窑升温过程中,间隙转窑以防止还没有完全热膨胀起来的耐火砖错位甚至脱落。

（3）减速机

电机的转速都比较高,窑的转速一般都在 3r/min 左右。两者间需要有减速机进行减速传动。有的窑利用三角皮带进行减速,目前广泛采用的是普通的齿轮减速机。

（4）小齿轮

为了适应窑体的窜动,小齿轮要与大齿轮之间留有一定的间隙,新窑更要注意。两者间隙小,很容易造成咬合、磨损加快等现象。小齿轮一般安装在大齿轮的斜下方,受水平与垂直两个方向上的力,这样基座受的水平力就小些。

（5）大齿轮

尺寸比较大,所以都由两半(或者更多块)经螺栓连接组成,大齿轮通过弹性片与窑壳连接,这样具有一定的弹性,可以减少因开、停窑时对大小齿轮的冲击力。有的厂家也有利用固定式的螺栓与窑筒体进行连接,这种连接方式不具有缓冲的作用,齿轮也容易受窑壳热膨胀的影响。

4）密封装置

回转窑热工制度的稳定是熟料煅烧质量的根本保证。从工艺角度讲,就是要保证物料量、燃料量、空气量的一定比例关系及物料的平衡。但是窑是在负压下的操作,凡是有空隙的地方空气就要进入,物料的粉尘也会外溢,窑内热工制度平衡就会遭到破坏,影响窑内物料的正常煅烧,导致熟料质量下降。因此凡筒体(窑头、窑尾)与固定装置的连接处都必须设有密封装置。

窑的密封形式有非接触式(迷宫式、气封式)和接触式(端面磨擦、径向摩擦)两类:

（1）迷宫式密封

气流经过曲折的通道,产生流体阻力,使漏风减少。由固定在烟室（或活动窑头）上的静止密封环和固定在筒体上的活动密封环组成（两密封环不接触）。根据气流通过方向的不同,有轴向和径向两种形式,见图 3-1-4-6 所示。其优点是结构简单、几乎没有磨损,但密封效果较差。

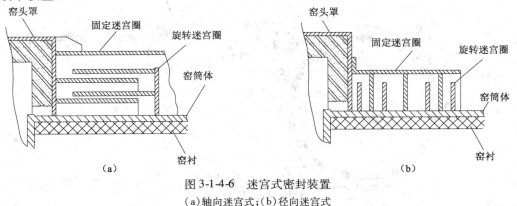

图 3-1-4-6 迷宫式密封装置
（a）轴向迷宫式；（b）径向迷宫式

（2）气封式密封

这种密封方式是运动件与静止件完全脱离接触,全靠气体密封,在密封处形成正压或负压（负压抽出的气体含有粉尘,需要净化后排入大气,系统变得复杂了,故不被采用）,一般用于窑头密封。对于预分解窑来讲,窑头物料温度达 1300℃ 以上,窑口处采用耐热钢扇形护板来保护,使筒体钢板免受高温的直接辐射。即使是这样,筒体端部仍然会烧成喇叭口,且窑口护板使用寿命短。为此希望密封件与筒体之间有较大的间隙,以利于冷空气冷却筒体端部和窑口护板,延长其使用寿命,虽然会漏入少量的冷空气,但已被预热,对热效率影响不大,故可以采用气封。

图 3-1-4-7 是典型的正压气封式窑头迷宫密封装置。用法兰将风嘴、密封罩与活动摇头连接,外边设专用鼓风机,少量冷空气由若干个风嘴吹入,由于隔热套（风冷套）把冷空气引入位于筒体断面的环形通道内,在整个圆周上形成一股自下而上的气流,然后再从隔热套和窑护板所形成的环形缝隙出来。这部分空气的压力高于活动窑头内的压力,故能形成气幕密封。

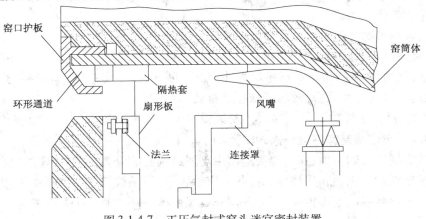

图 3-1-4-7 正压气封式窑头迷宫密封装置

（3）气缸式密封

该密封主要靠两个大直径的摩擦环（一动一静）端面保持接触，由若干个气缸加压来实现密封。为了使静止密封环能做微小的浮动（以适应筒体的轴向位移），缠绕一周的石棉绳进行填料式密封，这种密封装置既适应于窑头，也适应于窑尾，图 3-1-4-8 是窑尾气缸式端面摩擦密封装置。

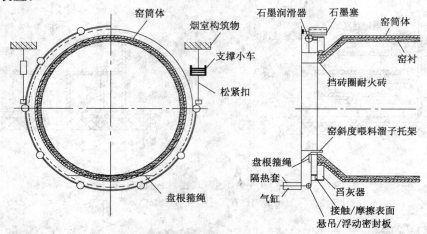

图 3-1-4-8　窑尾气缸式端面摩擦密封

这种密封装置的浮动密封板悬吊在小车上，在一周均布 10 个气缸（装有隔热罩，防止窑温辐射）的作用下，压紧在随窑转动的密封环上。用石墨润滑接触表面（为了减少衬板磨损），石墨塞装在转动环衬板的固定螺栓头上，在浮动密封板上装有若干个受弹簧压紧的石墨棒，穿过静止的衬板压在回转的衬板面上。随窑回转的深勺舀灰器及时舀起窑尾漏灰，撒入进料溜子重新回窑。一圈具有钢丝芯的石棉绳装在填料压盖内，通过箍绳和重锤的作用缠紧在烟室的颈部上，既允许浮动，又保证密封。下部的两个气缸与其他气缸反向安装（固定在烟室而不是浮动密封板上），以平衡接触环面在一周上的压力，并且躲开可能出现的漏料，采用两套压缩空气管路分别向上、下两部分气缸供气，由各自的调节器控制气缸压力。

（4）石墨密封

石墨块在钢丝绳及钢带的压力下紧贴筒体外壁周围（阻止环境空气从从缝隙处漏入窑内）可并以沿固定槽自由活动，见图 3-1-4-9 所示。石墨块之外套有一圈钢丝绳，此钢丝绳绕过滑轮后，两端各悬挂上重锤。石墨有自润滑性，摩擦消耗功率少，窑筒体不易磨损。

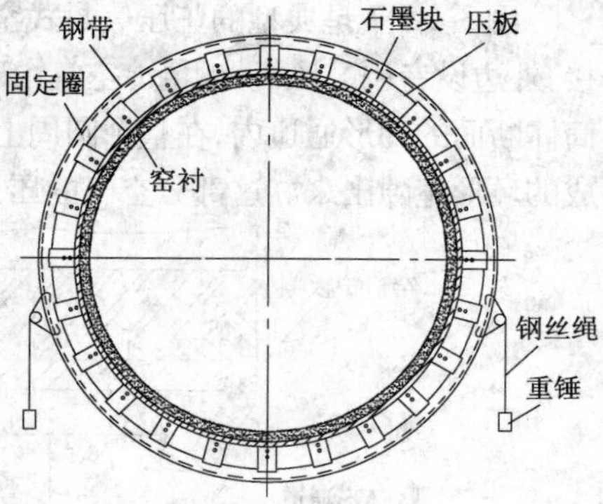

图 3-1-4-9　石墨密封装置

3.1.4.4　燃烧器怎样把煤粉送入窑内？

生料从窑尾进入到窑内，在向窑头运动中需要继续吸热升温至 1400℃ 左右才能烧成熟料。往回转窑内送煤供熟料煅烧用的设备是煤粉燃烧器（喷煤管），见图 3-1-4-10 所示。目前多采用三风道或四风道煤粉燃烧器（头部结构见图 3-1-4-11、图 3-1-4-12 所示），由喷煤嘴和喷煤管两部分组成，从窑头伸进窑内，煤粉随罗茨风机产生的一部分送煤风以一定的流速

124

从喷煤嘴喷入窑内,在由高压离心风机或罗茨风机内外旋流风的作用下,与周围的热空气接触后进行燃烧,形成一定的火焰形状,将热量传给生料。

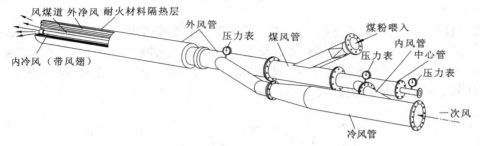

图 3-1-4-10 煤粉燃烧器(喷煤管)

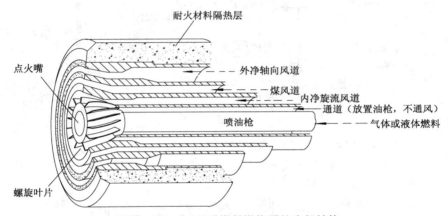

图 3-1-4-11 三风道煤粉燃烧器的头部结构

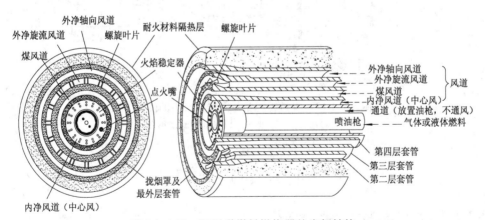

图 3-1-4-12 四风道煤粉燃烧器的头部结构

这种多风道喷煤嘴由四部分组成,由外到内分别为:外圈一次空气、煤粉圈、内圈一次空气以及最内圈的喷油管(喷油管只在点火或者没有煤时才使用)。各风道都有各自的动力系统、阀门调节系统等,调节火焰非常方便。

窑内的火焰需要根据煅烧情况前后移动,所以喷煤管设有前后伸缩装置,在靠近窑头的一段作成直径较大的套管,把煤粉套管套起来,并严密结合。套管上装有牙条,与装在支架上的齿轮相啮合,用手动或电动将齿轮转动时,套管即可沿直线方向前后移动,可使喷煤嘴前后伸缩,达到调整火焰位置、稳定热工制度的目的。煤粉燃烧器与回转窑窑头的位置关系见图 3-1-4-13 所示。

喷煤管所处的工作环境是相当苛刻的,不仅管内承受着高速气流及燃料的冲刷,而且外部处于窑门罩 1000℃ 以上的高温环境以及大小熟料颗粒的冲刷,端部还经常在"蜡烛"的重压之下,承受着巨大的"委屈"。因此,燃烧器的气流通道采用耐磨钢材,端部采用耐热钢材,筒体部分采用耐火浇注材料。

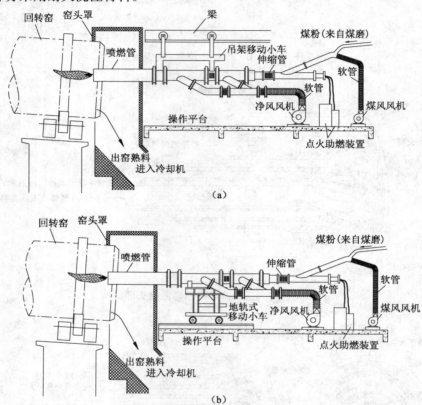

图 3-1-4-13　煤粉燃烧器与回转窑窑头的位置关系
(a)吊架及移动小车;(b)地轨式移动小车

3.1.5　篦式冷却机

3.1.5.1　出窑熟料为什么要冷却?

出窑熟料温度大约 1300℃,必须要对它进行急冷处理,其目的在于:

1)降低熟料温度

燃料燃烧产生的热量约有 30%～40% 被熟料带走,冷却可以回收出窑熟料中的热量,提高入窑二次空气温度,同时可以通过风管作为三次风送到窑尾部的分解炉,提高炉内温度,使大部分生料在入窑之前发生碳酸盐分解反应,为熟料的烧成加快了速度。三次风还可以用作生料粉磨和煤粉磨时的烘干之用。多余的热量还可以发电,降低生产成本。同时也便于输送和储存。

2）改进熟料质量

改进熟料质量，提高熟料的易磨性。熟料经过急冷后可以减少 MgO 结晶成为方镁石，对于含镁较高的熟料可防止由镁引起的安定性不良问题，再有就是熟料的 C_3S 含量较高，易磨性较好，有利于降低熟料粉磨的单位电耗。

3.1.5.2 篦式冷却机的结构是怎样的？

用于冷却熟料的设备是篦式冷却机（简称篦冷机），自 1937 年美国富勒公司（Fuller）研制并用于窑系统以来（在此之前是多筒或单筒冷却机，现已淘汰），已由最初的第一代篦冷机（斜篦床，斜度 10°～15°、统一供风、薄料层操作），发展为第二代篦冷机（倾角降为 3°～5°的平篦床、多室分别供风、厚料层操作，我国一些水泥厂仍在使用，见图 3-1-5-1 所示）。而现代化水泥厂大都采用的是第三代（见图 3-1-5-2 所示）或第四代（见图 3-1-5-7 所示）篦式冷却机作为出窑熟料的冷却设备。篦式冷却机有多种型号，如德国洪堡、伯力鸠斯公司以及美国的富勒及丹麦的史密斯等。我国于 20 世纪 90 年代初开始研发第三代篦式冷却机，吸收了部分国外的阻力篦板及空气梁技术，研发制造了 TC 型（天津水泥工业设计研究院研发）、NC 型（南京水泥研究设计院研发）、KC（南京凯盛水泥技术工程有限公司研发）等第三代及第四代篦式冷却机，并广泛应用于国内大型现代化水泥厂熟料生产线上。

不同类型的冷却机的结构有一定的差异，所采用的篦板不同，但工作原理是基本相同的，即高温熟料从窑口自然落入篦床，沿篦床全宽分布开，形成一定厚度的料床，通过篦板往复推动逐步推至后续篦床使熟料前行，经各冷却风机鼓入的冷却空气由下向上吹入篦床，将铺在篦板上成层状的熟料加以骤冷，使其温度由 1300℃ 逐渐降至环境温度 65℃，达到冷却目的。冷却的大量废热气体除了作为入窑二次风供煤粉燃烧之用外，另有一部分去窑尾分解炉促进炉内的煤粉燃烧，再剩余的废热气体用作煤磨烘干、余热锅炉发电。

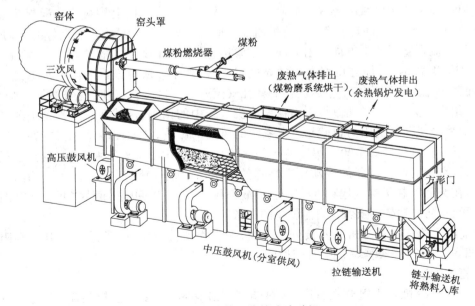

图 3-1-5-1 第二代篦式冷动机

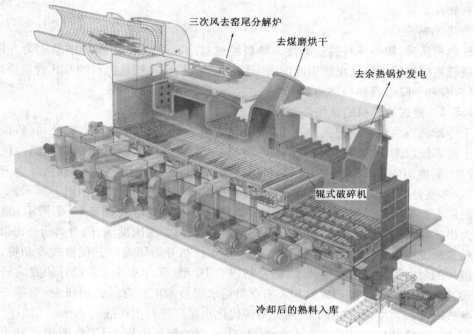

图 3-1-5-2　第三代篦式冷却机

3.1.5.3　第三代篦冷机

1)"充气梁"篦板(阻力篦板)

充气梁高效篦板是"充气篦床"的核心机件,采用整体铸造结构(国外多为组合结构),以减少加工量并有良好的抗高温变形能力。采用充气梁篦板可以细化篦板上的风量分配,使篦冷机可以以局部区域的形式划分供风单元,从而根据冷却机上物料的分配规律来合理地分配风量,达到最佳的工作状态。篦板内部气道和气流出口设计力求有良好的气动性能,出口冷却气流顺着料流的方向喷射并向上方渗透,强化冷却效果。充气梁"充气篦板"的气流出口为缝隙式结构,加之良好密闭的充气梁小室,几乎使所有鼓进的冷风都通过出口缝隙,因而其气流速度明显高于普通篦板的篦孔气流速度。这一特点使"充气篦板"具有两个特性:一是高阻力,它可增加篦板阻力在篦冷机系统中的比例,这就在一定程度上降低了料层波动对篦冷机系统的阻力也就是供风系统的风量的影响,从而使冷却风机能在一定的范围内稳定供风,确保冷却效果。另一特点是气流具有高穿透性,这有利于料层深层次的气固热交换,特别是对红热细料的冷却更有特殊的作用,有利于消除"红河"现象。为防止雪人的形成,在头部安装了空气炮和推"雪人"装置系统,通过可控间隔时间的"开炮",及时清理过多的积料,防止"雪人"形成,确保设备的正常运行。

目前国产第三代篦冷机的篦板分为三类:一类类似传统型,一类像德国 IKN 高阻力篦板(见图 3-1-5-3),一类像整板中有凹槽(见图 3-1-5-4)。

2)篦床配置

充气梁篦冷机采用组合式篦床,入料端采用阶梯篦床、多风室控制流,将高温熟料急剧冷却,在很大程度上提高了熟料的质量,熟料分布均匀可使冷却气流在最大温差下进行良好的热交换,保证高的热回收率。高速气流在阶梯篦板表面的冲刷作用可有效地保护箅板不被烧损,均匀分布部分流态化的熟料层,为整个冷却系统提供了好的条件,并可防止后面的箅板受磨损或被烧坏。箅冷机一段前五排为固定式充气梁,后四排为活动式充气梁,一段其余箅板全部为高阻力箅板,二段为改进型箅板,箅床分为高、中、低温三区,采用不同的配风。

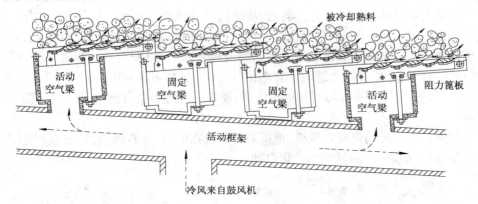

图 3-1-5-3　阻力箅板、空气梁及供风示意图

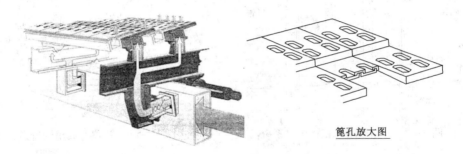

图 3-1-5-4　整板中有凹槽箅板

（1）高温区

即熟料淬冷区和热回收区,在该区域采用充气梁高阻力控制流箅板,其中前端采用若干排倾斜 15°固定或倾斜 3°的活动充气梁,以获得高冷却效率和高热回收率。在高温区采用"固定式充气梁"装置,还将大大降低热端箅床的机械故障率。

（2）中温区

采用低漏料阻力箅板,该箅板有集料槽和缝隙式通风口,因冷却风速较高而具有较高的箅板通风阻力,因而具有降低料层阻力不均匀影响的良好作用,有利于熟料的进一步冷却和热回收。

（3）低温区

即后续冷却区。经过前端充气箅板区和低漏料箅板区的冷却,熟料已显著降温,故仍采用改进型箅板,完全可以满足该机的性能要求。采用新结构的活动框架及防跑偏装置,保证了组合箅床构件的稳定和可靠。

3）鼓风机系统

在高温区采用充气梁供风或采用充气梁和风室混合供风,为防止冷风倒流又设置密封风机,低温区采用风室供风,使出窑熟料得到充分的冷却,热回收效率高。冷却空气通过在篦子凹槽侧面的空气分配沟槽上的孔隙缝(角度朝下,防止熟料进入篦板下的空气梁)进入静止料床。

篦板的充气靠鼓风机通过充气梁(其结构见富勒阻力篦板,图3-1-5-5所示)供给,通过与气体分配总管相连接的一系列分支管道,将风机的冷风输送到充气梁中,篦板封闭的安装在充气梁的空气梁上,两相邻的篦板搭接处采用凹凸榫槽,这样可使篦板自由膨胀和冷缩,并防止细料嵌入。在各分支管道上装有控制阀或调解风门,以调节总风管进入分支管道的风量,移动梁与空气分配分支管道间装有连接软管(洪堡公司认为接头软管不耐用,采用直线滑动管密封,见图3-1-5-6),与空气梁相沟通,使冷空气进入空气梁中,且透过阻力篦板再进入熟料中。

为空气梁供应冷风的是离心风机,根据需要设置在前端、左右两侧或一侧(如图3-1-5-2所示),各风室的风量大小由风压的变化自动调节。

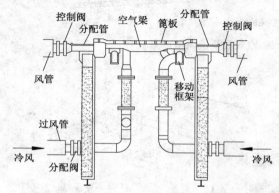

图 3-1-5-5 富勒阻力篦板供风系统

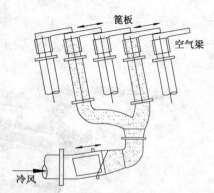

图 3-1-5-6 洪堡直线滑动管道密封

4)熟料破碎机

出窑熟料有的粒度较大,经过冷却后仍然没有减小,必须在冷却机的两段篦床之间或出料口设置一台破碎机(一般为液压辊式破碎机或锤式破碎机),将大块熟料破碎(在3.1.1.4中已述及,见图3-1-1-5辊压破碎机)。

3.1.5.4 第四代篦冷机

从20世纪90年代末开始,出现了与第三代篦冷机高阻力篦板消极空气分布相对立的SF(Smidth—Fuller,史密斯—富勒)交叉棒式第四代篦冷机,其进料部位与第三代可控气流通风完全一致,而后部出现变化,熟料输送与熟料冷却是两个独立的结构(见图3-1-5-7所示),篦床上的篦板全部固定不动,熟料由篦床上部的推料棒(篦床下部的液压缸往复运动带动)往复运动推动熟料向尾部运动。每个风室由一台风机供风,送风至装有自动调节阀的篦板,再穿透熟料层,对熟料进行冷却。具有模块化、无漏料、磨损少、列运动(见图3-1-5-8)、输送效率高、热回收效率高、运转率高、重量轻等特点,我国天津水泥研究设计院、南京水泥研究设计院、南京凯盛国际工程有限公司等相继开发出了TC、NC、KC型第四代篦式冷却机。

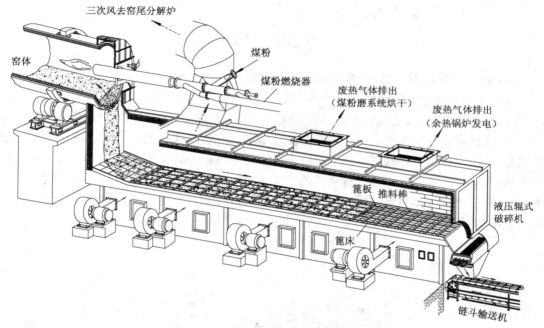

图 3-1-5-7　第四代篦式冷却机

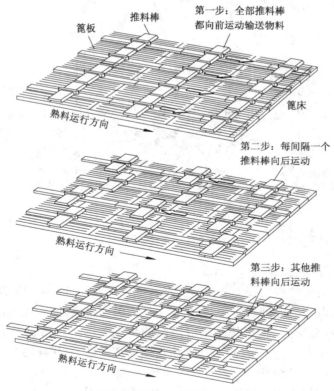

图 3-1-5-8　推力棒列运动情况

3.1.6 增 湿 塔

3.1.6.1 增湿塔设在哪个位置？有什么作用？

窑尾预热系统的废气和原料磨系统产生的废气要经过大型袋式除尘器或电除尘器进行净化,当原料磨停运时,废气温度超过袋式除尘器滤袋允许温度或者达不到电除尘器比电阻的要求,因此在窑尾排风机之后一般需要设增湿塔,如图 3-1-6-1 所示。增湿塔是生产高分散水雾对废气进行增湿降温的一种装置:来自窑尾预热器的烟气从上部进入,高压水从上部以雾状喷入塔内,烟气与水雾进行强烈的热交换,使水滴蒸发成水蒸气,烟气中的粉尘吸附水蒸气,通过增湿塔出口气体温度来控制喷水雾滴以增加烟气湿度和降低温度来降低粉尘的比电阻,达到捕捉粉尘操作的要求,使电收尘器达到最佳运行状态。

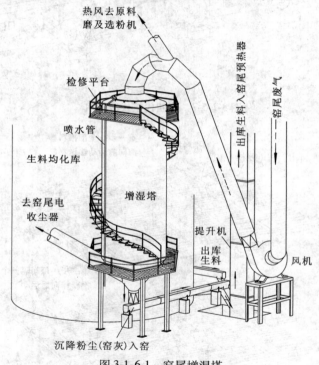

图 3-1-6-1　窑尾增湿塔

3.1.6.2 增湿塔的关键技术是什么？

窑尾含尘气体的流量和温度随生产情况经常变化,必须及时调节喷水(雾)量到给定值上,否则,不是造成湿底故障被迫停产,就是粉尘气体温度过高,使除尘器极板线变形而影响收尘。增湿塔给水(喷雾)自控系统是增湿降温的技术关键。该系统采用顺序控制及多点巡回检测单参量恒温控制的调节方案,主要由塔体循环水路、高压离心泵、三通电磁阀、二通电磁阀、电调节阀、喷嘴、控制机构、温度检测等组成,系统中采用带有比例积分特性并具有连续输出功能的控制器来完成信号输入输出及控制算法,具有提前预测异常情况自动报警和快速泄水功能。喷水管喷出的水分以雾状分布在烟气中并附着在粉尘表面,此时的粉尘易被电除尘器捕集,保证收尘的高效率。

3.1.7 喂料计量设备

3.1.7.1 喂料计量设备的作用是什么?

水泥生产过程中,原燃料、半成品(生料)和成品(水泥)等,要经过各种输送方式送至各生产工序,喂料计量设备是在短距离内输送物料的机械设备。它装设于料仓、筒仓及斗仓等储存装置卸料口,依靠物料的重力作用及喂料设备工作机构的强制作用,将存仓内的物料卸出并按一定数量连续均匀地喂入下一装置中去。喂料设备的重要性能是它能够控制料流,起到定量(计量)喂料的作用,同时,当喂料设备停止工作时,还可起存仓闭锁器作用。喂料设备控制料流的方法,是利用闸板以调节存仓卸料口的料流断面;或是采用变速装置、调速电动机以改变喂料机的工作参数(如转速、速度、振动频率或振幅等),来达到调节物料流量的目的。

3.1.7.2 常用的喂料设备有哪些?

1)叶轮喂料机

叶轮喂料机又称星形喂料机或分格轮喂料机,其结构如图 3-1-7-1 所示,它具有一个能与存仓及受料设备衔接的外壳,中间为叶轮转子,转子由单独的电动机用链轮传动。由于叶轮是由 8~12 个叶片组成的 V 形槽,当物料由壳体上方进料口进入后,落于 V 形槽中,因叶轮由驱动装置带动旋转,故物料随着叶轮的转动而被带到旋转中心的下方落下,从卸料口卸出进入下面的受料设备,此过程连续进行。由于叶片与壳体内壁间隙较小(一般 1~2mm),故又能防止上、下气体的流通,从而具有了较好的卸料锁风功能。

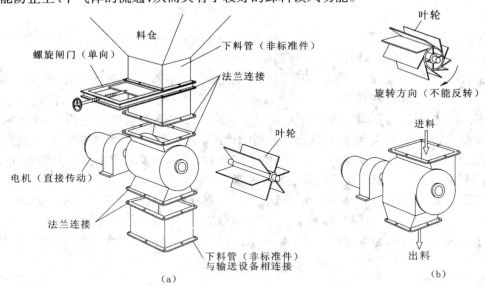

图 3-1-7-1 叶轮喂料机
(a)刚性叶轮喂料机及安装位置;(b)弹性叶轮喂料机

叶轮喂料机有刚性叶轮式和弹性叶轮式两种。刚性叶轮喂料机的叶片与转子铸成整体,如图 3-1-7-1(a)所示,一般用于密闭及均匀喂料要求不高的地方。

弹性叶轮喂料机如图 3-1-7-1(b)所示,它是用弹簧板固定在转子上,因而在回转腔内密

133

闭性能较好,对均匀喂料有保证,在水泥厂一般用作回转窑的煤粉喂料。叶轮的转向只能朝一个方向,不得反转。当要求变速时,可选用直流电动机。当喂料机上部存仓的物料压力较大或物料易起拱,影响均匀喂料时,可选用带有搅拌针的弹性叶轮喂料机。

2)电磁振动给料机

电磁振动喂料机主要由喂料槽、电磁激振器、减振器和控制器组成,见图3-1-7-2所示。

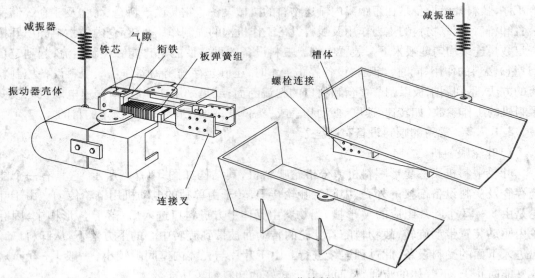

图3-1-7-2　电磁振荡给料机

喂料槽的作用是承受料仓卸下来的物料,并在电磁振动器的振动下将物料输送出去,其截面形式有槽式和管式两种,槽体又可制成敞开和封闭两种形式。

电磁激振器产生电磁振动力,使喂料槽作受迫振动。主要部件有连接叉、衔铁、弹簧组、铁芯和壳体。连接叉和槽体固定在一起,通过它传递激振力给喂料槽;衔铁固定在连接叉上,和铁芯保持一定间隙而形成气隙(一般为2mm);弹簧组起储存能量的作用,用于连接前质量和后质量,形成双质点振动系统;铁芯用螺栓固定在振动壳体上,铁芯上固定有线圈,当电流通过时就产生磁场,它是产生电磁场的关键部件;壳体主要是用来固定弹簧组和铁芯,也起平衡质量的作用,所以质量应满足设计要求。

减振器通常有螺旋弹簧组和橡胶弹簧组两种,它的作用是减少传递给安装基础或安装框架的振动力。减振器由四个弹簧组成,其中两个挂在料槽上,另两个在激振器上。控制器一般为可控硅调节器,它主要用来调节输入电压,使激振力发生改变,从而达到控制喂料量的目的。

3)电子皮带秤

电子皮带秤一般设置在库(仓)底作为配料之用,有恒速定量电子皮带秤(皮带速度恒定)和调速定量电子皮带秤两种。系统中配备喂料机如电磁振动喂料机,通过改变喂料机的喂料量,来实现定量给料的目的;调速定量电子皮带秤系统中不带喂料机,秤本身既是喂料机又是计量装置,通过调节皮带速度来实现定量给料的目的。

(1)恒速定量电子皮带秤

恒速定量电子皮带秤主要由四部分组成,即:喂料机(一般采用电磁振动喂料机)、秤体、称重传感器和速度补偿及显示控制器。如图 3-1-7-3 所示。

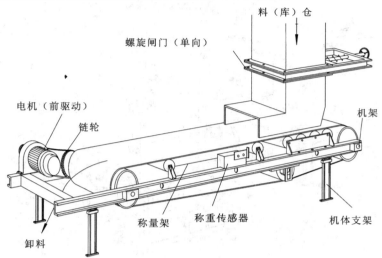

图 3-1-7-3 恒速定量电子皮带秤

　　秤体自重由簧片支点承受,通过调节平衡重锤使秤体处于平衡状态,称重传感器可以视为受力为零(实际应用时需加一定的预压力并在仪表内部调掉),因此没有信号输出,显示仪表为"0"。当进入工作状态时,即喂料机工作,把物料加到皮带上,并随着输送皮带移动,使物料铺到整个皮带上面和送到下一个生产环节。这时,由于皮带上物料的重力作用,使秤架失去平衡,瞬时通过皮带上的物料重量按正比关系作用在称重传感器上,使桥路失去平衡,有电位差信号输出,根据电阻应变传感器的工作原理,其输出电压信号与其所受力的大小成正比。这样,传感器的信号输出值,就是定量喂料秤的瞬时给料的代表量。在实际生产中,往往要求自动调节喂料量,以实现自动定量喂料和配料要求。但是由于物料的粒度、表观密度、湿度以及仓压、出料状态、电网电压、频率等因素的变化,使喂料机的瞬时给料量不能保持一个预定值。因此,采用连续自动调节喂料是必要的。在物料负荷作用下称重传感器输出相应的模拟信号经放大单元放大,转换成 0 ~ 10mA 电流信号,推动瞬时显示仪表,同时,累计流量仪表显示出相应的累计读数。另一方面,根据用户实际要求的喂料量,即设定值以人工或自动给定方式加给控制器,根据测量值和设定值进行运算,如果产生偏差,控制单元发出指令,使喂料机的下料量做相应的变化。从而改变喂料机的下料量亦即秤的喂料量,趋向和达到设定的目标值,使调节控制系统处于稳定状态而实现定量喂料。

　　(2)调速定量电子皮带秤

　　调速定量电子皮带秤是通过调节皮带速度来实现定量喂料的,无须另配喂料机。它是根据重力称量原理设计的短皮带输送机式连续定量给料秤,是机电一体化的自动化计量给料设备。其组成包括皮带机式的称重机架和电气控制仪表两部分,机架包括皮带机、称量装置、称重传感器、传动装置、测速传感器等,电气控制仪表与机械秤架上的称重传感器、测速传感器、交流异步电机通过电缆连接,完成输送物料的称重计量和定量给料控制。其结构如图 3-1-7-4 所示。

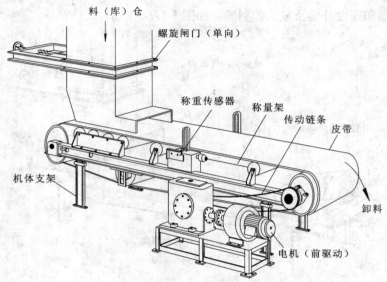

图 3-1-7-4　调速定量电子皮带秤

调速定量电子皮带秤秤体整个秤架为一个系统,两组十字簧片之间为计量托辊,计量称重托辊位于称量段中心,皮带秤秤体无物料时,称重传感器受力为零,即秤的皮重等于零(一般情况下,使称重传感器受力略大于零,即受力起始压力大于零),物料从下料口运行到出料口,物料的重力传送到重力传感器的受力点,称重传感器测量出物料的重力并转换出与之成正比的电信号,经放大单元放大后与皮带速度相乘,即为物料流量。实际流量信号与给定流量信号相比较,再通过调节器,调节皮带速度,实现定量喂料的目的。

叶轮喂料(卸料)器一般安装于均化库低卸料处;在原料配料站中,螺旋闸门及电子皮带秤喂料计量装置安装于配料站的料仓下、入磨前,图 3-1-7-5 是原料配料站。

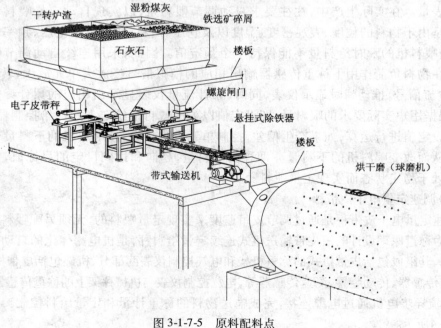

图 3-1-7-5　原料配料点

3.1.8 设备的润滑

摩擦会造成能量的大量浪费,磨损会降低机器及其零部件的使用寿命,只有润滑是减少摩擦、降低磨损的最有效的措施,这润滑及保养工作关系到设备的安全连续运转。

3.1.8.1 设备的润滑方式是怎样的?

水泥的制造过程是复杂的,从原料的开采到制成水泥出厂,需要有上百种设备每天重复着同样的动作为它效力,而每个设备都有多个润滑点,需要经常性地对它们采用相应的润滑装置和润滑方法进行巡检和保养。我们将润滑材料的进给、分配和引向润滑点的原件、器具、装置统称为润滑装置,采用这些润滑装置实现机器设备点润滑的方法成为润滑方式。各个润滑点采用的润滑装置和润滑方式是不完全相同的,让我们看一下这张润滑网络分布图(图3-1-8-1):

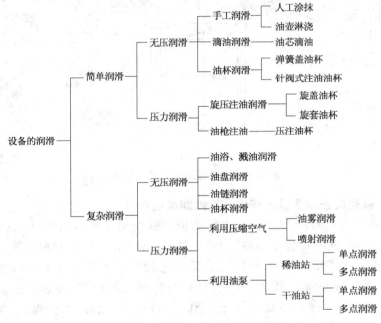

图 3-1-8-1　设备的润滑方式

3.1.8.2 哪类设备适合采用油雾润滑?

(1)组成及作用

油雾润滑多用于大型、重载、高速的滚动轴承、封闭的齿轮、涡轮等装置的润滑。它由分水过滤器、电磁阀、调压阀、油雾发生器、油雾输送管道、凝缩嘴(布置在润滑点上)及控制仪表组成的一套润滑系统,使用的气源必须清洁干净。各零部件将发挥以下作用:

① 分水过滤器:过滤压缩空气里的机械杂质和水分。

② 电磁阀:开、闭压缩空气通道。

③ 调压阀:控制和稳定压缩空气的压力,使提供给油雾发生器的空气压力不受输送管路上压力波动的影响。

④ 油雾发生器:核心部件,集储油、雾化为一体的油雾润滑装置。有时在储油器内还设置有油温自动控制器、液位显示计、电加热器、压力继电器等装置。

⑤ 凝缩嘴:嘴上有细长的小孔,油雾通过时受阻而使密度突然增大和油雾与孔壁发生摩擦,使油雾结合成了较大的油粒。

(2)润滑原理

油雾润滑装置以压缩空气为动力,使油液雾化成 $2\mu m$(微米)以下的微粒,由管道输送到布置在润滑点上的凝缩嘴,通过嘴上细长的小孔,将油雾微粒变成较大的、湿润的油粒子,投向润滑位置,实现润滑。气体及微小粒子经排气孔排入大气。

图 3-1-8-2 显示了由各种零部件组成的油雾润滑装置及润滑点。

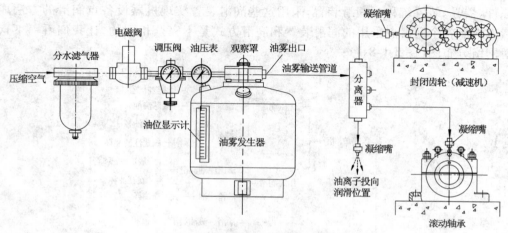

图 3-1-8-2　油雾润滑装置及润滑点

3.1.8.3　哪些设备需要设置整体式稀油润滑站?

球磨机的主轴承、滑履磨轴承、立式磨的推力轴承多采用 XGD、XYZ、GDR 等系列的整体式(各润滑元件统一安装在油箱顶上)高低压稀油站润滑,它们可以实现润滑系统中的流量、压力、温度的自动调节和控制及杂质的滤除等。各系列稀油站的工作原理基本相同:油液由齿轮泵从油箱中吸出,经单向阀、双筒网式过滤器、换热器被直接送到设备润滑点。每台稀油站设有 2 台油泵,一台工作,一台备用。润滑油流程:工作油泵→单向阀→过滤器→冷凝器(夏季使用)→压力继电器→主机设备润滑点→返回油箱→油泵,见图 3-1-8-3、图 3-1-8-4。

稀油站具有过滤、加热、冷却、安全、自控和报警功能,采用 PLC(带 DCS 接口)或继电器两种控制方式。工作时,高低压系统中的工作压力由溢流阀调节,通过压力继电器控制;供油温度由装在出油管路上的铂热电阻来控制加热器和列管式冷却器,自动开停和报警,油温低时,电加热器先行加热润滑油,待油温升至 40℃ 左右时,低压油泵启动,供油压力正常后,启动高压油泵,使油进入静压油腔(由压力控制器控制),压力达到要求后启动主机。运行中如果低压系统供油压力降到某一数值时,备用泵自动打开满足供油,若再下降可就自动报警了。

油箱上装有液位发信器,用来控制油箱内油面的高低,油位高时报警,油位低时发停车信号,由人工去加油。

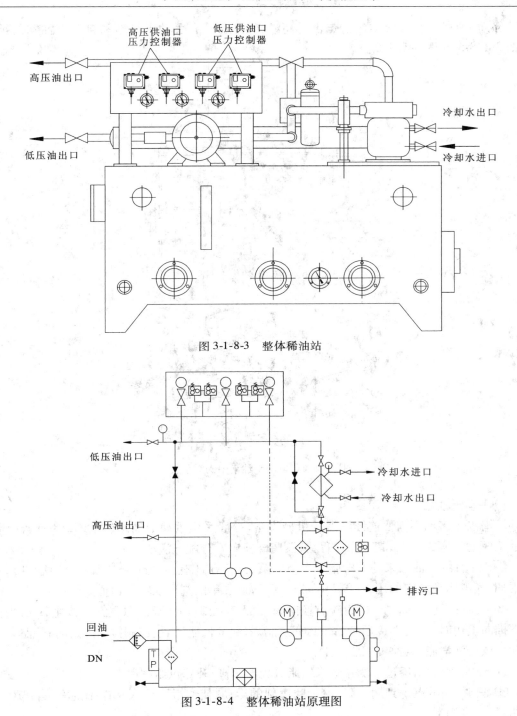

图 3-1-8-3　整体稀油站

图 3-1-8-4　整体稀油站原理图

3.1.8.4　哪些设备需要干油站润滑？

水泥设备中除了大部分采用润滑油润滑以外,还有些设备需采用润滑脂润滑,如破碎机、辊压机的轴承;板式输送机的链条以及开始齿轮(齿轮结构暴露在环境中,对润滑剂的要求更高,如抗氧化、抗灰性强)等。干油站就是采用润滑脂作为机械设备摩擦副的

139

润滑介质,通过一套系统向润滑点供送润滑脂的装置,有手动干油站和自动干油站两类,见图 3-1-8-5 和图 3-1-8-6。

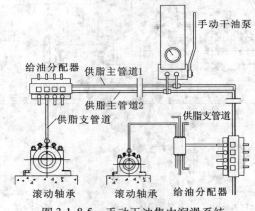

图 3-1-8-5 手动干油集中润滑系统

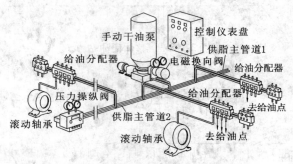

图 3-1-8-6 电动干油集中润滑系统

1)手动干油站

润滑点不多和不需要连续润滑的机械设备,一般采用手动干油站(如 SGZ-8 型)润滑。由手工驱动柱塞式油泵,其工作过程为:压脂—换向—分配—润滑。

① 压脂:由吸油泵来的润滑脂进入干油泵的储脂筒(有两个卸脂口和一个回脂口),摇动手柄,润滑脂在一定的压力(0.7MPa)作用下,通过单向阀进入输脂通道。

② 换向:手动干油泵内部设置有换向阀,由人工控制润滑脂输向主管 1 或主管 2,当换向阀推向里边时,管路 1 接通开始供送润滑脂,管路 2 回脂,当换向阀拉向外边时,管路 2 接通开始供送润滑脂,管路 1 回脂。

③ 分配:润滑脂经过过滤器进入给脂分配器,分成几路供给润滑点。

④ 润滑:润滑点得到润滑脂,由于摩擦副的运动,使润滑脂流入摩擦副的楔形间隙,建立油膜,实现润滑。

2)自动干油站

自动干油站是一种由电动机驱动,经减速机带动柱塞泵而排出润滑脂的供油装置,一般与双线给油器配合使用,由安装在管路末端的压力操纵阀控制电阀的换向或停车,实现交替系统主管供脂或停车的功能。其工作过程为:压脂润滑—换向等待—启动输脂。

① 压脂润滑：电动干油站供送的压力润滑脂经电磁换向阀、过滤器,沿输脂主管1经给油器由输脂支管送到润滑点(轴承摩擦副),实现润滑。

② 换向等待：当所有给油器工作完毕,输脂主管内的压力迅速提高,使得装在输脂主管末端的压力操纵阀克服弹簧阀力,滑阀移动触碰限位开关接通电信号,电磁阀换向使输脂通路由原来的通道1改变为通道2,同时操作盘上的磁力启动器断开,电机停止工作。

③ 启动输脂：按照加脂周期,到一定的时间间隔后,在电气仪表上的电力气动控制器(PLC)使电机启动,干油站的柱塞泵即按照管路2的通道向润滑点压送润滑脂,管道1卸荷,多余润滑脂回到储油箱。

3.1.9 液压装置及控制

液压传动在水泥生产设备中有着广泛的应用,如回转窑的液压挡轮运动、篦式冷却机的液压传动和立式磨的磨辊加压等,都是以液体作为工作介质,依靠密封容积的变化和液体内部的压力传递和运动,先将机械能转化为液压能,再将液压能转化成机械能做功,完成能量传递工作。

3.1.9.1 液压传动系统的组成是怎样的?

以回转窑挡轮液压控制系统为例：主要由动力元件、执行元件、控制调节元件和辅助元件组成：

(1)动力元件

使工作介质(液压油)产生压力能并将能量输送至执行元件的装置,如齿轮泵、螺杆泵、柱塞泵、叶片泵等。

(2)执行元件

把液体的压力能转化为机械能来实现物体的直线往复运动、旋转运动或摆动的装置,如液压缸。

(3)控制调节元件

包括单向阀、溢流阀、调速阀等,通过调节和控制液体的压力、流量及方向,使执行元件的速度、作用力大小及方向得到控制并实现液压系统的过载保护、程序控制。

(4)辅助元件

除以上三个组成部分以外的其他元件,如蓄能器、滤油器、冷却器、加热器、油箱等。

启动窑体转动的同时启动油泵,油泵与电磁换向阀有电气连锁装置,使二位二通电磁换向阀处于长闭状态,此时油从油箱中吸出,经过滤器吸入油泵。压力油经单向阀、溢流节流阀后,进入油缸,推动油缸迫使窑体上窜。当挡轮座的碰块移动到上限位开关相碰时,使电磁换向阀通电,变成接通状态,并同时使电机停止。此时窑体在下滑力的作用下缓缓下滑,并将油缸中的油排出,经调速阀和电磁换向阀流回油箱。当窑体下滑,挡轮座碰块碰到下限位开关时,电机又接通电源而电磁换向阀断电,使通道闭合,挡轮重新推窑体上窜,如此周而复始地进行,见图3-1-9-1。

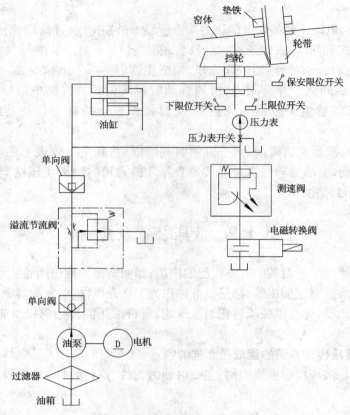

图 3-1-9-1　液压挡轮工作原理

3.1.9.2　液压泵是压送液体的动力源

液压泵是液压系统中的主要元件,它的任务是对液压油加压并输送,将电机产生的机械能转变为液体压力能,实现对所控设备润滑点的润滑。液压泵有多种:

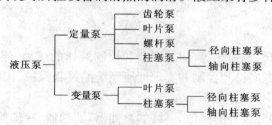

稀油站、液压挡轮、篦式冷却机的液压传动常使用齿轮泵、螺杆泵和柱塞泵,属于容积式泵,靠密封式的工作容积发生变化进行工作,让我们来看看这几种泵吧。

(1)齿轮泵

齿轮泵由泵体和装在泵内的一对相互啮合的圆柱齿轮组成,齿轮的齿顶、端面与泵体的内腔表面及两个端盖之间形成了密封的空间容积,该容积又被两个相互啮合的齿轮分为吸油和压油两个部分。当电机带动主动齿轮逆时针旋转时,左端两对齿轮逐渐进入啮合,使空间容积逐渐减小,油压上升,油被挤出,右端两对齿轮逐渐脱离啮合,使空间容积逐渐增大,油压下降,形成局部真空(负压),油被吸入空间,见图3-1-9-2。

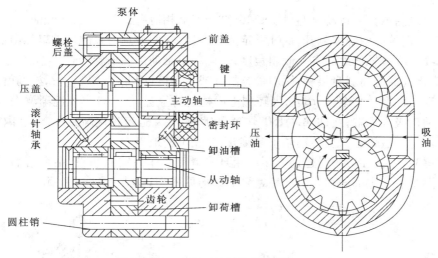

图 3-1-9-2　齿轮泵的结构及工作原理图

齿轮泵有单级、双级和双连泵等,一般常用的是外啮合的直齿圆柱齿轮油泵,大流量的润滑系统也可采用小角度斜齿圆柱齿轮油泵。

（2）螺杆泵

螺杆泵的流量大、噪声小、可靠性高,但结构较复杂。通常根据螺杆根数的不同分为单螺杆、双螺杆、三螺杆和五螺杆几种,图 3-1-9-3 是三螺杆泵的结构图。泵体的左端开有吸油口,右端为排油口,润滑孔对轴承润滑。相互啮合的螺杆啮合接触线将主动螺杆与从动螺杆的螺旋槽分割成互不相通的密封容积,当主动螺杆旋转时,依靠螺旋线的瞬间变化,吸油密封腔容积不断扩大,形成部分真空,油液被吸入,完成吸油过程;当主动螺杆旋转一周时,瞬时密封容积的油液沿螺杆槽轴向移动一个导程的距离,随着螺杆的旋转,排油密封容积不断变小,油液由排出口排出,完成压油过程。

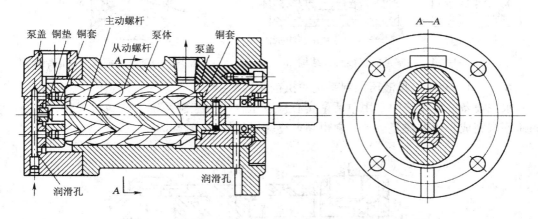

图 3-1-9-3　三螺杆泵的结构图

（3）柱塞泵

在冷却机的液压传动系统中采用轴向柱塞泵,让它随着工作载荷的变化进行油量的调节。轴向柱塞泵一般都由缸体、配油盘、柱塞和斜盘等主要零件组成。缸体内有多个柱塞,柱塞是轴向排列的,即柱塞的中心线平行于传动轴的轴线,因此称它为轴向柱塞泵。它的柱塞不仅在泵缸内做往复运动,而且柱塞和泵缸与斜盘相对有旋转运动,在配油盘上有高低压月形沟槽,它们彼此由隔墙隔开,保证一定的密封性,它们分别与泵的进油口和出油口连通。斜盘的轴线与缸体轴线之间有一倾斜角度,当电动机带动传动轴旋转时,泵缸与柱塞一同旋转,柱塞头永远保持与斜盘接触,因斜盘与缸体成一角度,因此缸体旋转时,柱塞就在泵缸中做往复运动。柱塞从 0° 转到 180°,即转到上面柱塞的位置,柱塞缸容积逐渐增大,液体经配油盘的吸油口吸入油缸;在柱塞从 180° 转到 360° 时,柱塞缸容积逐渐减小,油缸内液体经配油盘的出口排出液体。只要传动轴不断旋转,泵便不断地工作。

为了提高效率,在应用时还通常用齿轮泵或滑片泵作为辅助油泵,用来给油,弥补漏损及保持油路中有一定的压力。轴向柱塞泵的结构见图 3-1-9-4 和图 3-1-9-5。

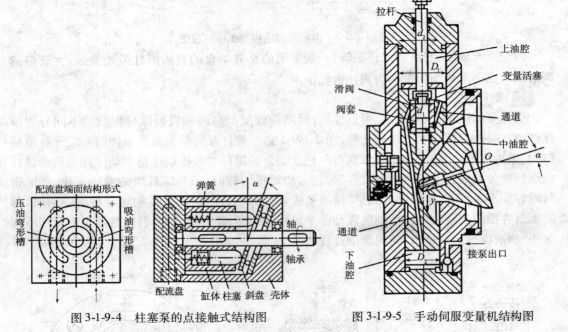

图 3-1-9-4　柱塞泵的点接触式结构图　　　　图 3-1-9-5　手动伺服变量机结构图

3.1.9.3　液压缸是液压控制系统的执行元件

水泥设备液压系统中常用单活塞实心杆液压缸作为控制系统中的执行元件,输出推力和速度来完成物体的往复运动。它也是最终完成元件,见图 3-1-9-6。

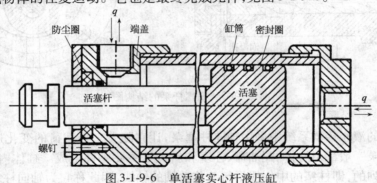

图 3-1-9-6　单活塞实心杆液压缸

液压缸的活塞与缸套形成密封可变空间,把液压油的压力能转化为机械动能并起到导向作用;活塞杆起到传递机械动能的作用,并把活塞的往复运动变换成曲轴的圆周运动;端盖(密封)是形成密封液压腔的一部分,保证高压液压油不会泄漏。

3.1.9.4 液压控制阀都控制什么?

液压控制阀在液压传动中用来控制液体压力、流量和方向的元件。其中控制压力的称为压力控制阀,控制流量的称为流量控制阀,控制通、断和流向的称为方向控制阀。

(1)压力控制阀

利用作用在阀芯上的液压力与弹簧力相平衡的原理来控制系统的压力,按用途分为溢流阀、减压阀和顺序阀,这三种阀从结构上又分为直动型和先导型两种。

① 溢流阀:见图 3-1-9-7(直动型)和图 3-1-9-8(先导型)。控制液压系统在达到调定压力时保持恒定状态;同时也用于过载安全保护,当系统发生故障,压力升高到可能造成破坏的限定值时,阀口会打开而溢流,以保证系统的安全。

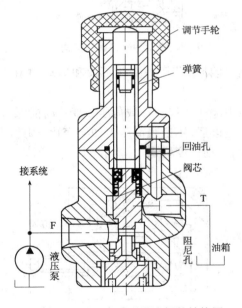

图 3-1-9-7　直动型溢流阀的结构图

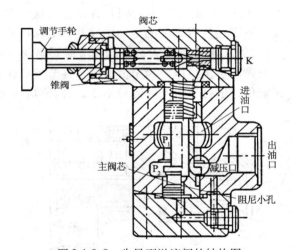

图 3-1-9-8　先导型溢流阀的结构图

② 减压阀:减压阀的作用是控制出口压力,使其低于进口压力。按所控制的压力功能不同,又可分为定值减压阀(输出压力为恒定值)、定差减压阀(输入与输出压力差为定值)和定比减压阀(输入与输出压力间保持一定的比例),图 3-1-9-9 是定值输出先导型减压阀的结构图。

③ 顺序阀:图 3-1-9-10 直动型顺序阀的结构图,其作用是使一个执行元件(如液压缸、液压马达等)动作以后,再按顺序使其他执行元件动作,当进油口压力小于设定值时,阀口关闭;当进油口压力大于或等于设定值时,液压油通过进油孔将阀芯顶起,进出油口连通,压力油推动执行元件工作。

(2)流量控制阀

利用调节阀芯和阀体间的节流口面积和它所产生的局部阻力对流量进行调节,从而控制执行元件的运动速度,常用的有节流阀和调速阀。

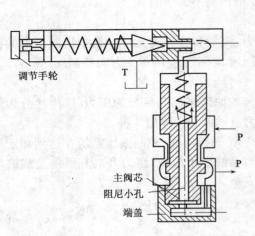

图 3-1-9-9　定值输出先导型减压阀的结构图　　图 3-1-9-10　直动型顺序阀的结构图

① 节流阀:见图 3-1-9-11,在调定节流口面积后,能使载荷压力变化不大和运动均匀性要求不高的执行元件的运动速度基本上保持稳定。

② 调速阀:由定差减压阀和节流阀串联组成,见图 3-1-9-12。在载荷压力变化时能保持节流阀的进出口压差为定值,这样,在节流口面积调定以后,不论载荷压力如何变化,调速阀都能保持通过节流阀的流量不变,从而使执行元件的运动速度稳定。

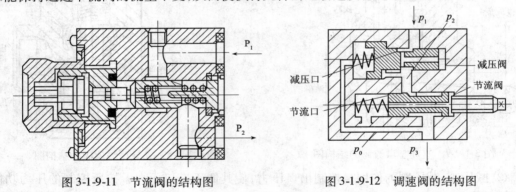

图 3-1-9-11　节流阀的结构图　　　　　图 3-1-9-12　调速阀的结构图

(3)方向控制阀

方向控制阀在液压系统中起通、闭油路作用或改变油液的流动方向,按用途分为单向阀和换向阀。

① 单向阀:控制油液向一个方向流动,由阀体、阀芯和弹簧组成,只允许流体在管道中单向接通,反向即切断,见图 3-1-9-13 所示。

② 换向阀:见图 3-1-9-14(电磁换向)和图 3-1-9-15(可调式液动换向阀),其作用是改变不同管路间的通、断关系;根据阀芯在阀体中的工作位置数分两位、三位等;根据所控制的通道数分两通、三通、四通、五通等;根据阀芯驱动方式分手动、机动、电动、液动等。

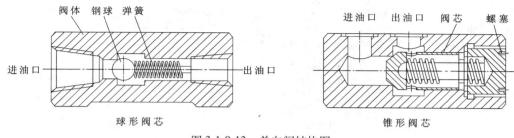

图 3-1-9-13 单向阀结构图

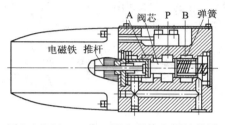

图 3-1-9-14 二位三通电磁换向阀结构图

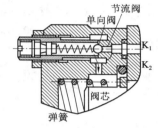

图 3-1-9-15 可调式液动换向阀（一端）

3.1.9.5 液压系统的辅助装置都有什么？

液压系统除了动力元件、执行元件、控制调节元件以外，还有蓄能器、滤油器、冷却器、加热器及油箱等辅助元件。

（1）蓄能器

蓄能器利在液压系统中的作用是储存液压油，需要时重新释放。常用是的充气隔离式蓄能器，这种蓄能器又分为活塞式（利用带密封件的浮动活塞将气体与油隔开，能在很宽的范围内使用）和气囊式（利用氮气来压缩和膨胀来储存和释放油液）两种，见图 3-1-9-16。

（2）滤油器

液压系统中的液压油经常循环使用会将一些机械磨损下来的杂质混入其中，这就需要过滤，采用的元件就是滤油器。滤油器有很多种，以铜网为过滤材料的网式滤油器（安装在吸油口处）；以铜丝绕成滤芯的线隙式滤油

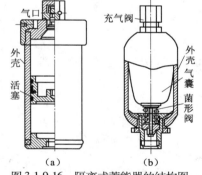

图 3-1-9-16 隔离式蓄能器的结构图
（a）活塞式；（b）气囊式

器；采用平纹或波纹的酚醛树脂或木浆微孔滤纸制成滤芯的纸质滤油器（适于油液的精过滤）；采用金属粉末烧结而成的滤芯烧结式滤油器（适于高温高压系统的精过滤）；还有采用永久磁铁的磁性过滤器。

（3）冷却器

液压系统需要加装冷却器，有水冷和风冷两种。水冷式冷却器又分为多管式、板式和翅片式，多管式冷却器是水泥设备常用的冷却器。

（4）加热器

液压系统中的油温若低于 10℃，不利于油泵的吸入和启动，需要加热器采用电加热的方法将油温升高到 15℃ 左右，加热器一般安装在油箱的侧面，加热部分全浸在油中。辅助装置与油箱的位置关系见图 3-1-9-17 所示。

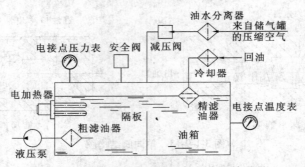

图 3-1-9-17　辅助装置与油箱的位置关系图

3.2 技 能 要 求

3.2.1 生产过程巡检

3.2.1.1 如何对磨机润滑系统进行巡检?

现代化水泥厂的磨机采用压力循环润滑,在这种润滑系统中,通常设有油泵站,通过管道连接减速机各润滑点连续供油。在整个系统中配有油泵、油箱、过滤器和冷却器、显示控制仪表(供油压力表、进油和回油温度表、冷却水进出水温度表)和反馈安全装置等组成。这种方法润滑充分可靠,冷却和冲洗效果好。

生产过程中要确保设备的正常运行,润滑系统承担着非常重要的角色,我们必须要"瞪大眼睛"盯住它,让它"忠贞不渝"地为设备运行服务。

1)设备润滑管理制度

① 明确责任人,根据设备确定的润滑部位,逐一巡检,防止遗漏。

② 根据设备润滑部位的不同表明各润滑点润滑剂的名称、代号,巡检时按润滑剂的牌号实施润滑,不得有误。

③ 根据设备润滑点的使用润滑剂的要求明确每一次加、换油(脂)周期和量的多少,巡检时根据上次加、换油(脂)的时间推算,按量施加。

2)润滑油的"三级过滤"

润滑油的储存、使用必须保持清洁,不允许进入润滑油内形象润滑性能,通常要采取"三级过滤。"

① 一级过滤:油液入厂储存,为滤除运输过程中的杂质和较大的尘粒,在泵入储油罐时要采用100目过滤网进行过滤。

② 二级过滤:油液从储油罐到润滑容器,为消除储存过程中进入的杂质和尘粒,采用80目过滤网进行的二次过滤。

③ 三级过滤:油液从润滑容器到各润滑点,为防止杂质和微尘进入润滑部位,采用60目过滤网进行的第三次过滤。

3)磨机润滑系统的巡检

(1)运转前的巡检

① 各紧固螺栓、地脚螺栓、管道连接螺栓有无松动。

② 各油箱的油量是否充足、油质是否符合要求。

③ 打开冷却水阀门,确认冷却水流量是否达到规定值,以及有无漏水现象。冬季应关闭冷却水并确认内部冷却水排空。

④ 关闭旁路阀门,打开正常流路阀门,并确认油的流量,使油通过油冷却器。

⑤ 打开双连过滤器的一侧,关闭低压油泵的溢流阀,全开通压力表开关。

⑥ 现场检查完毕后,将转换开关达到指定的位置。

(2)运转中的巡检

① 各地脚螺栓和管道连接螺丝有无松动。

② 油泵有无异常振动发热和异音。

③ 各部位有无漏油漏水现象。

④ 确认各温度、压力表指示是否正常,管道有无堵塞、有无空气混入。

⑤ 根据出油口差压压力分析判断过滤器是否堵塞。

⑥ 确认各低压油泵冷却水量大小和出入口温度。

⑦ 高压油泵出口压力应符合磨机启动条件。

(3)停机后的巡检

① 经常检查并紧固松动螺栓。

② 经常检查各部位有无漏油漏水现象。

③ 根据情况经常清洗过滤器,清洗油箱的过滤网。

④ 定期检查油量和油质。

4)减速机润滑系统的巡检

(1)运转前的巡检

① 油箱的油量、油质是否符合要求。

② 确认减速机联轴节润滑状态是否良好。

(2)运转中的巡检

① 油泵各处、供油管路有无异音、漏油、漏水现象。

② 查看供油温度是否保持正常(30～45℃)。

③ 油过滤器是否堵塞,冷却水流量是否正常。

(3)减速机及润滑装置的巡检要注意各仪表的读数

① 油压表:主要指示对减速机润滑系统的供油压力,指示值范围一般为 0.29～0.49MPa,较大的减速机润滑系统的供油压力一般要求在 0.49MPa 左右。

② 流量计:其功能是检测润滑油的变化情况,并能够利用这种变化打开或关闭电接点,自动保护机器,避免由于润滑油流量不足而引起一些的不正常状态。流量计的指示范围一般为 100～120r/min。

③ 温度表:用来指示各部轴承的温度情况及润滑油油温情况,减速机第一级小齿轮轴轴承支架的温度比所供的润滑油温度高 20～25℃,其他轴承支架的温度比所供的润滑油温度高 10℃。

5)稀油站的巡检

(1)认真检查油泵的密封圈是否密闭,如有泄漏,要立即更换。

(2)注意观察过滤器进出口压差(压力表显示),当压差超过 0.05MPa 时,需更换滤芯。

(3)检查冷却器进出口差式压力计,观察冷却水的压差变化,如果压差增大,表明有堵塞,因此要定时清洗。

(4)检查油站管路及连接部位,如有渗漏现象要及时拧紧。

(5)查看油箱内的最低油位也应在油标线以上,若发现有水,要及时换掉。

(6)注意油站的进口压力不得高于 0.4MPa。

(7)要观察油冷却器水质的变化情况,定期进行内部检查和清洗。

(8)定期检查控制仪表的可靠性,适当调整或更换。

3.2.1.2　如何对熟料篦式冷却机进行巡检？

1）开车前的巡查

（1）本体的检查

指篦式冷却机的本体，包括外壳、内部篦板、篦床、各冷却室及观察孔。

① 查看篦板间的间隙以及篦板与护板和边铸件的间隙（符合本厂冷却机类型规定的间隙值）。

② 各篦床传动链与齿块啮合是否正常，传动链上下无异物。

③ 篦板有无烧伤和开裂。

④ 传动轴、托轮、托轮轴及挡轮的润滑情况，活动篦板支撑梁是否良好。

⑤ 确认各充气室内、篦板上、破碎机内无异物。

⑥ 确认各处耐火墙材料是否有剥落、裂缝突出等。

⑦ 篦床、活动梁固定螺栓是否紧固。

⑧ 拉链机输送链松紧是否合适，销轴、护套是否齐全，链板及支撑架有无变形。

⑨ 检查各润滑点及油管是否漏油。

（2）传动装置的检查

① 电机、减速机地脚螺栓有无松动、断裂。

② 润滑部位的润滑情况，润滑油的油质和油量是否符合要求。

③ 曲柄轴与连杆及其他各部件连接处的连接是否紧密可靠。

（3）排料闸阀及卸料灰斗的检查

① 排料闸阀、电容传感器和气缸是否腐蚀和磨损。

② 各连接螺栓和销轴是否紧固。

③ 各部件有无破损和裂缝、壳体是否漏灰。

（4）破碎机的检查

篦式冷却机的熟料破碎一般采用锤式破碎机或辊式破碎机，启动前应从以下几方面仔细检查：

① 电机的地脚螺栓、锤头的连接销是否紧固或点焊。

② 壳体是否完好无损，连接螺栓有无松动。

③ 锤头与破碎板之间的间隙是否符合标准。

④ 传动皮带张紧度是否适中，磨损情况怎样。

（5）冷却风机的检查

① 查看进风口是否有异物，挡风板是否灵活。

② 紧固电机、风机松动的地脚螺栓。

③ 传动皮带的松紧程度是否适中。

④ 风机的磨损情况。

（6）拉链输送机的检查

① 各连接部件是否有松动，各链结点的结合情况是否适宜。

② 支撑轮、张紧轮有无松动。

③ 链条是否正常地拴在支撑轮上，张紧度是否合适。

④ 链条调节变形或断裂、轨道断裂、联轴器柱销磨损或断裂、轴承油隙是否过大。

（7）集中供油装置的检查

① 油箱内的油量和减速机的油量、油质。

② 泵底固定螺栓有无松动,弯管卡口、接头分配阀等的结合缝有无泄漏,过滤网是否堵塞。

2）运转中的巡检

（1）本体巡检内容

① 各部件轴承有无异音、异常振动和过热现象。

② 通过观察孔看箅床上的物料是否均匀,并观察料层厚度及熟料运行情况和漏风情况。

③ 通过各空气室观察漏料的多少,颗粒的大小并观察熟料的颜色(可根据熟料颜色分析判断煅烧程度)。

④ 润滑情况、冷却系统有无漏水现象。

（2）传动装置的巡检

① 电机有无异音、振动及过热现象(温度过高、响声过大或异常、振动过大、电流过大、有异味)。

② 减速机有无异音、振动,有无漏油现象,油位是否正常。

③ 目测液压系统的连接是否紧密可靠,有无泄漏。

④ 各轴承润滑情况是否正常。

（3）排料闸阀及卸料灰斗的巡检

① 闸阀是否灵活、密闭。

② 气缸是否漏气、动作是否灵敏。

③ 电容传感器测量是否灵活、准确。

④ 电磁阀动作是否灵敏、是否漏气。

（4）破碎机的巡检

① 地脚螺栓是否松动。

② 电机、轴承的温度及振动情况,轴承冷却水是否畅通。

③ 观察皮带的运行情况,张紧度是否适宜。

④ 观察熟料颗粒,判断破碎效果及运行情况。

（5）冷却风机的巡检

① 地脚螺栓有无松动。

② 电机、风机轴承是否有振动及异音,温度是否正常。

③ 风机进风口挡风板开度是否合适。

④ 风压风量是否正常。

⑤ 风机叶轮与机壳有无接触摩擦声。

⑥ 联轴器的连接销轴有无断裂,橡皮圈的磨损情况。

⑦ 机体风管有无漏气,有无杂物及异常振动。

⑧ 各润滑部位的润滑情况。

（6）拉链输送机的巡检

① 通过观察孔观察熟料的运送情况,有无堵料现象。

② 拉链机润滑点的润滑情况,是否漏灰、链条的运行情况是否正常。

③ 电机、减速机有无异音,运转是否平稳,轴承温度是否正常。

④ 电机、减速机及轴承的润滑情况。

⑤ 机体内摩擦或磨损是否严重,响声是否正常。

(7)集中供油装置的巡检

① 泵、减速机、电机轴承的响声,温度及振动情况。

② 压力计的指示值是否适当,分配阀是否灵活。

③ 观察油管等输送管道上有无漏油,各润滑部位的润滑效果怎样。

3)篦式冷却机的润滑点

篦式冷却机的润滑点见图 3-2-1-1,润滑卡见表 3-2-1-1。

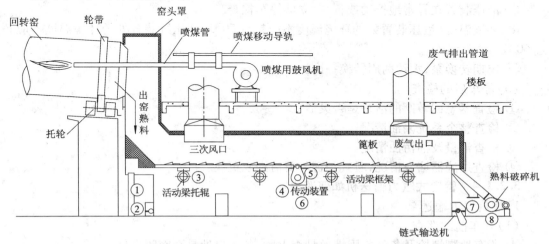

图 3-2-1-1　熟料篦式冷却机的巡检位置和润滑点(①～⑧)

表 3-2-1-1　篦式冷却机的润滑卡

序号	润滑部位	润滑方式	润滑剂牌号	标准填充量	首次加油量	补充周期	补充量
①	翻板阀轴承	压注	1#极压锂基脂	1/2～2/3 油腔	1/2～2/3 油腔	酌情	适量
②	拉链机尾部轴承	压注	1#极压锂基脂	1/2～2/3 油腔	1/2～2/3 油腔	酌情	适量
③	托轮轴承	压注	1#极压锂基脂	轴承内腔 2/3		按需	适量
④	曲柄轴头	涂抹	1#极压锂基脂	适量	适量	酌情	适量
⑤	轴头密封		1#极压锂基脂	适量	适量	酌情	适量
⑥	液压缸	压力	L-CKC32				
⑦	拉链机头部轴承	压注	1#极压锂基脂	1/2～2/3 油腔	1/2～2/3 油腔	酌情	适量
⑧	破碎机轴承	压注	1#极压锂基脂	1/2～2/3 油腔	1/2～2/3 油腔	酌情	适量

3.2.1.3　液压挡轮如何巡检?

液压挡轮的任务是控制回转窑的轴向窜动,并用液压装置来调节,使窑在运转时轴向定位不变。液压系统、泵站需要保持清洁,管道顺畅。润滑系统的油脂需在指定的范围之内。

(1)开车前的巡查

① 地脚螺栓、各联结螺栓是否有松动或断裂。

② 检查各连接处是否漏油。

③ 目测轮带与挡轮接触面的磨损是否均匀,有无表面擦伤。

④ 确认安全阀的压力和压力报警触点的压力的设定值(MPa 不同窑型有具体规定)。

（2）运转中的巡检

① 液压装置运行期间不要开闭阀门。

② 在任何情况下,都不要使挡轮负荷超过规定值(MPa 不同窑型有具体规定)。

③ 窑运行期间,工作部位的异音是否过大,油缸活塞行程是否达到规定值。

④ 油泵的油量是否稳定,油压、油温波动是否正常。检查整个系统中有无漏油(液压油缸漏油会导致压力油箱油位高)。

⑤ 定期检查油箱和压力油箱中的油液及油的污浊情况。

⑥ 定期检查窑行程的极限是否正常。

⑦ 液压装置在异常地振动或冒雾,立即停车检查。

⑧ 环境温度(液压装置处的环境温度不应超过 50℃;液压缸装置处的环境温度不应超过 60℃)。

⑨ 定期转换泵,大约两周转换一次。

（3）停车后的检查

① 检查紧急回转阀的活动是否灵活。

② 检查整个系统漏油情况。

③ 检查油量及油污浊情况。

④ 检查过滤器堵塞情况,看其是否需要清洗或更换。

3.2.1.4 管道式气力输送机如何巡检?

1)螺旋气力输送泵

（1）开车前的巡查

① 所有地脚螺栓及各处紧固螺丝是否上紧,各接口处是否密闭良好。

② 电机与泵轴的连接是否同心,旋转轴旋转是否灵活。

③ 试验各供气管路是否畅通,如有堵塞及时用压缩空气吹扫。

（2）运转中的巡检

① 各压力表指示值是否符合规定,要注意保持喷嘴处压力计的压力值高于输送管道处压力计的压力值。

② 观察各管路接口处有无漏气。

③ 注意输送管路有无堵塞(输送管中及喷嘴处的压力值高于正常压力时,说明供料量过大致使管路堵塞)。

2)仓式气力输送泵

（1）开车前的巡查

① 各连接件螺丝是否紧固,各接口处是否密闭良好。

② 各控制机构、阀门是否灵活。

③ 试验各管路是否畅通,如有堵塞及时用压缩空气吹扫。

④ 按规定的润滑项目向指定润滑点加油。

（2）运转中的巡检

① 经常注意各压力表的指示值,特别要注意指示泵内压力表变化是否正常,最高压力是否越过规定值。

② 观察各管路接口处有无漏气。

③ 注意管路有无堵塞(泵内压力过高且持续时间较长,很可能是管路的某一处堵塞)。

3.2.1.5　罗茨风机如何巡检？

（1）开车前的巡查

① 各润滑点的润滑油是否合适。

② 风机、电机地脚螺栓是否松动。

③ 三角带的松紧度是否正常。

④ 风机过滤网是否完好，有无堵塞现象。

⑤ 逆止阀是否灵活，确认出口管道无堵塞。

⑥ 冷却水是否正常。

（2）运转中的巡检

① 风机各油位是否正常，是否有漏油。

② 风机是否振动、有异音、发热。

③ 风机、电机地脚螺栓是否松动，电机是否振动、有异声、发热。

④ 风机出口压力是否正常。

⑤ 风机过滤网是否堵塞，是否完好。

⑥ 安全阀是否完好，逆止阀是否灵活。

⑦ 风机出口是否漏风。

⑧ 冷却水是否正常。

⑨ 三角带是否正常。

（3）停车后的巡检

① 查看润滑点的油量，更换或添加到正常油位。

② 过滤网，根据情况清洗或更换。

③ 三角带是否需要更换。

3.2.1.6　高温风机如何巡检？

高温风机包括主电机、风机、慢转电机、液力耦合器、润滑装置及辅助设备，设置在窑尾预热器之后和窑头冷却机废气出口处，其拖动电机是水泥生产线上容量最大的电机，一般情况下不允许停机，而是通过关闭液力耦合器来关闭风机，通过电动执行机构调节挡风板来调节风量。生产中每日要巡检风机的振动、噪声、电机电流是否异常等情况，各润滑点的润滑情况。

（1）开车前的巡查

① 确认油箱油位在规定的油标线上，液力耦合器油量是否足够。

② 查看油冷却器的供水准备工作是否完好。

③ 将油泵安全阀的压力设定在规定值范围之内（兆帕）。

④ 确认风机挡板动作是否灵活、关闭到位，指示与中控显示是否一致。

⑤ 冬季启动时，如油温过低需接通加热器开关，关闭阀，在现场启动润滑油泵，使油通过旁路即通过安全阀循环，直到油温达20℃以上。

⑥ 确认风机内无异物，叶轮上无黏附物。

⑦ 目测机壳是否有变形凸起和裂纹。

⑧ 各地脚螺栓、连接螺栓是否紧固。

（2）运转中的巡检

① 手摸轴承的振动情况，振动异常时即停车检查。

② 检查润滑油压力,泵出口压力正常时应大于规定的数值(兆帕)。

③ 油箱油位是否在油标线上,用油量观测计检查泵的供油情况。

④ 润滑油温度,用调节冷却水入口阀一般使油温维持在 40～50℃ 之间。

⑤ 整个系统的各连接处是否有漏油现象。

⑥ 用眼看和耳听风机壳体是否正常、图 3-2-1-2 高温风机的润滑点(①～⑥)有无碰撞声,旋转叶轮是否与机壳接触,如发现音响异常需立即停车;手摸主轴承的温升、振动情况是否超过允许值;壳体和管路有无漏风现象。

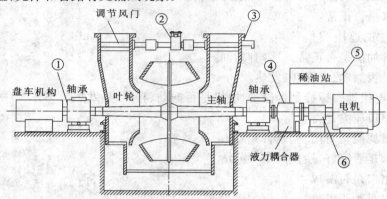

图 3-2-1-2　高温风机的润滑点(①～⑥)

⑦ 观察液力耦合器油温、油压是否正常,系统是否泄漏;联轴器的连接是否可靠,螺栓有无松动。

(3)停车后的巡检

短期停车时:

① 冬季时打开各冷却水阀,放出冷却水。

② 检查润滑油量和油污浊情况。

若长期停车:

① 完全放出轴承及其他设备内的水。

② 闭锁主要阀门、电源和主开关。

③ 清洗润滑油过滤器和冷却水过滤器。

(4)高温风机的润滑点

高温风机的润滑点见图 3-2-1-2,润滑卡见表 3-2-1-2。

表 3-2-1-2　高温风机的润滑卡

序号	润滑部位	润滑方式	润滑剂牌号	标准填充量	首次加油量（L）	补充周期（d）	补充量（L）	换油周期（年）
①	主轴轴承	压力	L-CKC46		250	30	250	1
②	电动执行机构		L-CKC46		5	30	50	1.5
③	阀门铰接点	油枪	1# 锂基脂	按需		酌情	适量	
④	液力耦合器	注入	L-CKC46		500	30	500	1
⑤	稀油站		L-CKC46	油箱油标	100	30	油标	1
⑥	主电机轴承	压力	L-CKC46		250	30	250	1

3.2.1.7 增湿塔如何巡检?

增湿塔设在窑尾预热器之后、电除尘器之前。巡检点要瞄准喷枪、水路、气路、水箱、电动调节阀、还有卸灰装置。定期巡检使其确保良好的运行状态:雾化状况良好、水压正常且无泄漏、压缩空气气压0.6MPa、工作气压0.3~0.45MPa、水箱的水位正常且自控有效、喷枪压力不大于泵压、喷枪压力通常为4~6MPa、卸灰装置无湿底不漏风也不漏灰。如果能做到这样,对提高除尘器的除尘效率具有积极的影响。

(1)开车前的巡查

① 确认螺旋输送机内部无异物,关闭各检查孔并密闭好。

② 检查除尘阀内部是否有工具、螺丝等异物,确认阀瓣的密封良好,关闭检修孔。

③ 用手转动水泵联轴节,确认无异物。

④ 向水泵加入"引水"。

⑤ 确认各喷嘴没有堵塞,检查喷嘴的位置是否正确。

⑥ 选择过滤器相应的手动阀。

(2)运转中的巡检

① 定期检查各轴承的温度是否正常,对于水泵轴承、螺旋输送机及链条、清洗风机轴承等部位,按规定注入润滑油。

② 检查各处是否有异音、振动、漏料、漏风、漏油、漏水等现象。

③ 定期取下喷枪,检查是否堵塞,如堵塞将喷嘴交替地取下清洗。

这里需要注意:检查和清洗喷嘴用过滤器时,手动阀的操作应按下列顺序:

喷水停止:先闭内流阀,后闭外流阀。

喷水开始:先开外流阀,后开内流阀。

④ 喷枪喷嘴用的过滤器,如发生堵塞,及时清扫滤网(在检查清理过滤器时,先关闭手动阀后,再从喷雾枪上卸下软管后进行)。

⑤ 电动液压调节器的油压表,各水压表的指示是否正常。

⑥ 水泵泵体、水管、阀门等是否漏水,螺丝有否松动。冬季运转时,注意水泵、水管等的保温,以防冻坏设备。

⑦ 增湿塔底部内是否积料过多,振打装置振打是否异常。

⑧ 检查增湿塔出口挡板曲柄、连杆、销钉是否松动,轴转动是否灵活。

⑨ 螺旋输送电机、减速机是否异常,传动链有无松动,润滑是否良好及牙轮磨损情况。

(3)停车后的巡检

① 检查增湿塔的内壁,清除粘附的粉尘。

② 打开螺旋输送机的检查孔,检查螺旋叶片上是否粘有粉尘,如果有则要清除。

③ 检查除尘阀,清除内部粉尘,检查阀瓣的动作及密封情况。

④ 清洗或更换水泵的过滤器和喷嘴的滤网。

⑤ 更换添加润滑油。

⑥ 冬季停车时,要防止冻坏设备,要关闭水泵进水口,打开阀座凝结水排出阀;打开内流外流电动阀及手动阀。泵下部凝结水排出阀打开。从喷雾枪上取下挠性软管,排出内部剩余的水。

（4）增湿塔的润滑点

增湿塔的巡检位置和润滑点见图3-2-1-3,润滑卡见表3-2-1-3。

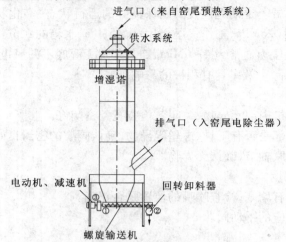

图 3-2-1-3　增湿塔的巡检位置和润滑点

表 3-2-1-3　增湿塔的润滑卡

序号	润滑位置	润滑方式	润滑剂牌号	添加量
1	螺旋输送机轴承	压注	1#锂基脂	适量
2	回转卸料器轴承	压注	1#锂基脂	适量
3	电机轴承	压注	1#锂基脂	适量

3.2.1.8　破碎机如何巡检?

1）颚式破碎机

（1）开车前的巡查

① 认真检查各部件如颚板、轴承、连杆、推力板、拉杆弹簧、飞轮和皮带轮及三角皮带等是否完好,连接螺栓是否紧固。

② 附属设备(喂料机、皮带机、润滑站、电气设备、仪表信号设备)是否完好。

③ 查看储油箱的润滑油量,若油量不足,需补充。

④ 打开润滑部位冷却水管阀门,应有水在流动。

⑤ 确认进口出口无异物。

（2）运转中的巡检

① 要经常检查喂料口有无大块物料被卡住,若有,需用铁钩翻动料块(绝不能用手)。

② 经常查看润滑系统及冷却系统有无泄漏现象,油泵的运转声音是否正常,有无振动。

③ 经常查看润滑的油量、油温(轴承温度不得超过60℃,滚动轴承不得超过70℃)、冷却水量、水温是否合适,回油中是否有金属末或杂质,机器零件有无被腐蚀迹象。

④ 地脚螺栓、连接件紧固螺栓有无松动。

⑤ 电机、破碎机是否振动、异音、发热。

2）锤式破碎机

（1）开车前的巡查

① 确认破碎机侧面盖关好,将限位开关复位

② 确认锤销安装正确、锤头安装牢固,主体螺栓、螺母及销子已紧固。

③ 确认篦条间隙已调好,篦条上无杂物。

④ 确认轴承的润滑油脂加足。

(2)运转中的巡检

① 各轴承是否过热,是否漏油,是否有异音。

② 电机是否过热。

③ 主体机架有无异音,有无异常振动。

④ 轴承润滑油油量是否在规定的范围内。

⑤ 出破碎机粒度有无变化。

⑥ 确认 V 形皮带张紧程度。

⑦ 确认轴承衬板紧固螺栓、地脚螺栓是否松动。

3)反击式破碎机

(1)开车前的巡查

① 地脚螺栓和各部位连接螺栓是否紧固,检修门的密封是否良好。

② 主轴承或其他润滑部位的润滑油量是否足够。

③ 溜槽是否畅通,闸板是否灵活,机内是否有障碍物。

④ 手动转动转子是否灵活,有无摩擦或卡住现象。

⑤ 板锤、打击板有无磨损情况。

⑥ 三角皮带松紧度是否适当,有无断裂、起层现象。

(2)运转中的巡检

① 地脚螺栓及各部位连接螺栓是否有松动或断裂。

② 各部位的响声、温度和振动情况。

③ 润滑系统的润滑情况,定期添加润滑油(脂)或更换新润滑油(脂)。

④ 各部位有无漏灰或漏油现象,轴封是否完好。

3.2.1.9 均化库如何巡检?

生料均化库见图 3-1-3-1,水泥均化库见图 3-1-3-2。

1)开车前的巡查

① 查看输送设备(空气输送斜槽、螺旋输送机)、库顶袋式除尘器、库顶分料器、库底卸料器的润滑加油点的油(脂)量及润滑情况,不应有漏油和堵塞。

② 查看所有设备所需供水、供气的管路是否通畅。

③ 检查各阀门动作是否灵活准确。

④ 检查各种仪表指示和信号联络有效无误。

2)运转中的巡检

(1)空气输送斜槽

库顶入料、库底卸料均装有空气输送斜槽,巡检过程和维护和保养内容同上。

(2)袋式除尘器

在库顶和库底均设有袋式除尘器,用来完成料粉扬尘的抽吸和过滤,巡检过程和维护和保养参照"2.2.1.7 除尘及通风设备的巡检内容有哪些?"和"2.2.2.9 怎样维护与保养

除尘及通风设备?"

（3）库顶多嘴生料分配器

一种分流气力输送装置。是在无水无油的压缩空气的作用下使生料（水泥）在容器内形成流态化,利用多个呈放射状的出料斜槽卸入均化库内,形成多层水平料层,提高均化效果。

① 通过观察孔观察料粉的输送是否通畅,有无堵塞等现象。

② 各连接件是否牢固,有无漏气漏灰现象。

③ 各风机工作状况是否良好,有无异常振动和噪声。

④ 查看润滑情况是否良好,及时添加润滑油（脂）。

（4）库底卸料控制系统

库底卸料控制系统主要由罗茨风机、气流分配器、气流管道、手动闸阀、气动蝶阀、电子流量阀、均化仓（称量装置）和空气输送斜槽组成,其任务是完成将库内的粉料输送至均化仓和将均化仓内的均化后的物料输送至出料空气斜槽。

① 检查闸阀关闭是否灵活,固定是否可靠。

② 检查气动蝶阀、电子流量阀开启是否灵活、准确,有无漏气漏灰现象;检查执行机构的润滑和零件的磨损情况,要及时添加润滑油脂。

③ 注意观察均化仓单位时间的称重计量是否准确可靠。

④ 检查均化仓（计量仓）上进出料口软接头是否正常伸缩,有无冒灰;仓底充气管路是否有漏灰和堵塞现象;与空气输送斜槽的密封情况,有无漏气和漏灰。

（5）库底充气系统

① 检查库底充气管路是否有无漏气、漏灰和堵塞现象,库底孔洞和设备部件连接处有无冒灰;充气管路上的各个截止阀是否按要求开启。

② 观察压缩空气、冷却水用的管路上仪表显示是否正常。

③ 设备轴承温度是否超限和润滑是否良好,要及时补充润滑油脂。

3）停车后的巡检查

① 查看各润滑点的润滑情况,更换润滑油（脂）。

② 清除袋式除尘器的袋室、灰斗等内的杂物;检查滤袋有无破损（及时更换）、拉紧和挂直（及时整理）;检查各风管、风门、排灰阀、人孔门等是否严密,如严密性差要及时维修或更换密封材料。

③ 检查计量仓的进出料管、进出风管的软接头是否良好;按照说明书上的要求对荷重传感器进行静态校正:测量计量仓支座是否水平,在未填料时读出荷重传感器测出的重量,然后比较计量仓设备重量,从而确认计量仓是否独立。有条件时配合专业人员对荷重传感器进行标定。

3.2.2　设备的维修与保养

设备在运行过程中,除了不可避免地产生磨损、地脚螺栓和连接件松动等,还会出现一些故障,技术状态也会不断地发生变化。如果不及时采取措施处理,会缩短设备的使用寿命或酿成事故。因此,做好设备的维护和保养,及时处理可能发生或已经发生的问题,防止故障的进一步扩大,也是对设备的维护和保养中的重要举措。

3.2.2.1　如何保养好磨机的润滑系统? 发现漏油或堵塞怎样维修?

1)安全阀压力调整

润滑系统中的安全阀,在安装时若厂家未调整好,那么在使用时应根据设备压力要求进行压力设定,这是对润滑系统维护与保养的基本要求。

(1)干油站安全阀的调整

调整时,将电磁换向阀的滑阀推到中间位置,使两条输脂管路均不通。调节安全阀的螺钉,改变弹簧的压力,使安全阀的动作压力比系统正常工作压力高25%。然后恢复滑阀接通状态,调整压力操纵阀,使其在预定压力下开始动作,并通过行程开关发出电信号,实现自动换向和停止油泵工作。

(2)稀油站安全阀的调整

调整螺钉,使弹簧达到预定的压力即可。

2)稀油站的维护与保养

(1)检查油泵的密封圈,若有泄漏,应立即更换。

(2)当过滤器进出口的压差超过0.05MPa时(双针双管压力表显示),应更换滤芯。

(3)冷却水的压差增大时(冷却器进出口差式压力计显示)可能有堵塞,要定时清洗。

(4)经常查看油站管路及连接部位是否有渗漏现象,若有要及时修补。

(5)关注油箱的最低油位,接近最低油标时要补充。

(6)保持油站的最低压力不得高于0.4MPa。

(7)双冷却器根据水质情况,每5~10个月做一次内部检查和清洗。

(8)双通网式过滤器、磁过滤器每3个月清除内部积垢一次,并根据密封情况考虑是否更换。

3)球磨机漏油和堵塞的处理

(1)当前后瓦调油门开度较大时,喷油量加大,从喷孔流落到空心轴上油会飞溅到甩油环以外,从毛毡油封处渗漏出来。处理方法:适当关小调油门直到不飞溅为止。但是调油门关小到一定程度会使润滑油不足,使得大瓦温度升高,若监护不周会引起烧瓦事故。

(2)运行一段时间后,喷油管上有的喷孔被堵塞,油压上升,其他孔的流量加大,靠近甩油环喷孔流下的油又会飞溅到甩油环以外引起渗油。这时若再关小油门就会使润滑油量再减小,引起瓦温升高,是不可取的,就要疏通喷油孔。

4)立式磨磨辊漏油的修理

用于磨辊密封的空气和润滑的油脂是通过中心架的空气通道和油脂通道进入磨辊内部的,见图3-2-2-1,当磨机机壳内密封空气通道局部被磨破时,风管内进灰,便会磨伤磨辊内部的通道,使骨架密封、轴承等处进灰,导致磨辊漏油,此时必须停磨修理。修理的步骤是:

(1)拆卸磨辊

① 拆除机头上的拉力杆及扭力杆,把磨辊从中心架上卸下移出磨外。由于起吊磨辊用的工字梁是固定的,如果三个磨辊刚好都不在工字梁的正下方,这时就要启动减速机泵站,用人工盘动电机转动磨盘,将磨辊转动到对准吊梁的正下方。中心架可以留在磨盘上,但需将密封空气和润滑油管路及法兰面清洗干净,并盖上塑料布防止灰尘侵入。

② 将磨辊和转轴水平放置,在转轴上依次拆除机头、空气密封圈、轴承盖及骨架密封。

（2）更换骨架密封及所有的"O"形密封圈

① 清洗磨辊轴承润滑油管道及风管道。

② 磨辊油泵站油箱清洗换油,并更换油过滤器。

③ 更换骨架密封和"O"形密封圈时,要严格检查其尺寸。

④ 在更换"O"形密封圈之前,要严格筛选密封圈尺寸,并顺着槽内填充密封脂。

（3）安装磨辊及空气密封圈

① 磨辊安装之前所有部件必须清洗干净,所有接触表面要保持干燥、清洁、无黄油。在磨盘上装上支撑工具,将中心架吊到支撑工具上并加以固定,在磨辊和中心架联结法兰面上,安装用于密封空气通道和润滑油路的"O"形密封圈(必须是新的),而后移动磨辊转轴使其法兰靠近中心架上的接合面。为保证"O"形密封圈不被破坏,当两个平面相互结合后,在圆周方向上二者不能有错动。最后用液压扳手按规定的力矩拧紧法兰联结螺栓,并在螺母上装上保护帽。

② 将空气密封圈安装到转轴上后,用塞尺检查空气密封圈之间的间隙,保证不大于0.5mm。

③ 更换磨损的风管,并在风管和油管外装耐磨护套。

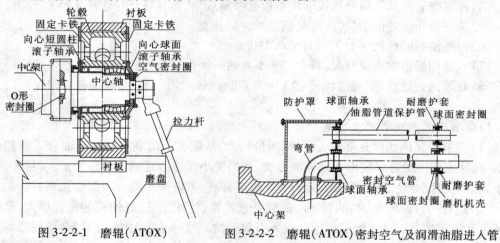

图 3-2-2-1 磨辊(ATOX)　　　图 3-2-2-2 磨辊(ATOX)密封空气及润滑油脂进入管

3.2.2.2 保养好熟料箅式冷却机,出现故障要及时排除

熟料箅式冷却机的结构复杂,在高温与骤冷交替的环境中工作,很可能出现一些问题,有些问题巡检员要在现场解决,如:各紧固螺栓、地脚螺栓、焊接点螺母是否松动、掉落及脱焊;联结螺栓松动、断裂;各运动部件根据磨损情况及时更换;对各润滑部位的油质、油量及供油情况进行确认,及时换油和加油,三角皮带、柱销橡皮圈、连接销破损后的更换;照明灯具的更换。

巡检中发现电机运行不正常,电器开关不灵敏;箅子板、护板破损的更换;挡轮、托轮不能正常运转或更换;横梁、纵梁变形、断裂处理;减速机漏油;排料闸阀、汽缸不能正常动作时,要报告给值班长,协助检修人员处理。表3-2-2-1是熟料箅式冷却机常见故障的分析及处理办法。

表 3-2-2-1　熟料篦式冷却机的常见故障处理及保养措施

序号	故 障 现 象	产 生 的 原 因	排 除 方 法
1	漏风、漏料	风压太低所造成	① 检查风机是否良好,调整风压使其满足要求; ② 查找漏风部位,进行修补
2	冷却效果差	篦速不合适或风量偏低	调整篦速或用风量
3	传动阻力大	① 托辊不能转动; ② 料床负荷增大	① 检查托辊,必要时更换; ② 减轻负荷,不得超负荷运转
4	篦下温度过高	下料锁风阀卡死,篦下细料大量堆积,冷却风机风量受阻,致使篦下温度升高	疏通锁风阀,必要时停窑、停篦冷机,放出积存的物料
5	篦床跑偏	① 主轴辊轮轴承磨损; ② 活动框架下部托轮装置标高误差超过允许范围,托轮水平度超差; ③ 滑块各槽型托轮磨损严重; ④ 托轮轴承损坏	① 磨损严重时需更换或修复; ② 调整托轮装置标高,借助托轮轴轴承座上的调节螺丝调整托轮水平度; ③ 滑块磨损严重时要翻面使用或更换,托轮磨损严重时,将托轮轴旋转角度,使用另一弧面; ④ 更换或修复托轮轴承
6	篦床运转有异常响声	① 个别轴承损坏或进灰; ② 活动梁和固定篦板相互摩擦; ③ 固定篦板与活动篦板间隙过小; ④ 篦床跑偏,与侧板摩擦严重	① 清洗或更换损坏的轴承 ② 调整各自位置,拧紧各固定梁上的螺丝; ③ 重新调整篦板间隙; ④ 纠正篦床跑偏(参照第5条)
7	润滑脂泵不供油	① 油泵拨油叉磨损或损坏; ② 油质不良,油泵下部油孔堵塞; ③ 油管路堵塞	① 更换拨油叉 ② 疏通油孔,选用优质润滑脂; ③ 清洗疏通油管路

3.2.2.3　保养好液压挡轮,限定回转窑的上下窜动

液压挡轮的构造虽然简单,液压系统也无太大故障,但由于受力过大且处在高温环境中工作,处理不好也可能引起停窑减产,巡检员要具备处理故障的能力,如:拧紧松动、更换断裂的地脚螺栓和各联结螺栓;处理系统漏油;补充润滑油的不足;更换新的润滑油;更换过滤网;清通油路;定期转换泵。有些故障须及时报告给值班长,配合检修人员处理:窑的行程极限超出范围;液压装置异常振动或冒雾,液压缸装置所处的环境温度过高;不让液压挡轮处于某一位置的时间过长等。表 3-2-2-2 是液压挡轮的常见故障处理及保养措施。

表 3-2-2-2　液压挡轮的常见故障处理及保养措施

序号	故 障 现 象	产 生 的 原 因	排 除 方 法
1	供油压力低	① 油泵故障; ② 油温偏高; ③ 油量调速阀未调节合适	① 检查油泵; ② 采取降温措施; ③ 调节油量调速阀到合适地位
2	回油速度太快	① 窑筒体轴向下滑力大; ② 截止阀工作不正常	① 调节窑筒体轮带与托轮之间的受力情况; ② 修理调节截止阀
3	挡轮不上行	可能出现故障的部位:油泵、管路、溢流阀、油缸和支撑托轮的摆放	通过查看系统压力表与管路压力表判断: ① 如系统压力过低,可调整溢流阀至正常压力,如果不见效则说明油泵或溢流阀损坏; ② 如系统压力正常,管路压力没有或过低,说明管路或有刚泄漏,可拆卸油缸漏油管路确认; ③ 如系统压力正常,管路压力过高,说明支撑窑体的托轮摆放有问题,窑的下滑力大,此时应调整托轮的角度

序号	故 障 现 象	产 生 的 原 因	排 除 方 法
4	挡轮不下行	电磁换向阀故障或托轮摆放致使窑上窜力过大	通过管路压力表分析判断
5	挡轮上行或下行过慢	① 参看影响上行的故障； ② 调速阀开度过小	① 参看影响上行的故障处理方法； ② 开大调速阀的开度
6	挡轮上行或下行过快	① 调速阀、整流块故障； ② 润滑油过脏	清洗调速阀、整流块，如调速阀、整流块已损坏，可暂时通过球阀人为减少流量，或在管路中加截流挡板实现

3.2.2.4 维护好管道式输送设备，保证粉状物料的畅通无阻

管道式输送设备在巡检中，要对料仓及闸门、管道接口及密封，仪表及输送压力、传动系统及润滑，各联结处螺栓和地脚螺栓等进行仔细巡检，发现问题要在现场解决处理。对物料温度升高、细度变粗、停机、输送能力下降等，要及时报告给值班长，配合检修人员处理。

1）螺旋气力输送泵常见故障分析处理及保养措施见表3-2-2-3。

表 3-2-2-3　螺旋气力输送泵常见故障处理及保养措施

序号	故 障 现 象	产 生 的 原 因	排 除 方 法
1	压力表显示脉动	① 喂料量变化； ② 压缩空气不正常； ③ 管道阻塞； ④ 换向阀安装不当	① 稳定喂料量； ② 稳定供气压力和供风量； ③ 排出阻塞物； ④ 调整换向阀
2	泵送能力降低	① 来料细度发生了变化； ② 料斗通风状况发生了变化； ③ 密封损坏回风量大； ④ 排料口压力发生了变化	① 与前一岗位联系，调节细度； ② 调节料斗通风量； ③ 维修或更换磨损部件； ④ 调节排料口风压使其恢复正常
3	轴承部位发热	① 润滑油过量； ② 润滑油不足； ③ 润滑油品位不合适； ④ 被输送的物料温度上升； ⑤ 轴承运行不平稳	① 适当减少润滑油量； ② 适当增加润滑油量； ③ 更换润滑油品种； ④ 查明物料温度上升原因并采取降温措施； ⑤ 检查轴承及密封部位并清洗或更换
4	回风量增大	① 唇封气体过量； ② 唇封破坏； ③ 料封不合适	① 检查压力和风量，进行调整； ② 更换密封； ③ 检查料封情况，采取措施调整
5	电机超载	① 物料量过大； ② 物料变粗； ③ 料封过紧； ④ 料封过量	① 控制来料，恢复正常； ② 与前一岗位联系，调节细度； ③ 调整重锤位置，疏通过紧的料封； ④ 调整压缩空气量，使料封恢复正常
6	唇封破坏	① 安装不妥； ② 接触面损坏； ③ 润滑不当； ④ 物料温度过高	① 重新调整安装； ② 修复或更换接触面； ③ 适当润滑； ④ 检查温度升高的原因，采取降温措施

2）仓式气力输送泵常见故障分析及保养措施见表3-2-2-4。

表 3-2-2-4　仓式泵常见故障排除及保养措施

序号	故 障 现 象	故 障 原 因	排 除 措 施
1	泵体内压力异常升高	输送管道被物料堵塞	① 用手动操作使仓空仓满指示机构在瞬息间进行数次进料、输送动作,利用压缩空气松动管道内物料; ② 如果管道仍然堵塞应停机,检查堵塞部位,用辅助器管由输送尾端开始逐段疏通管道
2	进料阶段时间过长	① 物料因汽化不良流动性差; ② 因物料密实使仓底出料口减小	① 增大通入中间仓汽化物料气量; ② 在中间仓壁上开设充气孔
3	输送阶段时间过长	① 泵体内充汽盘管堵塞,物料气体不良; ② 压缩空气的压力、气量不足; ③ 输送管道直径小,阻力大	① 清理或更换充汽盘管; ② 调节压缩空气压力、气量; ③ 更换管道,适当增大管道直径
4	由泵体进料口向中间仓倒吹物料	进料口橡胶圈磨损,进料阀关闭不严	① 更换进料口橡胶圈; ② 改进橡胶圈材质,可采用耐磨"氟胶圈"延长使用寿命

3.2.2.5　保养和维护好罗茨风机,确保供气充足

均化库底、煤粉制备系统均设有罗茨风机,巡检员日常要对冷却、润滑、传动系统;联结处螺栓和地脚螺栓、振动情况、转子、空气过滤器等细心检查,如果发现有联结螺栓或地脚螺栓松动、断裂要及时拧紧或更换;冷却水量不恰当要进行补充或更换,销轴、V 形带的更换,轴承、减速机温度超过 75℃时要尽快采取降温措施。如果转子与机壳的摩擦声过大、杂声大、偶尔有撞击声;叶轮损坏、变形等,要报告给值班长,需配合专业检修人员和工艺操作人员处理。罗茨风机可能发生的故障排除及保养措施见表 3-2-2-5。

表 3-2-2-5　罗茨风机可能发生的故障排除及保养措施

序号	故 障 现 象	故 障 原 因	排 除 措 施
1	风机内转子和机壳有局部摩擦	① 滚动轴承径向跳动过大; ② 主轴或从动轴弯曲; ③ 转子与机壳间隙不均匀	① 需更换滚动轴承; ② 需调直或更换弯曲的轴承; ③ 需检查后墙板和机壳结合面上的定位销是否好或松动,调整间隙后重新装配定位销
2	两转子之间有局部撞击	① 传动齿轮键、转子键松动; ② 齿轮轮毂和主轴的配合不良; ③ 两转子的间隙不一; ④ 滚动轴承损坏或超过使用周期; ⑤ 齿轮使用久,侧隙增大	① 更换新键; ② 需检查配合面是否有擦伤、键槽是否损伤,检查轴端螺母销松紧情况及防松垫圈的可靠性; ③ 需调整两转子的空隙; ④ 需更换滚动轴承; ⑤ 需更换掉磨损的齿轮
3	温升过高	① 齿轮副啮合不良或侧隙过小; ② 润滑油太脏; ③ 润滑油油温过高; ④ 系统阻力过大或进气温度过高	① 调整齿轮副的啮合情况; ② 清洗润滑系统及轴承、齿轮,更换新润滑油或重新过滤润滑油; ③ 检查油量及冷却系统是否正常; ④ 降低系统阻力和进气温度
4	振动加剧	① 叶轮精度过低或精度被破坏; ② 地脚螺栓或其他紧固件松动; ③ 轴承磨损; ④ 机组承受进气管道的重力和拉力	① 重新校正平衡精度达到国定的标准; ② 紧固各部位螺栓; ③ 更换轴承; ④ 清除管道重力和拉力,增加支撑
5	噪声超标	① 进出口消声器失效; ② 消声器衬筒小孔被灰尘堵塞; ③ 由于振动等原因,使吸声材料下坠,致使消声效果降低	① 更换或修理消声器; ② 重新更换消声器内筒壁上的玻璃布; ③ 加入适当的吸声材料

3.2.2.6　保养和维护好高温风机,保证窑磨系统的正常运转

高温风机设置在窑尾,长期处于高速运转状态,所处理的是温度很高的含尘气体。巡检员每日要观察或检查风机的振动、噪声、电机电流是否异常等情况及各润滑点的润滑情况,风机正常运行的声音应该比较平稳。但尽管我们精心照料,但仍然会出现一些问题,如联结螺栓或地脚螺栓松动、断裂要及时拧紧或更换;冷却水量不恰当要进行补充或更换;系统漏油的处理;过滤器的清洗;电机温度过高时要尽快采取降温措施等,属于自己职责范围之内的事情,应认真处理好。如果发现振动过大、轴承发热、电流大或电机升温、突然停车等,要及时向值班长报告,配合检修人员处理。高温风机常见故障处理及保养措施见表3-2-2-6。

表3-2-2-6　高温风机常见故障处理及保养措施

序号	故障现象	产生的原因	排除措施
1	振动过大	① 地脚螺栓松动; ② 叶轮积灰; ③ 风机叶片磨损严重,轴承座轴承损坏,风机轴变形	① 拧紧地脚螺栓; ② 清除积灰; ③ 更换风机叶片磨、轴承座轴承和风机轴
2	轴承发热	① 轴承磨损严重、损坏; ② 轴承缺油; ③ 轴承冷却水或水压不足	① 更换轴承; ② 加注润滑剂; ③ 加大冷却水量或提高水压
3	电流大或电动机温升高	① 电机反转; ② 进出口阀门未打开	① 对换电机接线头; ② 打开阀门
4	停车	① 叶轮变形、磨损、振动过大; ② 轴承温度高,润滑不良; ③ 超负荷运转,叶片结皮	① 停窑检修; ② 检查润滑情况,消除润滑不良; ③ 检查叶片,消除积污

3.2.2.7　怎样维护和保养好增湿塔以确保增湿降温提高电除尘器的除尘效率?

喷嘴结垢、堵塞清理、密封垫更换;调整水泵工作压力;启动备用水泵;管路漏水或堵塞处理;巡检员要在现场解决。校正失灵的热敏元件或更换新元件、气体均布板的修补或更换要配合检修人员完成。增湿塔常见故障分析及处理方法见表3-2-2-7,润滑卡见表3-2-1-3。

表3-2-2-7　增湿塔常见故障处理及保养措施

序号	故障现象	产生的原因	排除措施
1	塔内出口温度过高	① 喷嘴堵塞; ② 缺水、阀门为正确开启、管道堵塞、水泵调节阀操作不正确等所致水压过低; ③ 温度检测或调节不准确	① 清理喷嘴; ② 调整供水压力; ③ 校正检测仪表
2	排出的粉尘过湿或过少	① 某些没有经常工作过的喷嘴口粉尘堆积过厚; ② 热敏元件受粉尘污染造成的波动而导致的调节系统失灵; ③ 气体均布板缺损造成气体分布不良	① 清理喷嘴; ② 清理调节热敏元件上的粉尘或更换新元件; ③ 修补气体均布板
3	喷头雾化不良	① 喷嘴调整欠佳; ② 喷嘴结垢堵塞或密封失效漏水; ③ 压力不足; ④ 水泵故障	① 重新调整; ② 清洗或更换; ③ 堵漏和调整水泵压力; ④ 启用备用水泵
4	喷嘴内结垢堵塞或接缝处漏水	喷嘴密封垫失效	停窑检修时清洗或更换

3.2.2.8 怎样保养破碎机？常见故障怎样处理？

破碎机承担着繁重的物料破碎任务,特别是大量的石灰石的破碎,所处的工作环境较差,还要使出浑身解数来才能把大块物料碎成小块,才能达到入磨要求。巡检员日常要对润滑、冷却、传动系统;联结处螺栓和地脚螺栓、振动情况、转子等细心检查,如果发现有联结螺栓或地脚螺栓松动、断裂要及时拧紧或更换;冷却水量不恰当要进行补充或更换,销轴、V形带的更换,轴承、减速机温度超过75℃时要尽快采取降温措施,卡料清除。如果锤头与机壳的撞击声过大、锤头损坏或掉落、电流上升超过设定值、产量骤然下降或不破碎等,要报告给值班长,需配合专业检修人员和工艺操作人员处理。颚式破碎机常见故障的处理及保养措施见表3-2-2-8。

1)颚式破碎机常见故障分析及处理方法

表 3-2-2-8　颚式破碎机常见故障处理及保养措施

序号	故障现象	产生的原因	排除措施
1	主机突然停机（闷车）	① 排料口堵塞,造成满腔堵料; ② 驱动槽轮转动的三角皮带过松,造成皮带打滑; ③ 偏心轴紧定衬套松动,造成机架的轴承座内两边无间隙,使偏心轴卡死,无法转动; ④ 工作场地电压过低,主机遇到大料后,无力破碎; ⑤ 轴承损坏	① 清除排料口堵塞物,确保出料畅通; ② 调紧或更换三角皮带; ③ 重新安装或更换紧定衬套; ④ 调正工作场地的电压,使之符合主机工作电压的要求; ⑤ 更换轴承
2	主机槽轮、动颚运转正常,但破碎工作停止	① 拉紧弹簧断裂; ② 拉杆断裂; ③ 肘板脱落或断裂	① 更换拉紧弹簧; ② 更换拉杆; ③ 重新安装或更换肘板
3	产量达不到出厂标准	① 被破碎物料的硬度或韧性超过使用说明书规定的范围; ② 电动机接线位置接反,主机开反车(动颚顺时针旋转),或电机三角形接法接成星形接法; ③ 排料口小于规定极限; ④ 颚板移位,齿顶与齿顶相对; ⑤ 工作现场电压过低; ⑥ 动颚与轴承磨损后间隙过大,使轴承外圈发生相对转动	① 更换或增加破碎机; ② 调换电机接线; ③ 排料口调整到说明书规定的公称排料口和增加用于细碎的破碎机; ④ 检查齿板齿距尺寸,如不符标准则须更换颚板,调正固定颚板与活动颚板的相对位置,保证齿顶对齿根后,固定压紧,防止移位; ⑤ 调高工作场地电压,使之适应主机重载要求; ⑥ 更换轴承或动颚
4	活动与固定颚板工作时有跳动或撞击声	① 颚板的紧固螺栓松动或掉落; ② 排料口过小,两颚板底部相互撞击	① 紧定或配齐螺栓; ② 调正排料口,保证两颚板的正确间隙
5	肘板断裂	① 颚破,颚式破碎机主机超负荷或大于进料口尺寸的料进入; ② 有非破碎物进入破碎腔; ③ 肘板与肘板垫之间不平行,有偏斜; ④ 铸件有较严重的铸造缺陷	① 更换肘板并控制进料粒度,并防止主机超负荷; ② 更换肘板并采取措施,防止非破碎物进入破碎腔; ③ 更换肘板并更换已磨损的肘板垫,正确安装肘板; ④ 更换合格的肘板

序号	故障现象	产生的原因	排除措施
6	机架轴承座或动颚内温升过高	① 轴承断油或油注入太多; ② 油孔堵塞,油加不进; ③ 飞槽轮配重块位置跑偏,机架跳动; ④ 紧定衬套发生轴向窜动; ⑤ 轴承磨损或保持架损坏等; ⑥ 非轴承温升,而是动颚密封套与端盖摩擦发热或机架轴承座双嵌盖与主轴一起转动,摩擦发热	① 按说明书规定,按时定量加油; ② 清理油孔、油槽堵塞物; ③ 调正飞槽轮配重块位置; ④ 拆卸机架上轴承盖,锁紧定衬套和拆下飞轮或槽轮,更换新的紧定衬套; ⑤ 更换轴承; ⑥ 更换端盖与密封套,或松开机架轴承座发热一端的上轴承盖,用保险丝与嵌盖一起压入机架轴承座槽内,再定上轴承盖,消除嵌盖转动
7	颚破,颚式破碎机飞槽轮发生轴向左右摆动	① 飞槽轮孔、平键或轴磨损,配合松动; ② 石料轧进轮子内侧,造成飞槽轮轮壳开裂; ③ 铸造缺陷; ④ 飞槽轮涨紧套松动	① 平键磨损,更换平键或更换偏心轴或飞槽轮; ② 增做飞槽轮防护罩并更换偏心轴或飞槽轮; ③ 更换偏心轴或槽轮; ④ 重新紧定涨紧套

2)锤式破碎机常见故障分析及处理方法

锤式破碎机常见故障处理及保养措施见表3-2-2-9。

表 3-2-2-9　锤式破碎机常见故障处理及保养措施

序号	故障现象	产生的原因	排除措施
1	弹性联轴节产生敲击声	① 销轴松动; ② 弹性圈磨损	① 停车并拧紧销轴螺母; ② 更换弹性圈
2	出料粒度过大	① 锤头磨损过大; ② 筛条断裂	① 更换锤头; ② 更换筛条
3	振动量过大	① 更换锤头时或因锤头磨损使转子静平衡不合要求; ② 锤头折断,转子失衡; ③ 销轴变曲、折断; ④ 三角盘或圆盘裂缝; ⑤ 地脚螺栓松	① 卸下锤头、按重量选择锤头,使每支锤轴上锤的总重量与其相对锤轴上锤的总重量相等,即静平衡达到要求; ② 更换锤头; ③ 更换销轴; ④ 电焊修补或更换; ⑤ 紧固地脚螺栓
4	轴承过热	① 润滑脂不足; ② 润滑脂过多; ③ 润滑脂污秽变质; ④ 轴承损坏	① 加注适量润滑脂; ② 轴承内润滑脂应为其空间容积的50%; ③ 清洗轴承,更换润滑脂; ④ 更换轴承
5	机器内部产生敲击声	① 非破碎物进入机器内部; ② 衬板紧固件松弛,锤撞击在衬板上; ③ 锤或其他零件断裂	① 停车,清理破碎腔; ② 检查衬板的紧固情况及锤与筛条之间的间隙; ③ 更换断裂零件
6	产量减少	① 筛条缝隙被堵塞; ② 加料不均匀	① 停车,清理筛条缝隙中的堵塞物; ② 调整加料机构

3）反击式破碎机常见故障分析及处理方法

反击式破碎机的常见故障及保养措施见表3-2-2-10。

表 3-2-2-10　反击式破碎机常见故障处理及保养措施

序号	故 障 现 象	产 生 的 原 因	排 除 措 施
1	轴承温度过高	① 破碎机润滑脂过多或不足； ② 破碎机润滑脂脏污； ③ 破碎机轴承损坏	① 检查润滑脂是否适量,润滑脂应充满轴承座容积的50%； ② 清洗轴承、更换润滑脂； ③ 更换轴承
2	机器内部产生敲击声	① 不能破碎的物料进入破碎机内部； ② 破碎机衬板紧固件松弛,锤撞击在衬板上； ③ 破碎机锤或其他零件断裂	① 停车并清理破碎腔； ② 检查衬板的紧固情况及锤与衬板之间的间隙； ③ 更换断裂件
3	出料过大	① 由于破碎机衬板与板锤磨损过大,引起间隙过大； ② 破碎机反击架两侧被石料卡住,反击架下不来	① 通过调整破碎机前后反击架间隙或更换衬板和板锤； ② 调整破碎机反击架位置,使其两侧与机架衬板间的间隙均匀,机架上的衬板磨损,即予更换
4	振动量骤然增加	① 破碎机转子不平衡； ② 破碎机地脚螺栓或轴承座螺栓松动	① 重新安装板锤,转子进行平衡校正； ② 紧固地脚螺栓及轴承座螺栓

3.2.2.9　怎样处理均化库的常见故障确保均化质量？

均化库在运行时可能会出现一些故障影响均化效果,有些是前一道粉磨工艺控制上的问题(如库内物料下落不均或塌方是物料水分过大所致),需要及时通知中控室处理,多数故障是均化库系统的机械和电器故障,需要巡检人员自行处理或报告值班长或配合专业人员处理。均化库的常见故障及保养措施见表3-2-2-11。

表 3-2-2-11　均化库的常见故障处理及保养措施

序号	故 障 现 象	产 生 的 原 因	排 除 措 施
1	库顶加料装置堵料	① 生料(水泥)中含有杂物； ② 小斜槽风机进口过滤网被环境中的纸屑等杂物堵塞致使出风口压力太低； ③ 斜槽帆布破损,致使空气室堵塞； ④ 物料水分过大	① 停机清理杂物； ② 小斜槽风机进口过滤网上的杂物； ③ 更换斜槽帆布,清理充气室； ④ 检查增湿塔等是否有漏水现象
2	库底卸料装置堵料	① 生料(水泥)中含有杂物嵌在叶轮内部或硬物卡住叶轮卸不出来； ② 气动开关失灵或供气管道漏气； ③ 连接卸料器的空气输送斜槽或螺旋输送机堵塞	① 停机清理杂物,或更换损坏的叶轮； ② 配合专业人员维修启动开关和供气管道； ③ 疏通空气输送斜槽或螺旋输送机
3	阀门动作迟缓或不到位	① 压缩空气管路堵塞或漏气； ② 启动执行原件弯曲或卡住； ③ 罗茨风机出口压力降低	① 疏通管路或补漏； ② 拆卸执行元件,消除机械故障； ③ 调整罗茨风机出口压力数值
4	充气材料损坏	异物落入或清库时由于工具刮碰损坏	清库后做出相应处理,损坏严重时要更换充气材料
5	计量仓内料重增大	① 充气管道漏气； ② 供气压力降低	① 查找漏气部位及时补漏； ② 调节供气压力

4 高级水泥生产巡检工知识与技能要求

国家职业标准对高级水泥生产巡检工的要求：熟练运用基本技能完成较为复杂设备的巡检操作，能判断并分析设备在运行中存在的故障隐患及出现的问题；掌握相关工种的岗位操作技能和设备的基本维修技术，完成设备的维护和修理。

4.1 知识要求

4.1.1 窑系统

4.1.1.1 回转窑的工作原理是怎样的？

回转窑是一种热工设备，来自均化库（均化后合格生料）的生料经窑尾预热系统后从窑尾喂入，烧成熟料后从窑头卸出，进入冷却机。由于窑筒体的倾斜（进料端高于出料端，斜度为3%～4%）和缓缓地回转（0.5～4r/min），使物料产生一个即沿着圆周方向翻滚，又沿着轴向从高端向低端移动的复合运动，生料在窑内通过分解、烧成等工艺过程。这个过程可以从1.1.1中的图1-1-1-11熟料煅烧工艺流程反映出来。燃料从窑头由煤粉燃烧器喷入，在窑内进行燃烧，产生的热量加热生料，使生料煅烧成为熟料，在与物料交换过程中形成的热空气，从窑尾进入窑的预热系统，最后由烟囱排入大气。

4.1.1.2 悬浮预热窑怎样煅烧熟料？

悬浮预热窑的窑尾预热器有好几种类型，但它们有一个共性，那就是在普通干法窑的基础上缩短了窑体的长度，在窑尾装设了悬浮预热器（呈直立状态），使原来在窑内进行的物料预热及部分碳酸盐分解过程，移到了窑外的悬浮预热器内进行，有利于窑生产能力的提高，降低熟料烧成热耗。

图4-1-1-1(b)是五级旋风预热器窑与回转窑构成的煅烧工艺系统，它的窑尾喂料与除尘系统在工艺设计上也不尽相同，由生料烧成熟料所走过的路程如图4-1-1-1(a)所示。

生料和气流在窑尾预热器里走过的路径并不一帆风顺，从上面的流程中可以看出，的确非常曲折，这样才能给生料和气流创造了更多的接触机会，传热速度快，让生料尽情地享受热烟气的"温暖"。不过也带来了一些问题，那就是"道路曲折"造成了系统流体阻力的增大，电耗上升了。而且对生料的碱、氯、硫等含量限制严格，否则这些有害成分会在预热器的接口处出现粘结和堵塞。

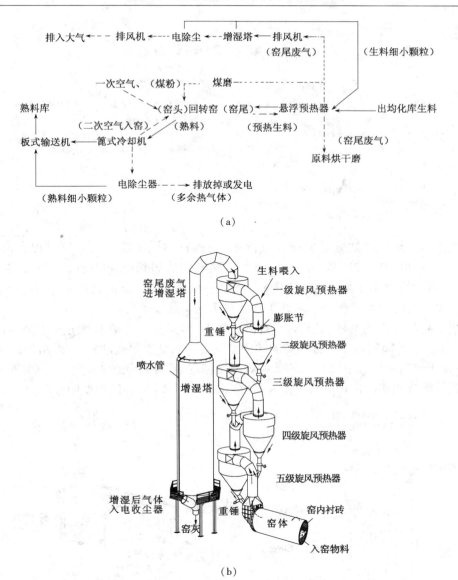

图 4-1-1-1　五级旋风预热器窑与回转窑
构成的煅烧工艺系统

4.1.1.3　预分解窑怎样煅烧熟料?

继悬浮预热窑之后,以此为母体又派生出了许多新的各具特点的预分解窑,它的特点是在悬浮(风)预热器和回转窑之间增设一个分解炉,向炉内喷入 55%～60% 的燃料,在大约 1000℃ 的高温下运行,使燃料燃烧的放热过程与生料的碳酸盐分解的吸热过程同时在悬浮态或流态化下迅速进行,从而使入窑生料碳酸盐的分解率从悬浮预热窑的 30% 左右提高到 90%～95%,这样可以减轻窑内煅烧的热负荷,有利于缩小窑的规格及生产的大型化。窑在这里只是对生料剩余的少量碳酸盐的分解,而主要的是固相反应、熟料烧成和冷却,由生料烧成熟料所走过的路程是:

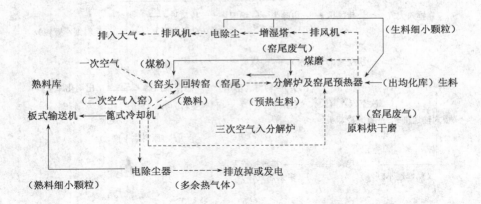

生料进入分解炉内被分散悬浮在气流中,使燃料燃烧和碳酸钙分解过程在很短时间(一般 1.5 ~ 3s 内完成),这是一种高效率的直接燃烧式固相-气相热交换装置。在分解炉内,由于燃料的燃烧是在激烈的紊流状态下与物料的吸热反应同时进行的,燃料的细小颗粒呈一面浮游,一面燃烧,使整个炉内几乎都变成了燃烧区。

窑尾分解炉有多种型号,而且各有自己的特点,但是从入窑碳酸钙分解率来看,都不相上下,一般都达到 85% 以上。分解炉的结构型式对于入窑生料碳酸钙分解率的影响不是太大,关键在于燃料在生料浓度很高的分解炉内能稳定、燃料完全燃烧,炉内温度分布均匀,并使碳酸钙分解在很短时间内完成。图 4-1-1-2 至图 4-1-1-15 是不同类型的分解炉。

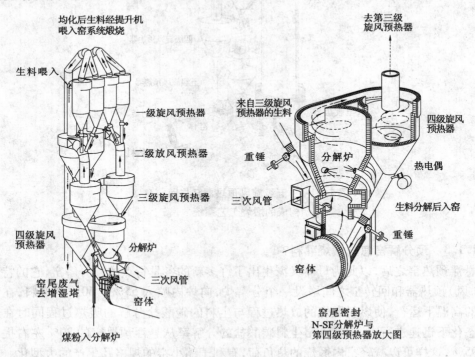

图 4-1-1-2   N-SF 型分解炉与旋风预热器组成的预分解系统

1）SF 分解炉

SF 分解炉（Suspension Preheater-Flash Furnace 的缩写）是日本石川岛公司在 1971 年开发出的世界上第一台预分解窑上使用的分解炉。SF 系列分解炉包括：SF 型、NSF 和 CSF 型，我国 1983 年引进日产水泥熟料 4000t 生产线的 N-SF（在原有的 SF 分解炉基础上的改进型），分解炉用于河北唐山冀东水泥厂，见图 4-1-1-2 所示。其结构特点是燃料喷嘴由顶部下移至锥体旋流室，以一定角度向下喷吹，让喷出的煤粉直接喷入三次风中。由于三次风不含生料粉，所以点燃容易且燃烧也稳定。

2）RSP 分解炉

RSP 型分解炉（Reinforced Suspension Preheater 的缩写，意即强化预热器），由日本原小野田水泥株式会社（Onoda Cement Inc.）和川崎重工（KHI）联合研制，属于"喷腾 + 旋流"型，于 1972 年投入使用，要由漩涡燃烧室（SB，Swirl Bumer 的缩写）、漩涡分解室（SC，Swirl Calciner 的缩写）和混合室（MC，Mixing Chamler 的缩写）三部分组成，在窑尾烟室与 MC 室之间设有缩口以平衡窑炉之间的压力，见图 4-1-1-3 所示。SC 室是燃料煅烧与生料碳酸盐分解反应的初始区，燃尽率为 80% 左右，分解率 50% 左右，MC 室是完成燃料燃烧及生料分解任务的终始区，在 MC 室内，气、固以激烈的喷腾循环往复方式进行混合与热交换，燃料的燃尽率为 96% 左右，碳酸盐的分解率 85% 以上。

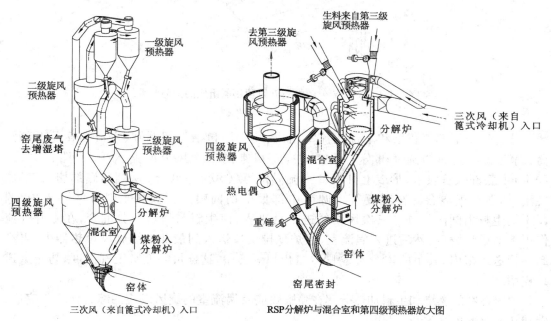

图 4-1-1-3　RSP 分解炉与旋风预热器组成的预分解系统

3）KSV 分解炉系列

KSV 型分解炉（Kawasaki Spoured Bed and Vortex Chamber 的缩写，意即川崎喷腾层涡流炉），日本川崎重工公司研发，1973 年投入使用，以后进行改进，发展成为 N -KSV 炉。我国朝阳重型机械厂购买了 N-KSV 制造专利，见图 4-1-1-4 所示。

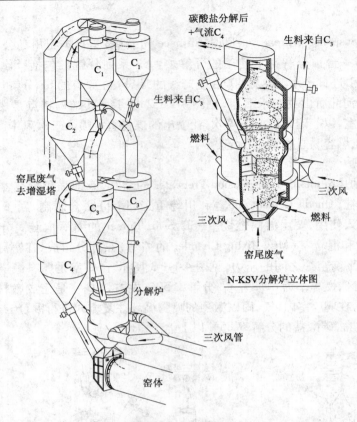

图 4-1-1-4　N-KSV 分解炉与旋风预热器组成的预分解系统

　　分解炉由下部喷腾层和上部涡流室组成,喷腾层包括下部倒锥、入口喉管及下部圆筒,涡流室是上部的圆通部分。从窑头冷却机来的三次风分两路入炉,一路(60% ~ 70%)由底部喉管喷入,形成上升喷腾气流;另一路(30% ~ 40%)从圆通底部切入,形成旋流,加强料气混合。窑尾废气由圆筒中部偏下切向喷入。预热生料分两路入炉,约 75% 的生料由圆筒部分与三次风切线进口处进入,使生料与气流充分混合,在上升气流作用下形成喷腾床,然后进入涡流室,经炉顶排出口送入到最低一级旋风预热器内,再经卸料管送入窑内;其余的 25% 生料喂入窑出口烟道中,这样可降低窑废气温度,防止烟道结皮堵塞。

　　炉内燃料的燃烧和生料加热分解在喷腾效应及涡流室的旋风效应的综合作用下完成,碳酸盐分解率可达 85% ~ 90%。

　　4) MFC 分解炉

　　MFC 分解炉(Mitsubishi Fluidized Calciner 的缩写,意即三菱流化床)。它由日本三菱水泥矿业株式会社(Mitsubishi Cement Mine Inc.)和三菱重工(MHI)联合研制开发,1971 年投入使用,窑系统属于"流化床+悬浮型"分解炉。在第一代 MFC 分解炉基础上,进一步增加了高度,有利于燃料的燃烧和生料碳酸盐分解时间的延长,是当今使用的 N-MFC 炉(新型分解炉),它和一个五级悬浮预热器组成预分解窑系统,具有代表性的工艺流程见图 4-1-1-5 所示。

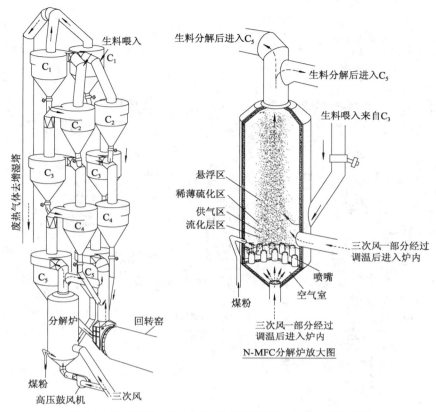

图 4-1-1-5　N-MFC 分解炉与旋风预热器组成的预分解系统

N-MFC 分解炉内由四个区域组成：

① 流化层区：炉底装有喷嘴，截面积比原型 MFC 分解炉明显缩小，使燃料在流化层中很快扩散并充分燃烧，整个层面温度分布均匀。

② 供气区：从窑头篦冷机抽过来的 700 ~ 800℃ 的空气进入供气区，在流化层中引起激烈搅拌，将生料由流化层带入稀薄流化区形成浓密状态下的悬浮。

③ 稀薄流化区：在该区内，煤粉中较粗的颗粒在这个区域内上下循环运动，形成稀薄的流化区，煤粒经燃烧后减小而被气流带到上部直筒部分的悬浮区。

④ 悬浮区：煤粒在此形成悬浮状态继续燃烧，生料中的碳酸盐继续分解，分解率可达 90% 以上。

5）DD 分解炉

DD 分解炉的全称是 Dual Combustion and Denitration Precalciner（简称 DD 炉），即双重燃烧与脱氮（预分解）过程。它最先由原日本水泥株式会社研制，后来该公司又与日本神户制钢联合开发推广。我国的天津水泥设计研究院曾经购买了该预分解技术，经过再研发推出了该单位自己的窑外预分解水泥熟料烧成技术。分解炉型基本上是立筒型，属"喷腾叠加（双喷腾）"型，在炉体下部增设还原区来将窑气中 NOx 有效还原为 N_2，在分解炉内主燃烧区后还有后燃烧区，使燃料第二次燃烧，被称为双重燃烧，见图 4-1-1-6 所示。

175

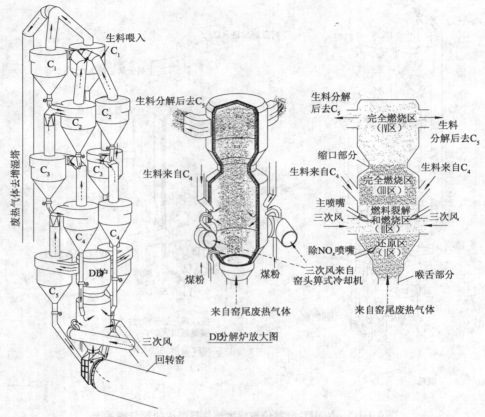

图 4-1-1-6　DD 分解炉与旋风预热器组成的预分解系统

DD 分解炉按作用原理,将内部分为四个区(见图 4-1-1-6 中的右图)。

① 还原区(Ⅰ区)　该区在分解炉的下部,包括下部锥体和锥体下边的咽喉(直接座在窑尾烟室之上)部分,在缩口处,窑烟气喷入炉内,以获得与三次风量之间的平衡,同时还能阻止生料直接落入窑中,使炉内生料喷腾叠加,加速化学反应速度,获得良好的分解率。

该区的侧壁装设的数个还原烧嘴(大约 10% 的燃料喷出),使燃料在缺氧的情况下裂解、燃烧,产生高浓度的 H_2、CO 和 CH_4 等还原性气体,生料中的 Al_2O_3 及 Fe_2O_3 起着脱硝催化剂作用,将有害的 NO_x 还原成无害的 N_2 气,使 NO_x 降到最低,所以称还原区。

② 燃料裂解和燃烧区(Ⅱ区)　该区在中部偏下区,从冷却机来的高温三次风由两个对称风管喷入炉内(Ⅱ区),风管中的风量由装在风管上的流量控制阀控制,总风量根据分解炉系统操作情况由主控阀控制,两个煤粉喷嘴装在三次风进口的顶部,燃料喷入时形成涡流,迅速受热着火且在富氧条件下立即燃烧,产生的热量迅速传给生料,生料迅速分解。

③ 主燃烧区(Ⅲ区)　该区在中部偏上至缩口,有 90% 的燃料在该区内燃烧,因此称主燃烧区。

④ 完全燃烧区(Ⅳ区)　该区在顶部的圆筒内,主要作用是使未燃烧的 10% 左右的煤粉继续燃烧,促进生料的继续分解。气体和生料通过Ⅲ区和Ⅳ区间的缩口向上喷腾直接冲击到炉顶,翻转向下后到出口,从而加速气、料之间的混合搅拌,达到完全燃烧和热交换。

6)TC 分解炉系列

我国开发出了多种新型分解炉,并实现了生产大型化。TC(T 代表天津水泥设计研究院;C 是分解炉 Calciner 的字头)分解炉系列是我国天津水泥设计研究院研发的 TDF 型、TWD 型、TSD 型、TFD 型,采用了复合效应和预燃技术,提高了燃尽率,增强了炉对低质煤的适应性。

(1) TDF 分解炉

TDF 分解炉是在引进 DD 型炉的基础上,针对我国燃料情况研发的双喷腾分解炉(Dud Spout Fumace),见图 4-1-1-7 所示。其基本结构及特点是:

① 分解炉坐落在窑尾烟室之上(同线式),炉与烟室之间的缩口尺寸优化后可不设调节翻板,结构简单。

② 炉的中部设有缩口,保证炉内气固流产生第二次"喷腾效应"。

③ 三次风从锥体与圆柱体结合处的上部双路切线入炉,顶部径向出炉。

④ 生料入口设在炉下部的三次风入炉口处(圆筒处),从四个不同的高度喷入,有利于分散均布和炉温控制。

⑤ 煤从三次风入炉口处的两侧喷入,炉的下部锥体部位设有脱氮燃料喷嘴,以还原窑气中的 NO_x,满足环保要求。

⑥ 容积大,阻力低,气流和生料在炉内滞留的时间增加,有利于燃料的完全燃烧和生料的碳酸盐分解。

⑦ 对于烟煤适应性较好,也适应于褐煤、低挥发分、低热值和无烟煤。

TDF 分解炉已成功用于国内几十条生产线,其中最大的为海螺 5000t/d 生产线。

(2) TSD 分解炉

TSD 型(Combination Furnace with Spin Pre-burning Chamber)分解炉(半离线式)是带旁置旋流预燃烧室的组合式分解炉,类似 RSP 预燃室与 TDF 组合,见图 4-1-1-8 所示。它结合了 RSP 炉与 DD 炉的特点,炉内既有强烈的旋转运动,又有喷腾运动。主炉坐落在烟室之上,中下部有与燃烧室相连接的斜管道。从冷却机抽来的三次风,以一定的速度从预燃室上部切线进入,由 C4 下来的生料在三次风入炉前喂入气流中,由于离心力的作用,使预燃室内中心成为物料浓度的稀相区(周边成为物料的浓相区),为燃料的稳定燃烧,提高燃尽率创造的条件。煤粉从预燃室上部喷入,与三次风混合燃烧,生料在预燃室内的碳酸盐分解率达 40%~50%,之后进入主炉的继续分解。

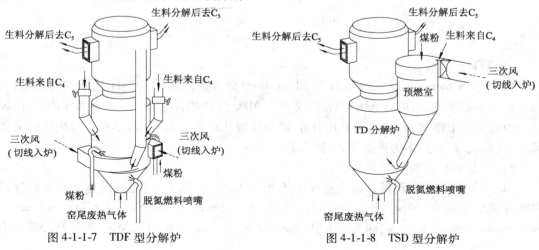

图 4-1-1-7 TDF 型分解炉   图 4-1-1-8 TSD 型分解炉

（3）TWD 型分解炉

TWD 型（Combination Furnace with Whirlpool Pre-burning Chamber）分解炉（同线式）是带下置涡流预燃室的组合分解炉，见图4-1-1-9 所示，基本结构和特点是：应用 N-SF 分解炉结构作为该炉的涡流预燃室，将 DD 炉结构作为炉区结构的组成部分（类似于 N-SF 与 TDF 炉的组合），三次风切线入下蜗壳，燃煤从蜗壳上部多点加入，生料从蜗壳及炉下部多点加入，炉内产生涡旋及双喷腾效应。这种同线型炉适应于低挥发分或质量较差的燃煤，具有较强的适应性。

（4）TFD 分解炉

TFD 型（Combination Furnace with Fluidized Bed）分解炉（图 4-1-1-10 所示）是带旁置流态化悬浮炉的组合型分解炉，将 N-MFC 分解炉结构作为该炉的主炉区，三次风从炉内硫化区上部吹入，燃煤和生料从流化床区上部喂入，出炉气固流经鹅颈管进入窑尾 DD 分解炉上升烟道的底部与窑气混合。炉下为流态化，上部为悬浮流场。该炉实际是 N-MFC 分解炉的优化改造，并将 DD 分解炉结构用作上升烟道。

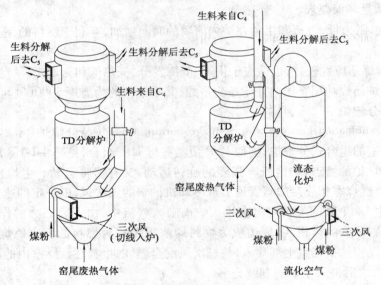

图 4-1-1-9　TWD 型分解炉　　　图 4-1-1-10　TFD 型分解炉

（5）TSF 型分解炉

TSF 型（Suspension Furnace with Fluidized Bed）分解炉，见图4-1-1-11 所示，与窑炉的对应位置为半离线式，结构组合为旁置式，类似 N-MFC 经鹅颈管与上升烟道下部连接，三次风从炉内硫化区上部吹入，窑气入上升烟道，煤粉从流化床去上部喷入，生料从流化床区上部喷入，流场效应为：炉下为流态化，上部为悬浮流场。

7）NC 分解炉系列

NC（N 代表南京水泥设计研究院；C 是分解炉 Calciner 的字头）是我国南京水泥设计研究院在 ILC 分解炉、Prepol 及 Pyroclon 分解炉的基础上研发的 NC-SST-Ⅰ型（Nanjing Cement-Swirl Spout Tube-In Line）或称 NST-Ⅰ型（Nanjing Swirl Spout Tube-Ⅰ）；NC-SST-S 型（NC-SST-

Separate Line)或称 NST-S 型系列分解炉。

（1）NC-SST-I 型分解炉

NC-SST-I 型分解炉安装于窑尾烟室之上（同线型炉），为涡旋-喷腾叠加式炉型，其特点是扩大了炉容，并在炉出口至最下级旋风筒之间增设了鹅颈管道，进一步增大了炉区空间。三次风从下锥体切线入炉，与窑尾高温气流混合，窑气从炉底喷入，煤粉从三次风入炉口两侧喷入，生料从炉侧加入，见图 4-1-1-12 所示。

（2）NC-SST-S 型分解炉

NC-SST-S 型分解炉为半离线炉，类似喷腾型炉，主炉结构与同线炉相同，出炉气固流经鹅颈管与窑尾上升烟道相连，即可实现上升烟道的上部连接，又可采用"两部到位"模式将鹅颈管连接与上升烟道下部。三次风从炉底喷入，窑气入上升烟道，煤粉从三次风入炉口两侧喷

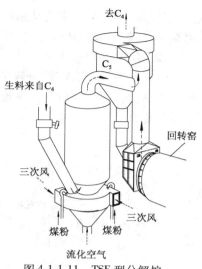

图 4-1-1-11　TSF 型分解炉

入，生料从炉侧加入，适应于低挥发分的煤粉燃烧，见图 4-1-1-13 所示。

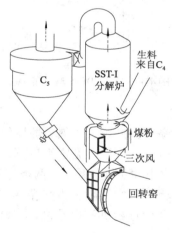

图 4-1-1-12　NC-SST-I 型分解炉

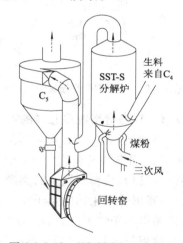

图 4-1-1-13　NC-SST-S 型分解炉

8）CDC 分解炉系列

CDC 分解炉是成都水泥设计研究院在分析研究 N-SF 和 C-SF 炉的基础上研发的适合劣质煤的涡旋-喷腾叠加式分解炉，有 CDC-I 型（ChengDu Calciner-In Line）和 CDC-S 型（ChengDu Calciner-Separate Line）等类，见图 4-1-1-14、图 4-1-1-15 所示。

CDC 分解炉在炉体的圆柱段设置有缩口，通过此缩口来改变料、气运行轨迹，加强喷腾效应，使得炉内中部充满物料；同时，采用了类似 DD 分解炉出口的径向出口方法，使炉的顶部出风口上方留有气流迂回空间，以增强物料在气流内的返混，达到延长气、料停留的时间，提高生料中碳酸盐的分解率。

（1）CDC-I 型分解炉

CDC-I 型（同线型）分解炉的组合结构类似 N-SF 炉，上部为反应室，三次风切线入下蜗

壳,窑气从炉底喷入,煤粉从蜗壳上部及反应室下部多点加入,生料从反应室下部及上升管道加入,出炉口为长热管道,起到第二分解炉作用。

（2）CDC-S 型分解炉

CDC-S 型（半离线型）分解炉的组合结构为旁置式,类似 RSP 预燃室和反应室,三次风进预燃室,窑气入上升烟道,煤粉从预燃室上部喷入,生料从三次风入口处加入,实现涡旋与双喷腾复合效应。

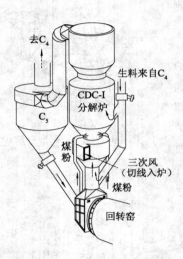

图 4-1-1-14　CDC-I 型分解炉

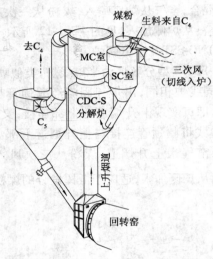

图 4-1-1-15　CDC-S 型分解炉

4.1.1.4　煤粉磨系统是怎样的?

煤磨与窑和预热器、分解炉、冷却机、收尘、输送设备等共同组成了熟料煅烧（大）系统,见图 4-1-1-16。而煤磨又和收尘、输送设备等组成了一个（小）系统,见图 4-1-1-17。煤在入窑之前要磨成细粉,按磨粉设备的类型分球磨机粉磨（风扫磨）和立磨粉磨两类煤粉制备工艺,风扫磨是我国普遍采用的烘干兼粉磨球磨煤粉制备设备,它实际上也是循环闭路粉磨,只是出磨煤粉借助于气力提升、输送和选粉,不需要单独设选粉机和提升机,出磨粗细粉的筛选设备及过程与生料闭路粉磨有所不同:

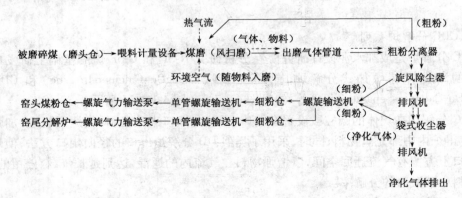

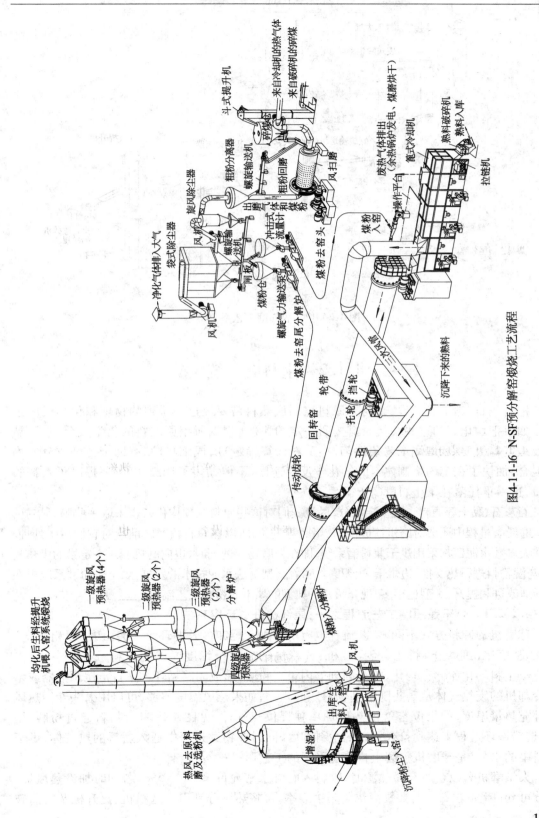

图4-1-1-16 N-SF预分解窑煅烧工艺流程

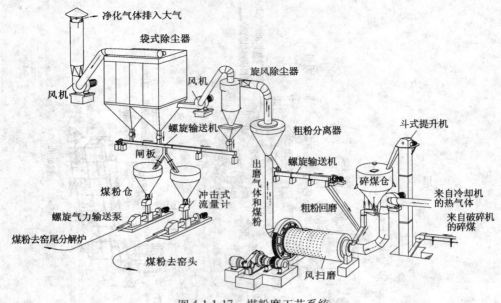

图 4-1-1-17　煤粉磨工艺系统

4.1.2　生料磨系统

　　把石灰石、黏土或砂岩、铁粉等原料烧制成熟料需要经过一系列的物理和化学反应过程。如果把均化好的这些块状原料按照一定的比例(根据所用原燃料的化学成分、水泥品种及强度等级要求、煅烧工艺条件等,经配料计算确定)磨成细粉,则有助于各种成分的均匀混合,加快了在窑内烧制熟料时的化学反应速度,不但缩短了烧成时间,还提高了熟料的质量,这一重任落在了生料磨身上。

　　石灰石、黏土等原料含有一定水分,尽管我们对这些原料在预均化时也采取一些晾晒措施,但入磨粉磨过程中还会对磨机造成闷磨、堵磨等现象,所以在原料粉磨之前应对它们烘干处理。现在大多数水泥厂都采用烘干兼粉磨系统,即在粉磨物料的同时,也向磨机通入一定量的废热气体,与湿物料进行热交换,边烘干、边粉磨。随着新型干法水泥技术的发展,烘干兼粉磨系统也在不断地改进和提升,类型也很多,现介绍几种典型的烘干兼粉磨工艺流程:

4.1.2.1　烘干兼粉磨工艺流程之一:尾卸提升循环磨系统

　　球磨机的卸料方式不同,工艺流程也有所区别。尾卸提升循环烘干磨由磨头(粗磨仓)喂入、从磨尾(细磨仓)排出,经提升机、选粉机选出符合细度要求的生料,送到下一个工序——生料均化库储存均化,粗粉回到磨内重新粉磨,形成闭路循环。来自窑尾预热器或窑头冷却机的废热气体从磨头随被磨物料一同入磨,如果热风温度不够,可启用磨头专用热风炉补充热量温度,如果停窑就由热风炉单独提供热气体,见图4-1-2-1。物料通过粉磨、提升、选粉循环过程来达到符合要求的生料细度,同时在粉磨过程中通入适量的热气体,烘干物料中的水分,是球磨机粉磨生料普遍采用的工艺形式:

　　大型磨机若以窑废气做热源时,物料入磨含水率允许<4%~5%,若同时加设热风炉,水分可允许8%左右。若要提高烘干粉磨效率,可将热风分别引入选粉机、提升机及磨前破

碎机等,使其各自在完成作业过程的同时进行物料烘干。

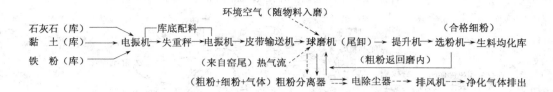

4.2.2.2 烘干兼粉磨工艺流程之二:中卸提升循环磨系统

图 4-1-2-2 是中卸提升循环烘干磨工艺流程图,它与尾卸提升循环烘干磨不同的是原料由磨头喂入、磨细后从中间仓卸出,选粉机选出的粗料再分别从磨头和磨尾喂入,选出的细粉即细度合格的生料送到生料均化库。烘干物料用的热气体来源与尾卸烘干磨相同,只是大部分从磨头喂入,少部分从磨尾喂入,通风量较大,粗磨仓的风速高于细磨仓,烘干效果较好,物料入磨含水率允许<8%,若同时加设热风炉,水分可放宽到14%左右。但供热、送风系统较复杂,其物料和气流的走向如下:

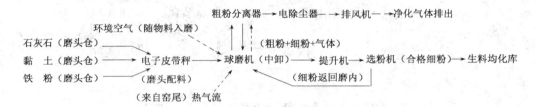

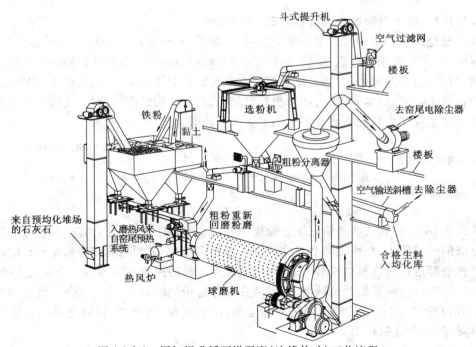

图 4-1-2-1 尾卸提升循环烘干磨(边缘传动)工艺流程

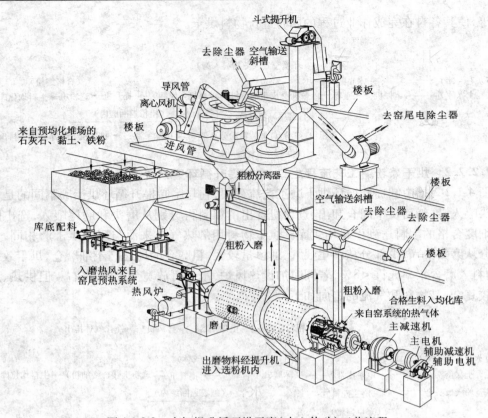

图 4-1-2-2　中卸提升循环烘干磨(中心传动)工艺流程

4.1.2.3　烘干兼粉磨工艺流程之三:立磨系统

无论是尾卸还是中卸提升循环烘干粉磨,粉磨设备(球磨机)与分级设备(选粉机)是分别设置的,二者之间用提升机、螺旋输送机或空气输送斜槽等设备构成闭路循环粉磨工艺系统,比较复杂,占有的地面、空间也比较多。立式磨流程则简单多了,它集烘干、粉磨、选粉及输送设备等于一身,结构紧凑,占地面积和空间小,具有广阔的应用前景,我国近几年新上马的新型干法水泥厂生料的粉磨大多采用了立式磨粉磨工艺:

```
                              电除尘器 - - -▶ 排风机(净化气体排入大气)
                                  ▲
                                  |
热气体(底部进入)                   |
         ┄┄▶ 立磨(磨内设有选粉设备)┄┄┄┄▶ 旋风除尘器 ────▶ 生料均化库(合格生料)
被磨物料(腰部进入)
```

从图 4-1-2-3 的立式磨的粉磨工艺流程中可以看出,来自磨头仓含有一定水分的配合原料从立磨的腰部喂入,在磨辊和磨盘之间碾压粉磨,来自窑尾预热器或窑头冷却机的废热气体从磨机底部进入对物料边粉磨边烘干,气流靠排风机的抽力在机体内腔造成较大的负压,把粉磨后的粉状物料吸到磨机顶部,经安装在顶部选粉机的分选,粗粉又回到磨盘与喂入的物料一起再粉磨,细粉随气流出磨进入除尘器,由它将料、气分离,料就是细度合格的生料了,气体经除尘净化后排出。

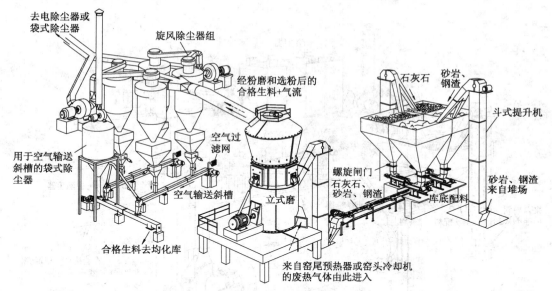

图 4-1-2-3　立式磨生料粉磨工艺流程

立式磨与球磨机相比,电耗可下降 10% ~25%,烘干物料水分 6% ~8%,采用热风炉配套可烘干水分 15% ~20% 的物料,大型立式磨的入磨物料粒度高达 100 ~150mm,可省略二级破碎。

4.1.3　水泥磨系统

熟料刚出窑时的温度约 1000℃,即使进行了冷却处理,温度也在 200℃ 左右,这么高的温度是不能立即入水泥磨的,我们需要把它放在堆场或储库里存放一段时间,让它们再继续自然冷却,这样做一是保持窑磨生产的平衡,有利于控制水泥质量;二是让它吸收空气中的部分水蒸气,使熟料中的部分 $f\text{-}CaO$ 消解为 $Ca(OH)_2$,其反应式:$CaO + H_2O(汽) = Ca(OH)_2$。

这个反应的结果是减少了熟料中 $f\text{-}CaO$ 的含量(越少越好),使熟料内部产生膨胀应力,提高了易磨性并改善了水泥的安定性;三是不至于让磨机筒体和磨内的温度过高,有利于磨机的安全运转,并能防止石膏脱水过多而引起的水泥凝结时间不正常。

4.1.3.1　水泥粉磨工艺流程之一:尾卸提升循环磨系统

目前水泥粉磨多采用球磨机,见图 4-1-3-1 其系统流程与生料粉磨基本相似,但不采用烘干磨,因为它所处理的物料是熟料、石膏及混合材,而熟料出窑时是不含水分的,因此也就谈不上边烘干边粉磨了。石膏的掺加量 3% ~6%,不算多,含一些水分对粉磨和调节水泥的凝结时间有利。若加矿渣,量不大时也不必烘干。但参加量大时(如生产矿渣水泥)必须要单独烘干(下面要讲到烘干机),因为它的水分太高了。这样一来,水泥的粉磨就不像磨制生料那样需向磨内通入热气体,而且还要向磨内喷入少量的雾状水,以降低粉磨时的磨内温度。水泥粉磨闭路流程如下:

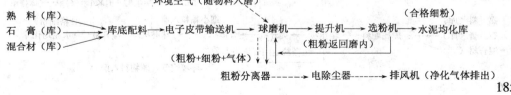

185

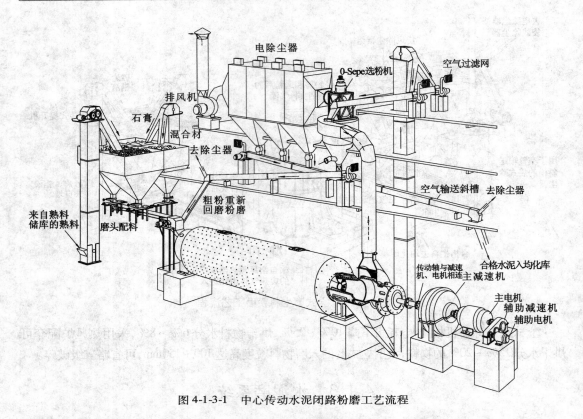

图 4-1-3-1　中心传动水泥闭路粉磨工艺流程

4.1.3.2　水泥粉磨工艺流程之二:辊压机与球磨机共同组成的粉磨系统

随着新型干法水泥生产工艺技术的发展,水泥粉磨工艺和装备技术也如同生料制备那样呈现出了以下特点:一是设备的大型化,二是工艺新。新设备、新工艺的应用,各种新型设备的组合,优势互补,带来了水泥粉磨效率的提高。目前我国除了单机闭路或开路粉磨系统外,还与辊压机组成了联合混合粉磨系统、半终粉磨系统、终粉磨系统、分别粉磨和串联粉磨等水泥粉磨工艺系统,集打散、分级、粉磨于一体,大大提高了粉磨效率。

1)开流高细高产磨技术

图 4-1-3-2 是开流高细高产磨技术在辊压机与球磨机组成的联合粉磨工艺系统上的应用,其显著特点就是有效解决了开路粉磨系统的水泥粉磨工艺中普遍存在并长期困扰我们的过粉磨现象问题。在磨机的粉磨作业中,过粉磨现象逐仓恶化,严重影响了水泥粉磨系统的生产能力和节能指标。运用开流高细高产磨技术对管磨机实施技术优化改造,可有效提高磨机的台时产量,降低电耗,这对提高企业生产能力,降低生产运行成本都曾起到了积极作用。粉磨过程中辊压机和球磨机的各自承担的粉碎功能界限比较明确,辊压机对入磨机前的物料努力挤压,尽量缩小粒径,将挤压后的物料(含料饼)经打散分级打散分选,将大于3mm以上的粗颗粒返回挤压机再次挤压,小于一定粒径(0.5~3mm)的半成品,送入球磨机粉磨:

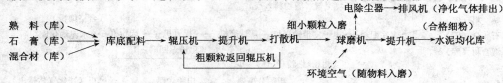

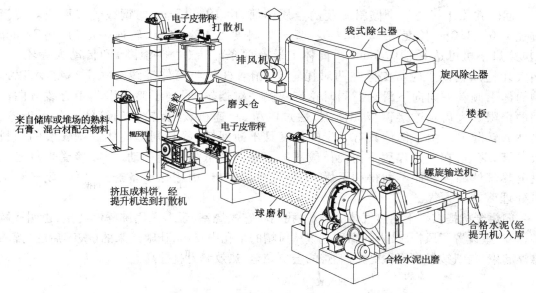

图 4-1-3-2　开流高细高产磨工艺流程

2）半终粉磨系统

如果将辊压机挤压后的物料经打散送入选粉机选出一部分成品不再经过磨机粉磨而直接与水泥库,选出的粗粉送进球磨机里进行粉磨,这就是半终粉磨系统,它必须是闭路的:

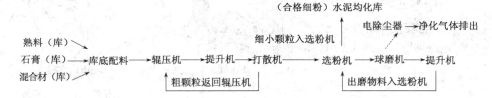

3）终粉磨系统

终粉磨系统的成品完全由辊压机产生,经过打散机送入选粉机直接分选出成品。挤压物料中的成品含量就是系统中的水泥产量,因此对于该系统既要有较高的压力,已产生足够数量的成品,提高产量,又要让物料有一定的循环挤压次数,来保证产品细度:

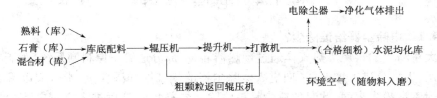

4.1.3.3　矿渣要在烘干以后入磨

磨制水泥时,对石膏、矿渣的水分有严格的限制,否则会出现"糊磨"、"包球"等现象,导致磨机产量下降。所以要对水分较高且掺加量较多的矿渣进行单独烘干后再与熟料、石膏一同入磨。目前常用的烘干设备是顺流式回转烘干机,见图4-1-3-3。

回转式烘干机是一个倾斜安装的金属圆筒,由 10～15mm 的钢板焊接而成。转筒直径 1.0～3.0m,长度 5～20m,$L/D = 5～7$,斜度为 3%～6%,转速一般为 2～7r/min(快速烘干机可达 8～10r/min)。筒体上装有两条轮带(也叫滚圈)和传动大齿轮(也叫大牙轮),借助于轮带支撑在两对托轮上,俯看托轮与筒体轴线有一微小角度,以控制筒体沿倾斜方向向下滑动。同时轮带两侧一对挡轮,限制了筒体沿其中心线方向窜动的极限。大齿轮连接钢板筒体上,通过电机、减速机、小齿轮带动筒体上的大齿轮,筒体回转起来。由于筒体具有一定的斜度且不断回转,物料则随筒体内壁安装的扬料板带起、落下,在重力作用下由筒体较高的一端向较低的一端移动,同时接受来自燃烧室的热气体的传热而不断得到干燥,干料从低端卸出,由输送设备送至储库,废气经除尘处理后排入大气。

向烘干机提供烘干用热气体的炉子,我们叫它燃烧室,现多采用沸腾燃烧室,也叫沸腾炉,炉膛里设置了风帽,鼓入的高压空气从风帽的小孔中喷出,让喂进来的(破碎后的)煤渣悬浮起来,与氧接触的面积更大,燃烧的会更完全,热效率也就越高。

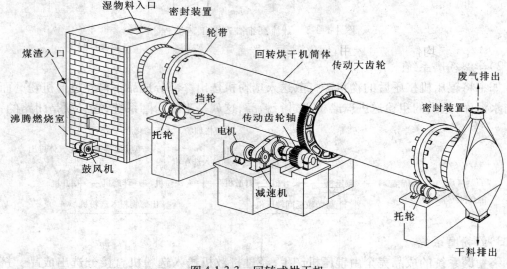

图 4-1-3-3　回转式烘干机

4.1.4　电除尘器

4.1.4.1　电除尘器给谁除尘?

含有大量粉尘的窑尾废热气体通过预热器后,一部分送给了原料磨系统,用于粉磨生料时烘干之用,大部分进入增湿塔(向进入电除尘器的烟气增加湿含量,水分应以雾状分布在烟气中并附着在粉尘表面,此时的粉尘易被电除尘器补集),然后进入窑尾电除尘器净化处理。而生料粉磨时也会产生大量粉尘需要除尘处理,因此就在原料磨和窑尾预热器之间,安装了一台处理粉尘能力很强的除尘设备——电除尘器,它承担了生料粉磨和熟料煅烧所产生的粉尘处理任务,处理量很大,十分艰巨。除此之外,窑头冷却机产生的大量废热气体除了一部分作为二次风入窑、三次风进入分解炉外,还剩大量的废热气体也要用电除尘器处理,还有水泥磨、煤磨也可以采用电除尘器(或袋式除尘器)净化含尘气体。

4.1.4.2　电除尘器的振打机构怎样清灰？

为及时清除正负电极上的积灰,电除尘器都装有定时振打清灰装置,见图4-2-4-1。常用的振打装置有:锤击振打装置、弹簧、凸轮振打装置与电磁振打装置,它们要对分布板、沉淀机和放电极进行振打清灰,每个电场各有一套沉淀极和放电极振打装置,一般设置在电场终端,传动装置运转要灵活,并且与壳体之间要保持密封。要想把沉淀在正负电极上吸附的粉尘"敲打"下来,振打锤应有足够的振打力,否则达不到清灰的效果,不过也不能用力太猛了,免得造成粉尘的二次飞扬。

4.1.5　压缩空气站

新型干法水泥生产均采用生料均化库、水泥均化库、气动脉冲袋收尘、气动自动计量包装机、气动仓式泵等气体技术和设备,窑系统的点火、窑尾废气增湿、启动阀门、空气炮等都需要压缩空气为其"服务",因此固定式空压机站和移动式空压机站得到普遍采用。

水泥厂通常根据用气量集中设置空气压缩站,使用管道将压缩空气送至各个车间单独设置的储气罐,由储气罐向本车间各用气点供气。见图4-1-5-1所示。例如生料制备系统主要供应袋式收尘器和气动阀门的用气,一般只会单独设置一个储气罐,容量大约为2个立方。当然生料均化库也可以用,但生料库一般都用罗茨风机供气即可,空压机不一定放在哪里就供哪里用气,一般厂内压缩空气管道都是连通的,可以互相补充。水泥厂空压机数量根据水泥线产能及用气量大小一般设置为3~8台不等,其中一台作为备用。

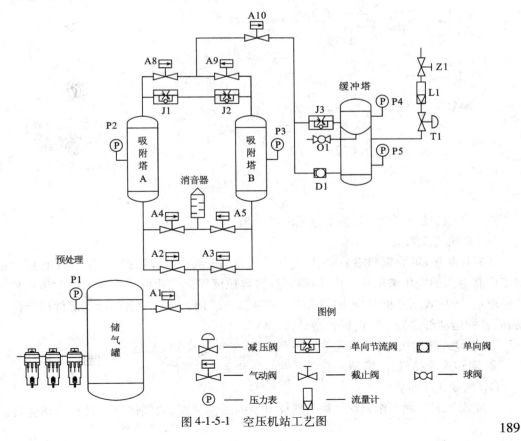

图4-1-5-1　空压机站工艺图

4.1.5.1 空压机站的组成

（1）主机

空气压缩机是气源装置中的主体，它是将原动机（通常是电动机）的机械能转换成气体压力能的装置，是压缩空气的气压发生装置。

（2）油路系统

包括油箱、冷却器、油滤清器、断油阀、温控器等。当空压机启动时，内部接近密封状态，油路首先建立压力，在压力作用下，对主机工作腔喷油，同时也进行润滑和密封。

（3）气路系统

环境空气过滤后由卸荷阀进入压缩腔，与润滑油进行结合并进行压缩。与油结合的压缩气体经过单向阀进入油气分离桶、油气分离器、气冷却器、汽水分离器，出空压机后经储气罐、冷干机、精密过滤器进入厂区压缩空气管网。

（4）控制单元

采用PLC（可编程逻辑控制器）编程自动控制，自动调节气量。

4.1.5.2 空气压缩机

空气压缩机是一种压缩气体提高气体压力或输送气体的机器，是压缩空气的动力源。各种压缩机都属于动力机械，能将气体体积缩小，压力增高，具备一定的动能，见图4-1-5-2。

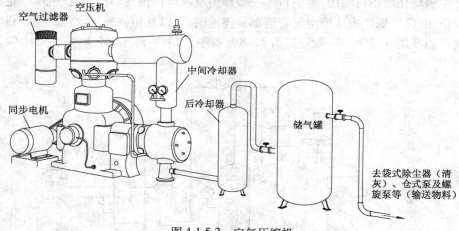

图4-1-5-2 空气压缩机

空气压缩机的种类很多，按工作原理可分为：

（1）容积式压缩机

依靠压缩腔的内部容积缩小来提高气体压力的压缩机。容积式压缩机的工作原理是依靠工作腔容积的变化来压缩气体，因而它具有容积可周期变化的工作腔。按工作腔和运动部件形状，容积式压缩机可分为"往复式"和"回转式"两大类。前者的运动部件进行往复运动，后者的运动部件做单方向回转运动，包括：

① 往复式压缩机，其压缩元件是一个活塞，在气缸内作往复运动。

② 回转式压缩机：压缩是由旋转元件的强制运动实现的。

（2）速度式压缩机

速度式压缩机的工作原理是提高气体分子的运动速度，使气体分子具有的动能转化为

气体的压力能,从而提高压缩空气的压力。包括:

① 离心式压缩机:依靠叶轮对气体作功使气体的压力和速度增加,而后又在扩压器中将速度能转变为压力能,气体沿径向流过叶轮的压缩机。

② 轴流式压缩机:依赖叶片对气体作功,并先使气体的流动速度得以极大提高,然后再将动能转变为压力能。气体在压缩机中的流动不是沿半径方向,而是沿轴向。

水泥厂常用的空气压缩机有活塞式空气压缩机和螺杆式空气压缩机,属于容积式压缩机。

4.2 技能要求

4.2.1 生产过程巡检

4.2.1.1 如何巡检预热器及分解炉？

旋风预热器每级换热单元都是由旋风筒(主要任务是让气固分离)和换热管道(装有下料管、撒料器、锁风阀)组成的,这样,经过上一级预换热单元加热后的生料,通过旋风筒分离后,进入下一级换热单元继续加热升温。换热管道除了承担着将上下两级旋风筒间的连接起来以外,还承担着气体和固体的输送任务及物料的分散、均布、锁风和气、固两相间的换热任务。巡检对象主要包括:三次风管、预热器、分解炉、分解火嘴、预热器供水水泵、煤粉分配器及所属设备。

1)开车前的巡查

(1)观察各级预热器及分解和管道炉壳体是否有变形凸起和裂纹。

(2)预热器上下管道各处的连接是否牢靠,有无松动;分解炉的各点连接手否良好。

(3)用手轻松地打开阀门,确认阀活动灵活,使翻板阀处于全开状态。

(4)关闭所有的人孔、清扫孔、取样孔等,确认预热器内无异物,做投球实验,确认各级预热器下料管道畅通。

(5)确认三次风挡板位置,动作是否灵活。

(6)确认燃烧器处于工作状态(位置适当,保护材料无损坏等)。

(7)煤粉分配器检查:压缩空气压力,确认空气管路系统不漏风;确认截流阀处于全开状态。

2)运转中的巡检

(1)用眼观察各级预热器有无堵塞现象,用耳听空气炮的工作情况并观察喷吹间隔是否正常。

(2)检查窑尾烟室及烟道结皮是否严重,如有结皮要及时清理。

(3)各捅孔门要关闭,查看锁风翻板阀、排灰阀孔盖处密封情况,是否漏风漏料。

(4)观察各个翻板阀的开启次数及开启角度是否符合要求,动作是否灵活,必要时要调整重锤的距离。

(5)通过观察孔查看有无积料、浇注料是否脱落。

(6)检查三次风管道、分解炉、预热器及管道有无掉砖、过热现象,各膨胀节连接管的伸缩状态是否正常。

(7)查看温度、压力等检测仪器仪表是否完好,显示数值是否超过界限。

(8)查看轴承运转情况,及时添加润滑剂。

(9)煤粉分配器:管路及其他装置是否漏风;注意放出过滤器的水;检查截流阀开或闭的位置是否正确。

3）停车后的检查

（1）检查整个系统的耐火材料情况。

（2）检查各级预热器内筒是否完好。

（3）检查喷煤嘴的保护材料有无脱落现象。

（4）检查各级挡板是否完好。

（5）检查整个系统内部结皮积料情况。

4）预热分解装置的巡检点

图4-2-1-1是预热分解装置的巡检位置和润滑点,润滑卡见表4-2-1-1。

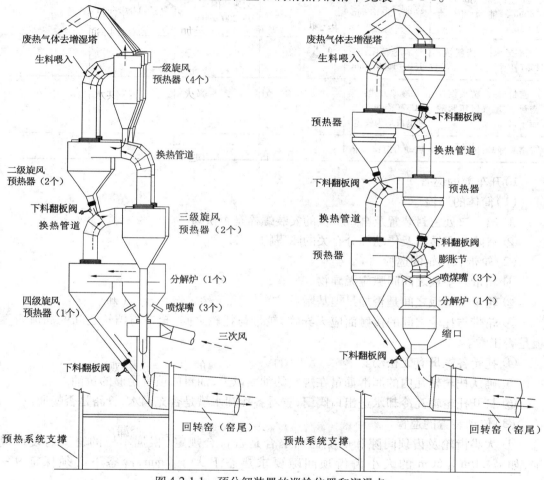

图4-2-1-1　预分解装置的巡检位置和润滑点

表4-2-1-1　预热分解装置的润滑卡

润滑部位	润滑方式	润滑油牌号	补充周期	补充量
翻板阀轴承	油杯	1#锂基脂	酌情	适量

4.2.1.2　怎样巡检回转窑?

我们在"3.1.4.3 回转窑系统的组成是怎样的?"中对回转窑已经有了一定的认识,下面以 $\phi 4.8m \times 74m$ 为例,看一看它的主要参数有哪些,技术性能如何。

表 4-2-1-2　φ4.8m×74m 窑的主要性能及参数

窑　体	主传动电机	主减速机	测速发电机	辅助传动电机	辅助传动减速机
规格:φ4.8m×74m（筒体内径×长度）	型号:ZSN4-400-092	型　号:JH710C-SW305-40	型号:ZYS-3A	型号:Y250M-4	型　号:JH220C-SW302-28
熟料产量:5000t/d	功率:630kW	中心距:1507mm	功率:22W	功率:550kW	中心距:490mm
型式:单传动、单液压挡轮	电枢电压:660V	公称速比:40	电压:110V	电压:380V	公称速比:28
转速:主传动0.35～4r/min，辅助传动8.52r/h	转速:1500r/min		测速范围:0～2000r/min	转速:1480r/min	
窑支承:3 档斜度:4%（正弦）	调速范围:130～1500r/min				
密封形式:窑头钢片密封;窑尾气缸压紧端面密封	冷却方式:IC37（冷却空气进出口均为管道）				
窑头冷却:风冷	启动力矩:2.5 倍				

1）开车前的巡查

（1）筒体的巡检

① 出入口处密封装置及窑口护板的安装螺栓是否松动。

② 清除与回转窑及传动部分有关的障碍物。

（2）轮带和托轮的巡检

① 轮带与垫板之间间隙应无异物。

② 轮带与垫板之间是否加足锂基脂。

③ 轮带与托轮之间的接触面应无异物,轮带与托轮之间、轮带与挡轮之间的润滑石墨板是否正常。

④ 托轮各螺母有无松动。

⑤ 确认托轮轴瓦内的润滑油量在规定的油面以上,油封内填有足够的黄油。

⑥ 打开托轮轴瓦冷却水进出口阀门,查看各冷却水槽是否充满水,管路是否畅通。

（3）传动装置的巡检

① 大小齿轮及齿顶间隙和侧隙齿面啮合是否符合规定（根据本厂的窑型的设计规定,如 φ4.0m×60m 的大小齿齿顶间隙要求热态下大于 7mm,冷态下必须保证 9～11mm）。

② 确定大齿轮喷油装置油罐内的油量在油位计的规定油面,确认空气管道、油管道是否有漏气漏油现象。

③ 确认主辅减速机之间的离合器是否能正常离合,机内润滑油量在规定的油位之上。

④ 安全装置是否齐全。

（4）窑头罩的巡检

① 耐火材料有无松动、剥落、变形。

② 窑门是否关严。

2）运转中的巡检

（1）筒体的巡检

① 目测筒体焊缝有无裂缝、有无裂纹出现，是否有变形。

② 观察筒体上下窜动是否自如，有无异响和振动情况。

③ 注意有无局部红窑（掉砖）。

④ 窑口浇注有无脱落。

⑤ 窑头和窑尾密封是否严实，有无漏风漏料，密封件的磨损情况怎样，窑头弹簧片、拉紧装置是否完好，窑尾气缸压力不小于 0.6MPa，漏风漏料较严重时要及时更换密封件。

（2）轮带和托轮的巡检

① 观察轮带表面是否有不正常磨损和裂纹。

② 观察轮带与垫板之间的滑移是否正常、垫板是否开焊，润滑石墨板是否正常，托轮、轮带、挡轮受力是否磨损。

③ 观察托轮与轮带、轮带与挡轮的接触面的接触情况是否良好。

④ 观察托轮表面的磨损情况，润滑油颜色是否正常，润滑情况是否良好（润滑脂填充率应为油脂腔体的 1/2～2/3），有无漏水现象。

⑤ 观察托轮冷却水温、轴承油温是否正常（滚滑动轴承温升不超过 30℃，最高温度不超过 65℃；滑动轴承温升不超过 30℃，最高温度不超过 60℃），管道有无渗漏。

⑥ 用工具检测各地脚螺栓有无松动。

（3）传动装置的巡检

① 大小齿轮啮合处的润滑情况，油轮带油是否正常，磨损情况如何。

② 耳听大齿圈与传动小齿轮咬合有无异常声响。

③ 查看大齿圈与筒体连接弹簧板处是否有裂纹，连接件是否松动。

④ 主电机有无异声、振动及过热现象。

⑤ 主减速机有无异常振动，有无异声、漏油，润滑是否良好。

（4）窑头罩的巡检

① 窑筒体前端的挡砖板是否烧红，在烧红的情况下需要打开冷却风机和调节阀门，加大冷却风量。

② 窑头罩与筒体间的无接触密封部分声音有无异常。

3）停窑时的巡检

（1）检查窑头、窑尾护板，如损坏严重应及时更换。

（2）紧固托轮上各部位松动的螺栓。

（3）检查托轮轴的润滑油勺，要求完好。清除托轮下水槽中的沉淀物。

（4）窑头密封磨损情况，用配重调整钢丝绳的松紧程度。窑尾密封的气缸动作灵活。

（5）目测及用仪器测量传动大小齿轮的啮合情况，沿齿高不小于 50%，沿齿长不小于 75%，检查磨损、拉伤、点蚀（表面相对地集中在一个很小部位的局部腐蚀）等情况。

（6）按规范规定调整大小齿轮的齿顶间隙。

（7）检查轮带与托轮的接触情况，要求全线 100% 受力。

4）回转窑的巡检点

图 4-2-1-2 是回转窑的巡检位置和润滑点，润滑卡见表 4-2-1-3。

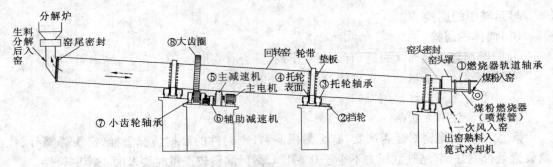

图 4-2-1-2 回转窑的巡检位置和润滑点

表 4-2-1-3 回转窑的润滑卡

序号	润滑部位	润滑方式	润滑剂牌号	标准填充量	首次加油量（L）	补充周期（月）	补充量	换油周期（年）
1	燃烧器轨道轴承	涂抹				按需		1
2	挡轮	压力	L-CKC320	按标准	200	1	油标	1.5
3	托轮轴承	循环	L-CKC460	按标准	450	1	油标	1
4	托轮表面		石墨块					
5	主减速机	油浴	L-CKC320	按标准	500	1	油标	1
6	辅助减速机	油浴	L-CKC320	按标准	15	1	油标	1
7	小齿轮轴承		2#锂基脂	1/2~2/3 油腔	1/2~2/3 油腔	油杯/每班		
8	大齿轮	浸油	3#开式齿轮油	按标准	750	按需		

4.2.1.3 如何对燃烧器进行巡检？

（1）开车前的巡查

① 燃烧器小车及电机的润滑点润滑油脂是否适量。

② 燃烧器是否变形，耐火材料是否剥落，通道是否畅通。

③ 喷煤嘴浇注耐火材料是否剥落，头部各通道是否堵塞。

④ 按工艺要求查看燃烧器的位置是否合适、正确，以防火焰冲刷窑皮、烧坏窑衬。

⑤ 确认燃烧器活动小车移动是否灵活，调节装置是否灵活。

⑥ 清扫燃烧器上的附着粉尘，以保证正常火焰。

（2）运转中的巡检

① 观察喷嘴烧损情况，喷嘴上有无悬挂物。

② 目测喷管管道是否有变形、浇注料烧损及脱落情况、密封处有无漏料。

③ 根据压力表数值分析喷煤风管内的径向风与轴向风比例是否适当，必要时加以调整。

（3）燃烧器的巡检点

图 4-2-1-3 是燃烧器的巡检位置。

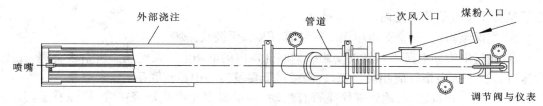

图 4-2-1-3　燃烧器的巡检位置

4.2.1.4　如何对电除尘器进行巡检?

电除尘的结构较为复杂,巡检项目较多,高压柜、低压柜、保温箱、清灰振打机构、输送机、卸料器、进出风管道及电缆等,都在巡检员的视线之内。

1)开车前的巡查

(1)电除尘器本体

① 查看阴、阳极板分布情况是否良好,异极间距偏差情况是否正常。

② 电场内部应清理完毕,做到无杂物、工器具等遗物。

③ 所有阴、阳极振打锤头应回复原始位置。

④ 高压绝缘部件应干净清洁。

⑤ 应拆除临时电场接地线。

⑥ 用摇表测量电场绝缘程度是否符合要求。

⑦ 拧紧各连接部位的螺栓和地脚螺栓。

⑧ 关闭人孔门,挂上安全警告牌。

(2)电收尘器辅助电气设备

① 检查电机、接线盒工作是否良好,用摇表测量电机绝缘程度是否在规定值范围之内。

② 各屏、盘、柜等部件连接是否良好。

③ 接电后查看自动装置是否能正常工作。

(3)电收尘器辅助机械设备

① 检查振打联结杆、各传动罩壳是否完好。

② 减速机是否漏油、缺油。

③ 检查排灰系统风、管路等是否正常。

④ 锁风阀及拉链机是否正常。

(4)电收尘器高压供电装置

① 检查整流变压器油位、信号、工作接地情况是否良好。

② 检查高压隔离开关操作机构状态。

③ 检查隔离开关、高压开关室人孔门安全联锁及闭锁情况。

2)运转中的巡检

① 接通电源后,要注意观察电源电压表的指示值。电除尘器启动后,要仔细观察各电机负荷,不得超过额定值,如果超过额定值,要查明原因并及时处理。

② 变压器:通风是否良好;电机响声是否正常;油量是否在标准线上;是否漏油;地线是否接牢;绝缘终端高压电缆是否有冒火花现象。

③ 高、低压柜:高压柜有无闪络放电,低压柜内接触器,开关,PLC,一、二次电压,电流表

指示是否在正常值范围之内。

④ 查保温箱:石英套管内应无冷凝结露、积灰、无裂纹损坏。

⑤ 通过电流和电压表指针摆动频率判断壳体内的电场电压及电场温度是否合理,在正常运行状况下仪表指针应相对平稳,过高或过低要及时与中控室联系。

⑥ 各电机和减速机:地脚螺栓是否有松动;轴承温度计声音是否正常;导线有无损坏;地线是否接牢;减速机油量、轴承油量是否达到标准线。

⑦ 阴阳极振打重锤撞击是否有力,拉杆瓷瓶是否有断裂。

⑧ 拉链机的刮板及螺旋输送机的叶片不得有擦壳现象。

⑨ 下灰斗是否积灰过多,要经常观察,保持下灰畅通。收尘器各处不应漏风,排风机叶轮振动是否过大。

⑩ 当窑尾烟气中的 CO 含量 >2% 时,应出警报,通知中控室采取措施;当 CO 含量 >2.5% 时,应关闭高压硅整流器;当 CO 含量 >4% 时要关闭系统排风机,并报告给值班长,由工艺人员及时处理。

3) 停车后的检查

① 打开检修门,查看两极板,要求保持平整和间距,电晕丝要垂直,及时紧固松动的电晕丝并剪掉一段的电晕丝。

② 极板振打机构是否保持完好、准确到位。

③ 检查紧固母线和引出线接线螺栓,若有发热变色要及时处理或更换。

④ 查看接地装置,要求必须安全可靠,接地电阻不大于 4Ω。

⑤ 石英绝缘管要求保持清洁、干燥,如发现套管有裂纹要及时更换。

⑥ 机体内部和保温箱内部是否清洁,如发现有工具、铁件、破布、棉纱及其他杂物和灰尘等,一定要清除,保持干净。

4) 电除尘器的巡检点

图 4-2-1-4 是电除尘器的巡检位置和润滑点,润滑卡见表 4-2-1-4。

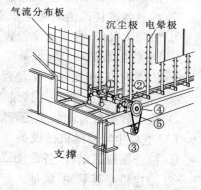

图 4-2-1-4　电除尘器的巡检位置和润滑点

表 4-2-1-4　电除尘器的润滑卡

序号	润滑部位	润滑方式	润滑剂牌号	标准填充量	首次加油量	补充周期	补充量	换油周期
①	轴套	涂抹	1# 锂基脂		按需			
②	振打传动轴承	压注	1# 锂基脂	油杯 2 次/班	按需			
③	振打减速机	浴油	L-CKC46	500L				一年
④	链轮	涂抹	废油		按需			
⑤	链条	涂抹	废油	按需		酌情	适量	

4.2.1.5 怎样巡检选粉机?

1)组合式选粉机的巡检

(1)开车前的巡查

① 检查所有部件有无损坏、腐蚀,各联结点是否有松动。

② 机内转子、导向叶片是否正常,减速机油质正常。

③ 关闭人孔门、观察孔,密闭良好。

(2)运转中的巡检

① 观察壳体、管道有无漏灰漏料现象。

② 目测及用扳手检查各部位连接是否牢靠,有无磨损。

③ 手摸中间分级筒壁观察是否有异常振动。

④ 粗粉、细粉排灰口要求应畅通、无堵塞(若有要及时清堵)。

⑤ 电机、减速机润滑状况,要及时添加油脂;运行中要平检稳,无异常振动和响声。

⑥ 注意经常观察仪表的显示值:电流、电压、温度是否在允许的范围之内。

(3)停车后的检查

① 紧固各部位松动的螺栓。

② 检查转子的磨损情况,如果转子上有粘料要及时清除,清除后要保持平衡。

③ 对磨损、漏风、漏料处及时补焊。

(4)组合式选粉机的润滑点

图 4-2-1-5 是组合式选粉机的巡检位置和润滑点,润滑卡见表4-2-1-5。

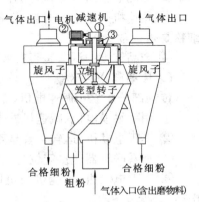

图 4-2-1-5 组合式选粉机的巡检位置和润滑点

表 4-2-1-5 组合式选粉机的润滑卡

序号	润滑部位	润滑方式	润滑剂牌号	标准填充量	首次加油量	补充周期	补充量	换油周期
1	减速机	油浴	ESSO Spar Ep 220	180kg	180kg	酌情	适量	一年
2	电机	注入	3# 锂基脂	轴承内腔 2/3	轴承内腔 2/3	三月	适量	一年
3	转子轴承	循环	N320# 齿轮油	按油标	按油标	酌情	适量	一年

2)O-Sepa 选粉机的巡检

(1)开车前的巡查

① 紧固各联结螺栓。

② 轴套内是否有足量的润滑油。

③ 转动主电机的转向是否正确。

④ 转动转子旋转是否平稳,无卡带、碰撞现象。

(2)运转中的巡检

A. 外观巡检

外观能看得见的由壳体(内装有缓冲板、导向叶片和空气密封圈)、灰斗、进料斗和一次空气、二次空气、三次空气入口及粗粉出口和携带细分气流出口的弯管(空气入口和弯管内粘贴有耐磨瓷砖)。

① 观察壳体、灰斗、进料斗、管道有无漏灰漏料和漏气现象。

② 检查一次空气、二次空气、三次空气入口和气流出口的密闭是否良好。

③ 检查壳体、管道连接处螺栓有无松动和各地脚螺栓的紧固情况。

B. 回转件的巡检

回转部分有转子(撒料盘、水平隔板、涡流整板、上下轴套、连接板组成)、主轴、轴套、轴承组成,转子由撒料盘、水平隔板、涡流整板、上下套筒、连接板组成,采用键连接固定在主轴上。

① 耳听和触摸检查选粉机运行是否平稳,有无异常振动和噪声。

② 目测观察所有监视检测仪表及控制系统是否灵敏、准确。

③ 减速机及轴承的升温、设备进出风、电动机电流、进料、粗粉收集及袋式收尘器收集细粉是否正常。

④ 产品细度的调节是否有效。

C. 传动部分的巡检

传动部分由立式调速电机、立式减速器、梅花联轴器组成,装设在壳体的上端。

① 用手触摸电机、减速机外壳,检查升温与振动是否正常。

② 耳听电动机、运转声音是否正常。

③ 查看联轴器连接定位与固定是否良好。

④ 查看电动机、减速机与机体固定连接是否松动。

D. 润滑系统的巡检

① 根据减速器和轴承的温升、检查减速器、轴承、主轴润滑情况是否良好。

② 稀油站供油是否正常,及时补充油脂。

③ 观察稀油站各输送管道密闭是否严密。

(3)O-Sepa选粉机的润滑点

图4-2-1-6是O-Sepa选粉机的巡检位置和润滑点。

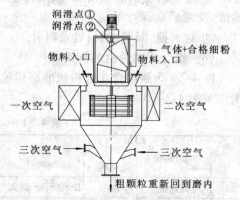

图4-2-1-6　O-Sepa选粉机的巡检位置和润滑点

4.2.1.6　怎样巡检立式磨?

目前新投产的现代化新型干法水泥厂(如日产熟料2000t/d、4000t/d、5000t/d)中生料粉磨大都采用了立式磨,将窑尾预热器排出的废气经高温风机引入磨内作为烘干的热源,同时与来自立磨循环风机的循环风相混合后进入磨内。循环风机的进口设有调节阀,用来调节磨内通风量。立式磨入口设有截止阀,用于停磨时阻止热气流进入磨内。我们在"第三篇中级第一章知识要求第二节粉磨及分级设备"中的"六、立式磨的构造及粉磨过程是怎样的?"提到过立式磨的类型有好多种,表4-2-1-6是ATOX AM-R37.5立式磨的主要性能及参数。

表 4-2-1-6　ATOX AM-R37.5 立式磨的主要性能及参数

设备名称	性　　　能
立式磨	型号:ATOX AM-R37.5　生产能力 260t/h 喂料尺寸最大 >131mm 占 0%,>75mm 占 2%　80μm 筛余 12% 磨辊个数:3　磨盘转速:28.9r/min　磨辊直径:Φ2250mm　宽度:750mm
主电动机	型号:YRKK710-6　电压:6000V　功率:1800kW　转速:992r/min
主减速器	型号:WPU-92/C-280 行星减速机　额定功率:1828kW　传动效率:0.97 输入速度:995r/min　输出速度:29.02r/min
密封用风机	型号:SMIDTH MPF50　风量:30m³/h　风压:Max4800Pa

1)开车前的巡查

(1)查看磨体及所属设备各联结、紧固螺栓、地脚螺栓是否齐全、紧固,所有检查门是否关严。

(2)拉伸杆位置是否正常,无渗漏油,定位块应无松动。

(3)各仪器、仪表、阀门是否正常、灵活,指示刻度要清晰,开度合适。

(4)减速机润滑油箱油位、液压系统油箱油位、磨辊润滑油箱油位、选粉机减速机油位、选粉机干油泵油桶内油位是否正常,各润滑装置管路是否齐全,指示表是否完好。

(5)水箱水量是否充足,管道放水阀是否关闭。冷却水管路是否渗漏,确认冷却水有无,检查冷却水过滤网是否堵塞。

(6)检查喷水管喷水孔是否堵塞,喷水管加固装置是否牢固,护铁是否磨损严重;密封风管与磨辊润滑油管护套是否磨损严重,护铁是否有效。

(7)检查磨内是否有人作业,磨内是否有异物。

(8)导风板、挡风板是否完好、牢固;磨损是否严重。

(9)检查拉伸杆机头防护装置是否安全有效,磨损是否严重;检查扭矩杆磨损情况;检查下料溜子衬板磨损情况,磨辊、磨盘衬板磨损情况。

(10)检查氮气囊压力是否正常,不足时按规定(不同规格的立磨有不同的规定,如 MPSS500B 立磨:13MPa;ATOX37.5 立磨:6MPa;ATOX50 立磨:7MPa)加氮气。

2)运转中的检查

(1)磨体的巡检

① 眼看耳闻手摸磨体的响声和振动情况,噪声低于 85dB(噪声显示仪显示);大磨(300kW 以上)振动在 4.5mm/s 以下,超过 11.2mm/s 必须停机。

② 观察喂料是否顺畅、有无堵塞,粒度≤70mm(规定)。排渣口的排渣情况是否正常。

(2)主拖动电机的检查

主拖动电机采用高压绕线式异步电机,转子串水电阻启动,启动后将水电阻短接,非调速运行。

① 用手触摸电机的振动是否超过允许值。

② 查看仪表显示定子各点温度是否正常,定子、转子的接线点是否过热。电机升温不超过 40℃,最高温度不超过 70℃。

③ 查看仪表电机前后轴承温度显示值,滑动轴承升温不超过 30℃,最高温度不超过 60℃;滚动轴承升温不超过 30℃,最高温度不超过 65℃。

④ 接地保护和地脚螺栓是否牢固。

（3）主减速机的巡检

主减速机安装在磨盘的下部,结构形式有两种:一种是螺旋锥齿轮——圆柱齿轮减速装置;另一种是螺旋锥齿轮——星星齿轮减速装置。它要承受磨盘、物料、磨辊的重量、加压装置施加的压力,磨机运行时,还要承受着垂直压力和冲击载荷,不过在减速机顶部设有滑块止推轴瓦装置支撑磨盘,这样能减轻和缓解垂直压力和冲击载荷对传动系统的影响。

减速机由专用液压油站供油、采用稀油润滑方式润滑。

① 耳听减速器内有无异常声响和振动。

② 手摸减速机壳体感受温度变化情况。

③ 目测或相应的工具检查连接件是否可靠。

④ 目测润滑情况是否正常。

⑤ 观察压力仪表显示值,注意压力变化。

（4）高低压油站的巡检

用于立式磨润滑的液压油站由高、底压两套系统组成,磨机启动前先启动液压油站的低压系统,然后再启动高压系统将磨盘体浮起,使滑块止推轴瓦表面形成油膜,然后再启动磨机。

① 电机和油泵正常时应无异常振动和响声。

② 各输油管线、连接密封应无漏油。

③ 注意观察油位、油压、油温的指示仪表,显示值应在规定的范围之内。

④ 各连接件是否紧固。

（5）分离器部分的巡检

分离器即选粉机,安装在磨体的内部上端,由下部壳体、传动装置、笼型转子(安装在立轴上)、支撑定位装置、上部壳体、转速测量装置和润滑装置组成。

为防止磨腔内的粉尘进入磨辊轴承,在此处设有专门风机用于提供密封空气,从磨辊轴的端部进入轴承内。在风机入口处装有双滤清器以保证空气的清洁,密封空气设有测量管路,安装有膜合式压力表用于测量密封空气的压力。

① 耳听分离器有无异常响声,噪声小于85dB。

② 观察分离器电流是否正常。

③ 手摸壳体有无异常振动。

④ 观察密封风机的运转是否正常,有无异常振动,密封压差 >2000Pa。

⑤ 目测密封风机电流、温度是否正常。

（6）液压控制的巡检

液压加压装置由三组或四组油缸、张紧杆和铰接支撑装置组成,主要作用是为磨辊粉磨物料时提供一定的压力,实现系统的自动卸荷或手动卸荷。磨辊的预加负载由液压施加,油缸的工作腔与蓄能器的油腔相连,充加在蓄能器胶囊中的氮气可起到减振和缓冲的作用。

① 目测压力系统的压力指示仪表,观察压力是否在正常范围之内(14～16MPa)。

② 观察蓄能器的工作压力是否正常,及时补充气体。

③ 检查各部位连接件是否严密,有无泄漏。

④ 拉杆是否处于正常位置。

3）停车后的巡检

① 查看磨盘、磨辊衬板的磨损情况，若有裂痕要及时更换。

② 查看密封管道的密封情况、密封环磨损情况、拉伸管磨损情况和密封情况。

③ 挡料环、喷嘴环、磨辊压力架阻止块的磨损情况。

④ 清洗密封风机过滤器、冷却水过滤器、润滑油过滤器。

⑤ 查看系统仪表及喷水系统，发现堵塞、脱落要及时修复。

⑥ 进出口风管内不应有无积料，要做到及时清理。

⑦ 清理分离器上的异物。

⑧ 查看磨辊内的润滑油油质、油量、做到及时补充，必要时更换。

⑨ 各部位连接螺栓、地脚螺栓有无松动，及时紧固。

4）立式磨的巡检点

立式磨的润滑点主要是分离器转子轴

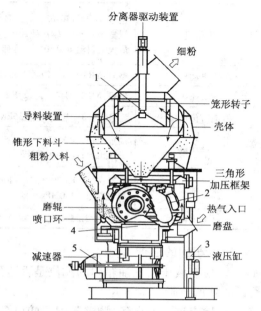

图 4-2-1-7　立式磨的巡检位置和润滑点

承、磨辊轴承、液压缸、主减速机和磨盘液压轴承。图 4-2-1-7 是立式磨的巡检位置和润滑点，表 4-2-1-7 是立式磨润滑卡。

表 4-2-1-7　立式磨的润滑卡

序号	点数	润滑部位	润滑和加换油方式	润滑剂牌号	标准填充量	首次加油量	首次补充周期	补充量	换油周期
1	3	分离器转子轴轴承	每 1/2 ~ 2 年清洗换脂	1# 极压锂基脂	轴承内腔 2/3	轴承内腔 2/3			
2	6	磨辊轴承	压力循环	L-CKC460		60L	半月	油标	半年
3	3	液压缸	稀油站	MobilDTE25	2000L	2000L	适时	适量	二年
4	1	磨盘静压润滑	压力循环	L-CKC460		1000L	半月	油标	半年
5	1	减速机	油浴	L-CKC460		100L	半月	油标	半年

4.2.1.7　怎样巡检辊压机？

辊压机设置在球磨机之前，粉碎水泥熟料及选粉机回料中的部分粗粉，对物料进行预粉磨，可使球磨机系统产量提高 30% ~ 50%，经过挤压后的物料料饼中 0.08mm 细料占 20% ~ 35%，小于 2mm 占 65% ~ 85%，小颗粒的内部结构因受挤压而充满许多微小裂纹，易磨性大为改善。辊面采用热堆焊，耐磨层维修更为方便，表 4-2-1-8 是 HFCG140-65 辊压机的主要技术性能及参数。

表 4-2-1-8　辊压机主要技术性能及参数

设备名称	性　　　能
辊压机	型号:HFCG140-65　　处理量:240～330t/h　　辊径:1400mm 辊宽:650mm　辊压线速度:1.48m/s　正常工作辊隙:25～40mm　最大喂料粒径:80mm 最大喂料温度:150℃　　处理后的物料中细粉含量＜80μm 22%～30%
主电动机	型号:YR500-8　　功率:2×500kW　　转速:750r/min　　工作电压:6kV
主减速机	型号:NGWXG48　　额定功率:500kW　　安装形式:悬挂式
万向节传动轴	型号:5-2B　　额定扭矩:35kN·m　　最大倾角:12°
主液压缸	油缸内径:φ400mm　　油缸行程:90mm 工作压力:7.0～9.0MPa　　系统最大工作压力:10.0MPa
泵站油泵	型号:CBW-F3-20　　流量:20mL/r 额定压力:14.0MPa　　最大压力:17.5MPa
油泵电机	型号:Y132M-4　　功率:7.5kW　　转速:1400r/min

1)开车前的巡查

① 检查液压系统油箱内的油位是否达到制定的油位,电动机、减速机、联轴器等润滑点是否加好油或脂。

② 检查进出料设备,调整各阀门的位置与开度。

③ 查看辊压机各压力、温度、料位、辊隙、电器等仪表是否有指示,核实与中控室联系的准确性。

④ 检查各部位的连接螺栓、地脚螺栓等连接紧固情况。

2)运转中的检查

(1)整体情况巡检

① 观察电机外壳、前后轴承、辊压机轴承等温度检测装置所显示的温度值,不要超过允许值(电机升温不超过40℃,最高温度不超过70℃;滑动轴承升温不超过30℃,最高温度不超过60℃;滚动轴承升温不超过30℃,最高温度不超过65℃),两台电机电流值基本相同,均不超过自身的额定值。

② 耳听破碎响声是否正常,减速机、电动机运转有无异常噪声。

③ 触摸或用听棒检测电动机及减速器壳体、辊压机壳体有异常无振动;观察温度有无变化。

④ 查看进出料、滚缝间隙、主轴承温度、减速机润滑油温度、液压系统油压、干油泵站储脂量、润滑系统及冷却站工作状态等检测仪表显示数据与报警系统是否正常。

⑤ 观察液压和润滑系统的压力显示仪表,压力值不应小于允许值(10～16MPa)。

⑥ 观察各电动机及减速器的输出轴、联轴器、液力耦合器等运动部件的可见部分的运转有无异常。

(2)进料装置巡检

进料装置由进料导板、挡板、侧挡板及其弹性顶紧装置、调节插班组成,设在入料口的顶端,破碎时始终充满物料,由进料装置导向进入腔内压力区。

① 查看恒重仓料位是否稳定。

② 观察分料阀工作是否正常,回料量是否稳定。

③ 仓压自动调节回路是否在正常工作。

④ 根据挤出料饼质量及时调整数据,检查、测量、对比、确定调节插班的位置。

⑤ 根据出料情况判断磨辊端面侧挡板磨损是否严重,间隙是否过大;安装在挡板与侧挡板上的耐磨衬板的磨损是否严重。

（3）观察仪表显示值

① 检查辊压机左侧、右侧辊缝大小是否在范围之内,液压系统工作压力是否在允许范围之内。

② 检查动、静辊左侧和右侧轴承温度是否在允许的范围之内。

3）停车后的巡检

① 查看挡板和侧护板上的耐磨衬板的磨损情况。

② 检测挤压辊、齿轮、轴承、进料插板、液压元件、连接螺栓等,必要时要进行修复或更换。

③ 检查地脚螺栓和连接螺栓,对松动的螺栓用力矩扳手拧紧。

4）辊压机的巡检点

图 4-2-1-8 是辊压机的巡检位置和润滑点,表 4-2-1-9 是辊压机的润滑卡。

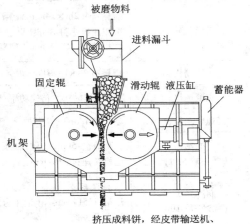

图 4-2-1-8　辊压机的巡检位置和润滑点

表 4-2-1-9　辊压机的润滑卡

序号	润滑部位	润滑方式	润滑剂牌号	首次加油量	补充周期	补充量	换油周期
①	主轴承	油腔	辊压机轴承油脂	36×1000g		15g/h	
②	主轴承迷宫密封		同上	7×1000g		5g/h	
③	滑动导轨		同上	4g	2个月	4g/h	
④	扭矩支撑球面关节轴承		同上	2g	2个月	2g/h	
⑤	抗扭轴球面关节轴承		同上	2g	2个月	2g/h	
⑥	干油站油箱		同上	30×1000g		30×1000g	
⑦	旋转密封		同上	20g	半个月	20g	
⑧	侧壁上止推螺杆		同上	20g	半个月	20g	
⑨	行星齿轮减速器	油浴	L-CKC320	180L	1个月		3个月
⑩	甘油站电机		L-CKC220	2mL	1个月		0.5年
⑪	液压控制	油箱	L-HM32	33L	按需	按需补充	

4.2.1.8 怎样巡检球磨机?

球磨机目前应用的最为广泛,在生料粉磨或水泥粉磨车间都可以听到它们的"咆哮声",虽然立式磨在生料粉磨中已占有了一定的"地盘",但球磨机并不示弱,仍要与立磨"试比高低",见图 3-1-2-1 至图 3-1-2-5,特别是水泥粉磨,基本顶住了立磨的"侵犯",守卫着自己的"阵地"。表 4-2-1-10 是 $\phi4.2m \times 14.5m$ 滑履磨机的主要技术性能及参数。

表 4-2-1-10 $\phi4.2m \times 14.5m$ 滑履磨机的主要技术性能及参数

设备名称	性能
滑履磨	规格:$\phi4.2m \times 14.5m$ 生产能力:$(150 \pm 10)t/h$ 圈流,42.5 级普通硅酸盐水泥 配辊压机 + 打散分级机 入料水分≤0.5% 入料温度≤50℃ 比表面积≥350m²/kg 磨机转速:15.6r/min 研磨体装载量:250t(max) 支承方式:双滑履
主电动机	型号:YRKK1000-8 功率:4000kW 转速:740r/min 电压:10kV
主减速机	型号:JS160-B 传递功率:4000kW 输出转速:15.6r/min
慢速驱动装置	型号:JMZ660 电机功率:55kW 电机转速:740r/min 传动比:98.58:1
油站 (配主减速机)	公称流量:500L/min 油泵型号:XYZ-500 电机功率:18.5kW 电机转速:1460r/min 冷却面积:30m² 冷却水量:45t/h 加热器功率:5×6=30kW
润滑方式 (稀油站 GDR-A2X2.5/125)	1. 低压系统 流量:125L/min 供油压力:0.4MPa 供油温度:(40±3)℃ 电机:Y112M-4B354kW 2. 高压系统 泵型号:2.5MCY14-1B 流量:2.5L/min 供油压力:32MPa 电机:Y112M-62.2kW

1)开车前的巡查

① 滑履轴承稀油站、减速机稀油站的油量要适当,油路要畅通,油箱加好油。

② 传动装置(电动机、减速机等润滑点)和轴承、活动部件等润滑部位需加好油或脂。

③ 拧紧箱底部的放水孔、放油孔的堵孔螺栓。

④ 设备内部、人孔门、检修门的要密闭,各闸门、阀门开启到适当位置。

⑤ 安全联系信号装置和安全保护装置要灵敏可靠。

⑥ 各部位的连接螺栓和紧固螺栓是否松动,拧紧并做好放松。

2)运转中的检查

(1)整体情况巡检

① 耳听或用电耳分析磨音是否正常,判断磨体内衬板或隔仓板等部件有无脱落。

② 用手触摸电动机和减速器壳体,感觉振动、温度和升温是否正常(电动机升温不超过40℃,最高温度不超过70℃;滑动轴承升温不超过30℃,最高温度不超过60℃;滚动轴承升温不超过30℃,最高温度不超过65℃)。

③ 支撑装置壳体有无异常振动和噪声。

④ 目测观察进出料装置密封是否良好,送料是否顺畅。

⑤ 观察仪表显示数值:温度、压力、电压等数值是否在规定的范围之内。

⑥ 密封与连接部位无漏料、漏风、漏油、漏水现象。

⑦ 地脚螺栓有无松动。

（2）支撑装置巡检

① 观察供油系统有无漏油、供油情况是否正常。

② 循环水的水量是否足够，水温正常，无油花。

3）停车后的巡检

（1）检查衬板、隔仓板、箅板的磨损情况并做好详细记录，对磨损严重的要更换。

（2）拧紧松动的衬板、隔仓板、箅板、磨头衬板螺栓，衬板螺孔漏料处要更换垫圈。

（3）磨端盖法兰有松动或断裂是要紧固或更换。

（4）清除隔仓板箅缝中的小球、碎球及杂物。

（5）按工艺要求清仓、补球或配球。

（6）更换或补充减速机的润滑油。

4）双滑履磨机的巡检点

图 4-2-1-9 是双滑履磨机的巡检位置和润滑点，表 4-2-1-11 是双滑履磨机的润滑卡。

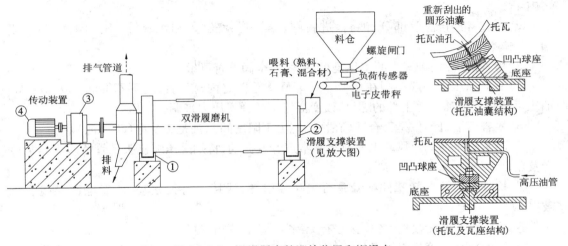

图 4-2-1-9 双滑履磨的巡检位置和润滑点

表 4-2-1-11 双滑履磨机的润滑卡

序号	润滑部位	润滑方式	润滑剂牌号	首次加油量	补充周期	换油周期
1	滑履轴承	循环	L-CKC320	稀油站供油	2个月	8个月
2	进出料密封	循环	1#锂基脂		检查补充	
3	减速机	循环	L-CKC320	稀油站供油	按需	
4	电动机	循环	2#锂基脂			

表 4-2-1-12 滑履磨机（双滑履或单滑履）换油温度参考

油的工作温度/℃	油的牌号	报警温度/℃	主电机调停温度/℃
40～65	N320	65	70
65～85	N640	85	60
85～95	N860	95	100

4.2.1.9 怎样巡检空压机？

（1）开车前的巡查

① 检查压缩机内现存的液体，必要时全部排空。

② 按照规定加好各处润滑油，机内油量以 2/3 为宜，同时用手按顺时针盘动油泵，看两个指示器内均有油滴出时为正常，否则不能使用。

③ 检查各连接部位的螺栓是否牢固，各安全附件是否完好正确，用手转动飞轮 2～3 转，观察是否正常。

④ 若停车时间较长，应通知电工检查电路是否正常，电机绝缘是否符合要求。

⑤ 缓慢打开冷却水进料阀门、检查冷却水是否畅通，然后保持冷却水常开。

⑥ 打开用户自己安装的位于气路系统的压力调节阀。

（2）运行中的检查

① 检查压缩机运转压力（高压、低压）、温度有无异常，空气压力是否在规定的范围之内。

② 检查各连接法兰部分、油封、进料阀、排气阀、汽缸盖和水套等，不得漏气、漏油或漏水。

③ 检查进气阀、排气阀的工作是否正常，安全阀是否灵敏。

④ 润滑油压力一般控制在 0.15～0.35MPa 范围之内，任何情况下不得低于 0.15MPa。油压可通过调节油泵盖上部的螺钉，改变溢流阀的弹簧压力来调整油压。

⑤ 检查压缩机油位是否合适（在视油镜上下限之间），油是否洁净（不浑浊）。

⑥ 经常听压缩机及风扇电机有无异常声音及振动，特别是压缩机头及管路应无异常声音及振动。

⑦ 检查电线及电气零件绝缘是否老化或过热，线接头有无松动，注意电源导线有无破损。

⑧ 检查管路有无损伤，各连接处有无漏气、漏水、漏油现象。

⑨ 检查冷却水管是否畅通（冷却水不得断续地流动或有气泡、堵塞等现象），冷却水出口温度是否正常。每班需放出冷却器、储气罐中的沉淀物 1～2 次。

⑩ 检查电磁开关接点的磨损情况，保险丝有无熔断，控制装置动作有无异常。

⑪ 检查机组固定基座是否牢固，螺栓是否松动。

4.2.2 设备维修与保养

4.2.2.1 预热器及分解炉的堵塞清理及保养有何措施？

预热器及分解炉的位置在窑尾，直立高度达 90m 左右，巡检时要从一层"攀登"到顶层，再从头顶层下到一层，各个部位都要维护好。当预热器或分解炉下料不畅；物料堵塞；地脚螺栓松动；各阀门润滑等要能够及时处理。对于上升烟道、分解炉、五级预热器等部位堵料（原燃料中的碱、氯、硫等挥发性有害成分循环富集到一定程度时，系统内部形成结皮、影响的物料的正常流动，严重时形成堵塞）。巡检工可根据安装在预热器系统上的压力计或 γ 射线发射器来检测内部的工作情况和结皮部位，及时清理。

1）预热器内堵塞的清理

（1）穿戴好劳动保护用品（劳保用品中不允许有化纤制品），准备好捅料工具，同时将与现场无关的其他物品及杂物移到安全处，保护好捅料可能会影响的其他设备，并关闭压缩空气和空气炮。空气炮是以突然喷出的压缩气体的强烈气流，高速直接冲入预热器内的堵料部位，突然释放出膨胀冲击波，使堵塞的物料恢复流动。它是利用空气动力原理，工作介质为空气，由压差装置和可实现自动控制的快速排气阀，瞬间将空气压力能转变成空气射流动力能，可以产生强大的冲击力，是一种清洁、无污染、低耗能的理想清堵吹灰设备。

空气炮具有结构简单、使用安全方便，冲击力大、安全、节能、自动控制、操作简单，不损伤仓斗等基本优点。

（2）夜间清理要有足够照明。准备工作做好后，立即通知中控操作员保持一定的负压。

（3）工作时所站平台人数不得超过三人（特殊情况除外），其余的人应站在现场以外，且所处高度应高于捅料开孔位置，同时做到不影响工作人员遇特殊情况所能闪开的位置。

（4）清扫时，现场人员应处于安全位置和上风向，选择好逃逸路线。清理时要按先上后下的顺序进行，并与中控保持密切联系。

（5）预热器清扫一点时，其余部位不能打开，捅料时人不得正对捅料孔，以防热料喷出烫伤。

（6）使用压缩空气吹灰时，应将管道先对准所处理的物料，确认无误后可开通压缩空气闸阀。取出风管时，应先关闭闸阀然后取出空气管道。

（7）如果压缩风吹不动，可在与钢管连接的橡胶软管（在预热器的外部）内注入少量的水，然后打开高压空气阀，水随高压空气一并进入红热物料中，瞬时形成水蒸气的巨大体积膨胀，堵塞的物料会顷刻从卸料阀冲至下级预热器或窑内。这个方法叫"水炮"。清理时人应尽量远离捅料孔（因水汽化时体积膨胀剧烈增大）。

（8）作业时，不准将捅料工具或其他能够引起堵料的物品落入预热器，一旦有物品掉入预热器应立即向中控及相关人员汇报，做到及时消除隐患。事情处理完后应关闭捅料孔并密封，同时恢复相关设备并清理现场。

（9）清理后的预热器内保证气流与物料畅通，筒壁上没有任何黏结物料。清理出的高温物料要妥善处理，在主要通路上要及时清理或设置必要的警告标志，防止人员烫伤。

（10）向中控室汇报事故，以恢复正常生产。

2）预热器内部结皮清理

（1）清理作业前需通知窑内、箅冷机及地坑内禁止有人，并用警示牌警示。

（2）停窑时将各级翻板阀调起。

（3）旋风筒要逐级检查，有积料要清除干净。

（4）清理下料管翻板阀以下时，应将阀关闭固定，清理翻板阀以上部位时，应用双半圆盖板盖住锥体口，清理锥部时应在锥部以上架设安全防护网或防护板。

（5）清扫防护用品（安全帽、口罩、工作服等）要佩戴齐全。

3）分解炉的清扫

（1）除正常的劳保用品外，还要穿戴耐高温防护服。

（2）确认分解炉温度处于正常清扫温度（风机运转冷却时温度55℃以下），确认分解炉内没有明显暗火，热料堆积，下料管漏料等影响安全因素。

（3）值班主任指定专人在清扫现场指挥、警戒。

（4）清扫分解炉的时间应选择在回转窑停止时进行,禁止边点火边清扫。

4.2.2.2 回转窑如何维修与保养?

要做好回转窑的维护和保养工作,必须对巡检中发现的一些异常情况要及时处理:各连接螺栓松动、断裂要及时拧紧或更换;减速机轴承温度超过75℃要立即降温;更换托轮变质油;及时补充大齿圈和传动齿轮润滑油。有些问题需要报告给班长或值班长:电动机运行不正常(如温度过高超过85℃、响声异常、振动异常、电流过大等);电器开关不灵敏;大齿圈和传动齿轮拉伤或点蚀;托轮、轮带出现剥落、麻面;筒体上下窜动超过设定值;窑头密封板松动、脱落;拉紧钢丝绳断裂;橡皮块磨损过多;键槽拉伤;通体温度过高等,有些需要维修的内容要配合专业人员进行维修。

1）控制窑体沿轴向往复窜动

（1）窜动的原因

回转窑在运转中其窑体的斜度是不变的,在无特殊情况下,托轮很少调整。但轮带会在上下挡轮之间往复游动,俗称窜动。分析主要原因是由于轮带和托轮接触表面之间的摩擦力发生变化引起的。摩擦力等于正压力乘摩擦系数。而轮带与托轮接触表面间的摩擦系数,随着接触表面磨损情况、润滑状态、窑速快慢和风、水、尘土等不同而频繁改变。同时,由于窑的热工制度或气温的改变,也会影响窑体的轴线,从而变更各档正压力的数值大小。这些都会引起摩擦力的变化,从而破坏窑体的相对平衡而引起窑体窜动。

（2）控制窑体轴向窜动的措施

回转窑上下移动是由挡轮控制的。在不受外力的情况下,窑体靠自身重量缓慢向下移动到低位后,限位开关动作、挡轮油泵开启、液压油缸带动挡轮向上移动,推动轮带,从而使窑向上移动,达到上限后,限位开关动作,挡轮油泵停止运转,排油阀打开,回转窑靠自身重量向下移动,周而复始。排油阀的开度可以控制回转窑的下移的速度,当出现特殊情况或液压挡轮失效时,临时可采取下列措施:

① 油调整法:窑在运转中,只要调整好摩擦系数就能控制住窑体的轴向窜动。目前在工厂中,常采用在轮带和托轮接触表面间浇以不同黏度的润滑油来控制窑体轴向窜动,这是行之有效的方法。

调整的步骤:首先必须判断出欲加润滑油的那只托轮所受反力大小及它是推动窑体上窜还是下窜,然后决定加什么油。如果断定该只托轮推窑向上,且原来表面上有油润滑,若欲使窑上窜,则加较原润滑油稠的油,以增大摩擦系数,促使窑上窜;反之亦然。

② 歪斜托轮法:油调整法操作简单,效果明显,但有时窑运转不正常,窜动力过大,用油调整法不能解决问题时,可采用歪斜托轮。

在实际生产中把托轮调歪,使其中心线与筒体中心线呈一定角度 β（为控制筒体下滑,托轮中心线需要歪斜角度的理论值）,见图4-2-2-1。托轮歪斜后转动时,轮带除以 V_1 圆周速度转动以外,还在托轮的歪斜作用下,以 V_2 的速度沿筒体中心方向窜动。当托轮中心线与筒体中心线平行时,筒体下窜,当控制筒体既不上窜也不下滑、保持平衡和稳定时,就使托轮调歪后产生的向上分速度正好抵消了筒体的下滑速度。

对于新安装的窑,托轮的歪斜角度 β 接近于理论值,但随着轮带与托轮宽度上不均匀磨损,其角度不断增大,在正常运转中,托轮调得正确时,其歪斜角度通常在 $1'\sim20'$ 之间。

托轮轴线需要歪斜的方向,可根据图 4-2-2-1 来确定,使托轮与轮带接触处由托轮所产生的轴向分速度 V_2 与窑体需要窜动的方向一致。

因为窑体窜动速度的方向与托轮歪斜方向和窑体回转方向有关,为便于记忆,我们用"仰手律"来说明(图 4-2-2-2):握住双手,手心向上,大拇指与窑体中心线一致,指向窑体窜动方向,四指表示窑体回转方向。这样可以根据窑体转向和需要窜动的方向来选择是利用右手还是左手,在选定的手上,沿四指的中间关节连成的一条直线,即为托轮中心线所需调整的歪斜方向。

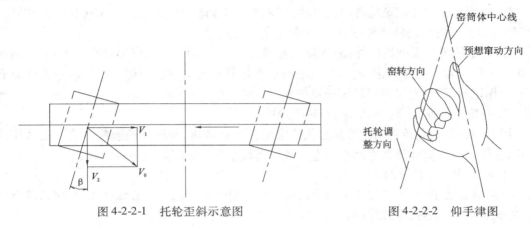

图 4-2-2-1　托轮歪斜示意图　　　　图 4-2-2-2　仰手律图

在制定托轮调整方案时,以控制窑体轴向窜动为主,但要兼顾到使各档托轮受力均衡,以提高回转窑安全运转周期。

(3)托轮调整的要求

① 托轮调整必须是在窑体转动时进行,顶丝每次只能转动 60°～90°,最大角度不得超过 180°。

② 托轮调整一定要成对调整,不能一对托轮只能调其中的一个,各组托轮调整方向要相同、一致,不能出现图 4-2-2-3 现象。

③ 在制定托轮调整方案时,以控制窑体轴向窜动为主,但要兼顾到使各档托轮受力均衡,以提高回转窑安全运转周期。

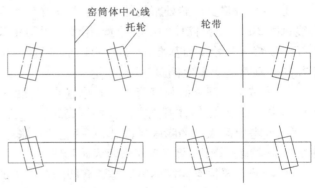

将一对托轮调成八字形　　　两组托轮调成方向相反

图 4-2-2-3

④ 托轮调整完毕后,要严密监视窑的运转情况,观察减速机及传动大小齿轮的啮合有无变化和异响、窑筒体和轮带有无颤动现象,托轮与轮带的接触长度一般应为 60%～70%,各密封装置不应有局部摩擦现象。

2)托轮与轮带的维护

(1)托轮维护

托轮组成承受着窑体全部重量,而且处在运转状态,所以对它的润滑、冷却等是巡检工的常规工作。托轮在运转过程中可能会出现轴瓦过热,追究其原因主要有:

① 筒体中心线不直,托轮受力过大,局部超负荷。

② 托轮歪斜过大,轴承推力过大。

③ 轴承内冷却水管不通或漏水。

④ 润滑油变质或弄脏,润滑装置失灵。

针对具体问题采取相应的维护方法:定期校正筒体中心线、调整托轮、检修水管、清晰润滑装置及轴瓦、更换润滑油。

（2）轮带的更换

① 检测新轮带并记录轮带内径尺寸:用钢卷尺沿新轮带外圆测量三圈(轮带两侧圈及中间圈)周长及对应的轮带厚度,计算出轮带的内径尺寸。

② 测量轮带垫板处筒体外径:拆除旧轮带前,用千斤顶在靠近窑尾处将窑顶稳,在两组托轮组工作位置上做好标记,用吊车或电动葫芦将其从窑头或窑尾退出。同时在窑体原有位置上作记号,用钢卷尺测量轮带处筒体外径。

③ 新轮带的安装、调整、定位、挡轮圈焊接

用吊车或电动葫芦将新轮带从窑头或窑尾密封处送进,与筒体的装配方式一般采用活套式,轮带内径与筒体垫板之间在冷态下预留有较小的装配间隙(3~12mm)。

④ 新轮带的定位、焊接

新轮带套装定位后,在轮带两边临时焊4~6块挡块,带筒体中心线找正、轮带最终定位后,再安装轮带两侧挡板并焊牢。

3）窑内耐火砖的砌筑

（1）砌砖前的准备

① 用扫帚将要砌砖处窑筒体表面清扫干净(为了使窑砖之间密实接触),用水平仪沿窑轴线每隔3m找出窑筒体的中心位置,用墨斗以两相邻的窑筒体中心为端点,划出窑筒体中心线。以窑头开始点为基准,每1m砌体均以窑筒体中心线垂直的圆为参考,防止同一圈砖不在同一垂直面上发生偏斜。

② 将砖圈的圆周面与窑筒体中心线垂直,每圈的第一块砖以窑中心线为基准,将砖置于窑体中心线上,沿筒体圆周方向向两侧砌筑。

③ 要考虑耐火砖的膨胀系数、留有一定的膨胀空间,可在耐火砖之间加入纸板或铁段,在窑温升高时被烧化,留下空间供耐火砖膨胀。

④ 砌砖前要检查窑筒体表面是否有凹陷或凸出的现象,因为窑筒体表面不平整会影响到砖与砖之间的紧密度,粉料或有毒气体很容易进入到砖缝中造成侵蚀。

（2）砌砖要求

① 耐火砖底部要紧贴窑筒体,砖与砖之间用木槌打击敲紧,做到端面平整。

② 根据砖的排布,砌砖有纵向交错砌法和横向环行砌法两种,见图4-2-2-4。后者是目前常用的一种方法。

（3）砌砖作业方法

① 湿砌法:砌筑法是在窑体内壁铺上胶泥,耐火砖的周围也抹上胶泥,然后将耐火砖块逐渐砌筑起来。

② 固定法(干法):窑筒体下半圈人工砌筑,上半圈用砌砖机进行固定,砌砖过程中不需要转窑,砌砖机在窑内移动非常方便。

（4）固定法砌砖作业

固定法砌砖要求使用尺寸精确的耐火砖,并留有耐火砖膨胀缝,从而保证耐火砖在膨胀时不被挤裂。采用此方法铺设耐火砖时,砖与砖之间夹上铁片,(见图4-2-2-5)挤紧,如果砖的大小头出现台阶时,用短条钢片找齐,砖面不平时,用长条钢片找齐。

（5）窑尾锥体的耐火砖的砌砖

在窑尾与进料室交界的地方,窑口有一段为锥形,主要是与进料室配合,使料从小管进到大管中具有一定的斜度,速度减缓比较顺畅,不会在死角淤料、溢料。窑尾锥体的耐火要求比较特殊,最后共有5圈砖,此处的窑砖不能用砌砖机进行,只能采用旋转法砌砖。

首先将5圈砖都砌到一半的高度。因为窑砖成斜面,不可能用窑撑直接与窑砖接触,中间要加有木垫。5圈砖利用3个窑撑、2块木垫将窑砖固定。3个窑撑的长度不一样,利用两端的螺纹来调节窑撑的长度,从而达到将砖圈顶紧的效果。2块木垫与5圈砖都有接触,窑撑放在木垫上,通过木垫将撑力传到窑砖,使窑砖稳固。木垫端部千万不能超过进料室托板的范围,因为在转窑的过程中,木垫会撞到托板,使得整个窑圈都垮掉。撑窑时一定要撑好,工作人员要特别注意安全,以免发生掉砖。

将砖顶紧后转窑90°,然后进行砌砖。将窑砖砌完1/4左右时,再将窑转动,使最后的1/4位于下面,进行最后收尾。

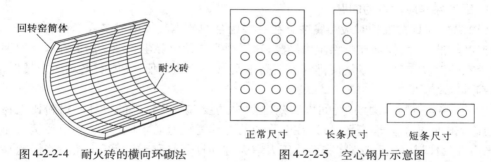

图4-2-2-4　耐火砖的横向环砌法　　　　图4-2-2-5　空心钢片示意图

4.2.2.3　如何维修与保养煤粉燃烧器?

煤粉燃烧器(多通道喷煤管)由多层套管组成,具有一定的刚度,质量也较较重,深入窑内的长度较长。为延长喷煤管的使用寿命,在外管打上了$50\sim100mm$厚的耐火浇注料,以保护其不被烧坏。由于窑内有熟料粉尘存在,尤其遇到飞砂料,它们很容易堆积在喷煤管深入窑内部分的前端。当堆积较多时,再加上受高温的作用,使喷煤管钢材的刚度降低,致使整个喷煤管弯曲。被压弯的喷煤管,射流方向发生变化而失控。这时必须报废换新,造成较大的损失。一旦发生弯曲,就无法平直过来。

1）喷煤管上集料的清除

如何处理弯曲变形?可以利用一根较长的管子,内通压缩空气,将堆积的尘粒定期吹发掉,这方法最简单了。或利用一根长钢管从窑头罩侧面的观察孔门或点火孔门伸入,以观察孔门框为支点,轻轻拨动或振捣,将堆积的尘粒清除。这种操作必须熟练、小心,否则会伤及喷煤管外的耐火烧注料,这时的烧注料因受高温的作用已经软化,稍不小心或不熟练就有伤及损坏的可能,一经发现烧注料损坏就必须立即抽出更换,绝不可存在侥幸心理,误以为再坚持一会儿,不会出现较大的问题。因为烧注料损坏后,喷煤管在很短时间内就能烧坏。

2）耐火浇注料损坏的修复

喷煤管没有冷却、工作环境比较恶劣,在使用过程中有时会使耐火浇注料(喷煤管外部的保护层)损坏,如炸裂、脱落、烧灼等。在修补时需做到:

(1)防止炸裂。修补时关浇注料质量,施工时要考虑到扒钉和喷煤管外管的热膨胀因素。

(2)防止脱落。主要由于入窑二次风高温从喷煤管下部进入窑内,使喷煤管受热不均导致浇注料一块一块脱落,修补前要将扒钉和外管外表彻底地除锈,浇注料与金属的固结要牢靠。

(3)防止烧灼。浇注料受高温、化学作用和风速的冲刷而一点一点掉落,逐渐减薄烧损,最后失效。这种实效是慢性的,在落出扒钉时就要及时更换,将损失降到最低。

4.2.2.4 如何维修与保养电除尘器?

回转窑的窑尾废气和原料磨的粉尘共用一台大的电除尘器处理,窑头冷却机的粉尘由另一台电除尘器处理。电除尘器的体积大,电耗高,结构比袋式除尘器要复杂得多,巡检时不仅要看除尘器的仪表所显示的数据,还要注意观察风机、通风管道、连接件的密封情况,做到精心保养,及时处理常见故障,对于极板变形或位移、极间距调整、绝缘由于结露或积灰而泄漏、电晕线断线或短路、放电框架振打过强或振打失灵、分布孔板被堵、排灰装置严重漏风等,要报告值班长并配合专业检修人员维修处理。

1)维护保养应注意的问题

(1)除尘在日常维护时最怕腐蚀。在一些场合的含尘气体中或多或少都有水分。当气体的温度较低时,气体会在电除尘中结露,这样很容易使电除尘腐蚀。因此在操作时要特别注意废气的温度与气压,尽量使排气温度高于露点一定的数值,气体的绝对压力越低,则气体的露点也就越低。

(2)一些比较特殊的场合(如煤磨),电除尘还设有一些特殊的设计。煤粉比较易燃易爆,会造成电除尘的内部变形,所以在电除尘的上部需设有防爆阀,它是利用弹簧来压住阀门,当内部气体燃烧时,气体膨胀而使压力增大,此时阀门便会被打开。在一些煤粉易沉积的地方或煤粉水分较多处,除尘器的机壳处需设有电加热装置。

(3)电除尘器的内部还设有一些温度、O_2、CO等侦测装置以及惰性气体喷射系统。在中控室中要随时注意系统的 O_2、CO 及温度,风压值,警报信息及防堵指示等。现场人员巡查到电除尘器时,要注意电除尘器料柜下料点的负压,观察卸灰阀、粉尘输送设备、机壳的温度是否正常。

(4)除尘器的顶部有一些下凹的排水槽。由于铁锈及粉尘的淤集,会将排水槽堵塞,这样淤水排出去就比较困难,从而加剧了机壳的锈蚀。在电除尘机的顶部,也要注意观察各个人孔、防爆孔、法兰等接缝处有没有漏气。在停机的过程中,要检查内部是否有锈蚀、异常结料、积料。检查极板、极线是否有弯曲、变形或者是距璃太近等异常。

2)机体的维修和保养

(1)每周对保温箱进行一次清扫,在清扫过程中需同时检查电晕极支撑绝缘子及石英套管是否有破损、爬电等现象,如果有破损,则应及时更换。

(2)每周应检查一次各振打转动装置及卸灰输灰转动装置的减速机油位,并适当补充润滑油。

(3)减速机第一次加油运转一周后更换新油,并将内部油污冲净,以后每次 6 个月更换一次润滑油。

（4）每周清扫一次电晕极振打转动瓷联轴,在清扫过程中需同时检查是否有破坏,爬电等现象,如果有破坏,则应及时更换。

（5）每年检查一次电除尘器壳体、检查门等处与地线的连接情况,必须保证其电阻值小于 4Ω。

（6）据极排的积灰情况,选择适宜的振打程序或另编程更改程序。

（7）每 6 个月检查一次电除尘器保温层,如发现破损,应及时修理。

（8）每年测定一次电除尘器进出口处烟气量、含尘浓度和压力降,从而分析电除尘器性能的变化。

3）电气部分的维护

（1）高压控制柜和高压发生器均不允许开路运行。

（2）及时清扫所有绝缘件上的积灰和控制柜内部积灰,检查接触器开关、继电器线圈、触头的动作是否可靠,保持设备的清洁干燥。

（3）每年更换一次高压发生器的干燥剂。

（4）每年一次进行变压器油耐压试验,其击穿电压不低于交流有效值 40kV/2.5mA。

4）电晕线断裂的处理

（1）由于振打作用产生间隙,使电晕线挂环和框架挂钩的连接处产生弧光放电,挂环与挂钩连接处烧断。可将挂环与挂钩连接处电焊牢固。

（2）由于电晕线松弛,在枕打时产生摆动,引起电弧放电,烧断电晕线,可缩短电晕线长度或采取拉紧措施。

（3）因漏风引起冷凝,造成电晕线腐蚀断裂,应加强密闭堵漏和保温措施。

（4）因振打力过大极限疲劳,造成电晕断裂,应降低振打力使之保持适中。

（5）因废气中 SO_2 造成电晕线腐蚀断裂,应该用耐腐蚀电晕线。

4.2.2.5　如何维修与保养选粉机？

巡检工要做到腿勤、手勤,眼睛注意查看并分析仪表示值,对有松动或断裂的各连接螺栓要及时拧紧或更换;减速机轴承温度超过 75℃要立即降温;由于润滑油脂不足量或油脂杂质过多、变质而引起的立轴滚动轴承发热、齿轮箱发热、齿轮热塑性变形及异常响声等,要及时补充油量,或更换杂质过多、变质润滑油脂;齿轮啮合间隙发生变化时要及时调整;立轴下部轴承漏油要及时处理。有些问题需要报告给班长或值班长,并配合专业人员进行维修和维护。

1）离心、旋风选粉机齿轮啮合间隙的调整

离心选粉机的立轴是由圆锥直齿轮传动的,长期运转会导致啮合间隙发生变化,因此需要对其进行调整。调整时可先旋动大锥齿轮上部的调整螺帽,螺帽上分成若干格,每转一格,上下位移 0.3~0.4mm,还可以用横轴传动端支撑端面的垫片来调整小锥齿轮的轴向移动距离,从而调整两个锥齿轮的啮合间隙。锥齿轮接触面的位置应在牙齿表面的中央部位,调整接触面位置时,要区别空载和量载的不同情况,对接触面的不同情况通过移动安装距离的方法加以改善。

2）离心、旋风选粉机立轴的更换

选粉机立轴出现的故障主要表现为传动轴晃动,严重时连选粉机机壳一起晃动。主要原因是立轴下部轴承散架或立轴轴承位置发生磨损。此时需更换新轴（或拆下处理轴承）,

处理方法和步骤：

(1)打开选粉机上盖左右两边的检查门。

(2)拆下主风叶和小风叶及撒料盘,用检修起重机或手拉葫芦从两边把风叶盘及回转体平平吊起。

(3)松开立轴下面的大螺帽,将风叶盘及回转体轻轻放在内锥体上。

(4)吊起立轴根据损坏情况进行修补。

(5)然后按照上述相反的步骤再把立轴连同撒料盘装进去。用框式水平仪在主轴垂直圆柱上,从两个方向检查轴的垂直度,用在主梁和减速机底座加垫铁的方式进行调整,是主轴的垂直度不大于0.1mm/1000mm,装好后用手转动,要保证灵活。

3)离心式选粉机内壳堵塞或破裂的判断和处理

(1)内壳堵塞:若选粉机停机时间较长,粗粉室(内壳)下料口处的积灰冷凝或掉进其他杂物而堵塞。再运转起来粗分回料量为零,通过磨内的物料量只有新喂入的配合原料而没有回粉量,出磨提升机负荷值下降了。而在细粉室那里,接受了从回风叶溢入的内壳积存的粗粉,也就相当于接受了所有来自磨机送来的物料。这时的选粉机并没有起到分级的作用,成了一个临时中转站。赶紧停机检查,否则会有更多的粗粉流入到成品中。

(2)内壳破裂:选粉机在运行时,在选出的生料中有明显的粗颗粒,采取推进控制板或增加辅助风叶等办法后也没有改变效果,这一定是内壳磨损了。由于内壳筒体下端是粗颗粒物料回磨的必经之路,此处物料流向转弯了,经常受到物料的摩擦,很容易磨薄而形成破洞。停机检查时,需要明灯照耀,内外察看。若磨损不够严重,可临时补焊,待定期检修时再彻底处理。

4)组合式选粉机的轴承发热、响声异常的处理

选粉机在运行时如果没有及时补充或更换润滑油、横轴端法兰螺栓松脱或上部调整螺母丝扣滑牙、或配合松动,游隙增大等,都会致使轴承发热、响声异常,此时需加油、重新攻丝并加大螺栓或处理轴头把、换螺帽等方法处理。

5)组合式选粉机叶片被打坏或掉落致使机体摆动的处理

这种情况主要是:

(1)由于叶片本身质量问题、重量不一所致,此时需更换叶片,称重均匀安装。

(2)固定叶片螺栓松动,需加垫片拧紧螺栓。

(3)当初安装不当,产生了向上或向下偏斜,需调整安装位置。

以上工作必须是在磨机系统(磨机、喂料设备、输送设备)停机后进行。

6)O-Sepa选粉机立轴下部轴承漏油的处理

O-Sepa选粉机的立轴下部轴承有上下两个油封密封,通过端盖固定,轴承采用稀油循环润滑。转子旋转时在离心力的作用下产生一定的旋转风,通过排风机的抽力,加快了旋转风的流速,在选粉机的转子下部空腔形成了强大的负压区。油封为橡胶制品,与轴形成软密封。在没有外力的情况下,密封效果很好,但由于受到强负压风的影响,油封受到抽力而产生变形,进而与轴之间产生间隙。稀油受到强负压风力的抽力而沿着轴与油封的间隙向上流出甩向转子外周,顺壳体溅到地面。

解决措施的办法可以在上端盖上再做一个密封压盖,密封腔内充填油浸盘根。为增加油流阻力,减少负压的影响,尽量将密封盖的厚度加大,以多加盘根。新增压盖中加两层盘

根。另外考虑到不能大拆大卸原零件,将新增压盖用手锯从中心位置锯成两半,分体安装。将两层盘根缠在轴上,再将两半压盖压紧盘根拧上螺栓,并在两半压盖的锯断间隙内填满液态密封胶,这样就可以防止漏油了。

4.2.2.6　如何维修与保养立式磨?

巡检工不仅要按时巡回检查立磨的运行情况,发现下列问题时还要及时处理:更换泵站油过滤器、水过滤器、空气过滤器;皮带跑偏的调整;斗式提升机联轴器柱销的更换;磨辊更换;蓄能器的充压;漏风及漏料的处理;润滑油的添加与更换等。有些问题要报告值班长并配合专业维修人员解决:电动机、减速机温度过高、响声异常、振动过大;电机电流过大;电气开关不灵敏;设备严重漏油、漏料、漏气;泵站回油不畅或回油不稳定、油压不足;磨内有异音、磨体振动偏大等。

1)主减速机油温偏高的原因及处理

油温偏高的主要原因是油质差、油位偏高或透气孔、冷却器、油过滤器堵塞、冷却器水量不足或中断所致。应清理、疏通阻塞处,更换润滑油、补足冷却水、修复冷却水管路。

2)液压泵吸空和液压泵本身故障处理

进油管封闭不良或本身封闭不良而漏气;油量不足或油液稠度不当等,会导致液压泵吸空,解决方法是更换不良封密件并拧紧螺母,加足油量、更换油液。泵内铜套、齿轮等元件损坏致使精度下降,或泵轴向间隙大、输油量不足,处理这些故障的方法主要有:更换零件、使轴间隙适当,必要时更换齿轮泵。

3)磨体剧烈振动的原因及处理办法

(1)硬质异物(如铲牙、锤头等)混入物料中,使磨内发生突发性振动。应停机剔除。

(2)落料点偏在一边,也会引起周期性振动。应将物料从磨盘中心喂入。

(3)粒度大小变化频繁,会造成磨辊振荡。应控制合适的喂料粒度。

(4)料流不稳。喂料时多时少,水分时大时小,使得辊压配风难以适应,促使磨辊跳动。应尽量使料流稳定。

(5)料干、粒细,引起抛料形不成料层,缓冲太小,剧烈振动。应改进物料流动阻力。

(6)料层逐渐变薄,风料不平衡,通风小,吐渣增多,循环料少;料压不平衡,料大压力小,粉磨效率下降,吐渣多而循环料少。这些均会造成料层慢慢变薄而引起振动。改进措施是调整好合适的工艺参数。

(7)液压系统刚性太强,可适当降低蓄能器充气压力。

4)减速机振动的原因及处理办法

(1)如磨物料粒度波动太大,应由上一道工序解决:加强预均化,尽量做到粒度均齐。

(2)喷水系统水量不足,应检查调整喷水量。

(3)氮气压力不足,需补充氮气。

4.2.2.7　如何维修与保养辊压机?

巡检辊压机时若发现液压系统工作不正常、蓄能器压力有较大变化、轴承温度偏高或温差较大、机体振动过大、电机跳闸或过载、地脚螺栓和连接件的连接螺栓、补充或更换润滑油脂、被粉碎物料的流动不畅等,要采取相应措施处理。如出现辊面磨损、滑动辊倾斜、两辊缝隙过大、轴承损坏、挤压物料质量下降等,需要及时报告给值班长,配合中控室调整喂料量或专业人员进行维修和维护。

1）机体运行时振动大

故障表现：运行时辊压机机体振动，有时并伴有强烈的撞击声，这主要与入料粒度过粗或过细、料压不稳或连续性差、挤压力偏高等有关。此时需要报告值班长并与工艺操作人员联系处理；若进料粒度过细，应减少回料量以增大入料平均粒径，反之增大回料量以填充大颗粒间的空隙。同时保持配料的连续性和料仓料层的稳定。还有要保持合适的挤压力（6～8MPa）。

2）液压系统工作不正常

故障表现：压力偏低或上不去，密封圈破损，油缸漏油等。处理方法：保持液压油干净，经常清洗溢流阀、换向阀，各连接部位的密封圈发现破损需及时更换。

3）轴承温度偏高或温差大

辊压机系统润滑是全自动加油，每次开机时加油机自动加油十分钟，但要经常检查油桶是否有油，各润滑点进油是否通畅，减速机过滤网经常清洗，循环冷却水路畅通。

4）两辊缝偏差大

检查两边液压系统压力是否平衡，如两边压力不平衡，则会顶偏；再检查上方料仓两边棒阀开度是否一样。

5）辊面损坏

辊面损坏包括：辊面产生裂纹，辊面凹坑或辊面硬质耐磨层剥落。要求在生产使用时，千万不要把硬质铁器掉进辊压机，在打散机回料粗粉处加装除铁器，防止铁器在辊压机中循环挤压，辊面损坏后，应及时报告值班长并配合专业人员现场堆焊修复。

6）轴承损坏

辊压机的轴承一般设计正常使用寿命都在8到10年，只要我们平常加强设备润滑保养，都不会有问题。还有辊压机因生产厂家不同，其挤压方式和传动结构有所不同，如中信重工生产的辊压机是恒辊缝的，它的辊缝恒定不变，压力随着物料而改变；而合肥院辊压机是恒压力的，它的压力恒定不变，辊缝随着物料而改变。在生产运行时，提醒工艺操作人员要使料仓保持一定的仓重，运行时物料要有料柱，不得空仓（空仓车间扬尘很大），尽量让辊压机多做功，两辊压机的电流要达到额定电流的70%以上，以提高整个系统的粉磨效率。

7）辊压机发生振动、跳停的主要原因

（1）物料粒度超标

按照辊压机的操作要求，入辊压机物料平均粒度要小于30mm，最大不能超过50mm。一般辊压机对熟料、火山灰、石膏粒度都能接受，对其挤压破碎粒度也都能达到入磨要求。在破碎机新换锤头时，小碎石粒度很小，能满足辊压机的粒度要求。当锤头磨损一段时间后，尤其是后期，出破碎机小碎石粒度严重超标，平均粒度达60mm，最大的直径超过120mm，从而造成辊压机振动增大，系统跳停。当发现入料粒度增大时，要报告值班长并通知破碎工段控制好破碎粒度，避免系统跳停事故的发生。

（2）安全销故障

辊压机的传动形式是由一台电动机通过一台减速机驱动两个磨辊转动。为了保证电机的安全运转和防止辊面的损坏，特别在电机和减速机之间设计了一种机械式安全销。电机和减速机之间的联轴节由安全销的3个凸形块和3个凹形块连接，当辊压机内进入铁器或大块坚硬物料时,从辊子传递给减速机、电机的扭矩将会急剧上升,安全销内凹形块和凸形块间的作用力和反作用力也随之增大。当凸形块受到的反作用力的轴向分力大于碟形弹簧设定的弹力时,安全销就会向后运动,直至脱离凹形块,使主电机空转。监测定辊转动的速度监测器马上报警,使整个辊压机系统跳停。安全销损坏或碟形弹簧失效,会造成安全销频繁脱出,系统跳停。

（3）液压系统故障

液压系统中的部件如氮气囊(又叫液压蓄能器)、安全阀、卸压阀等出现故障或损坏都会造成辊压机振动、跳停。处理办法是调节改变氮气囊预充压力,以增强辊压机适应大块物料的能力;修理或更换安全阀、卸压阀,使辊压机回复正常运行。

（4）辊面磨损

辊压机辊面磨损后,表面凹凸不平,对物料形不成有效的挤压,出料中颗粒料多,料饼少,磨机产量下降,辊压机系统内的循环量大大增加,粉料越来越多,造成称重仓频繁"冲料",回料皮带及入称重仓斗提压死,系统跳停。此时要报告值班长,配合专业人员更换辊面。

4.2.2.8　如何维修与保养球磨机?

球磨机的巡检要注意倾听磨音的变化,经常观察主轴承或滑履轴承、传动轴承温度是否偏高或温差较大、电机电流过大、地脚螺栓和连接件的连接螺栓、润滑油脂的质量、输送设备是否畅通,磨门、衬板螺栓连接处漏灰等,发现问题时要采取相应措施处理。如出现主轴承轴瓦脱壳、轴承损坏、磨内衬板、隔仓板脱落等,饱磨、跑粗等,需要及时报告给值班长,配合中控室调整喂料量或专业人员进行维修和维护。

1）球磨机修理的质量要求

（1）衬板与隔仓板的安装

① 衬板的排列应符合设计要求,有方向性的衬板(如阶梯形衬板、分级衬板)其安装方向符合磨体转向与物料流向的要求。

② 衬板螺栓穿透灵活,埋头部分应进入极限位置。衬板与筒体间应垫以水泥砂浆或胶合板,螺栓应附有垫圈与锁紧螺母,紧固坚实做到无松动。

③ 镶砌衬板应按设计要求排列,衬板与筒体间的水泥垫层应均匀一致,厚度适宜,衬板间应挤紧。

④ 隔仓板与中心固定圆板均匀地连接在一起,方向要符合图纸要求,用螺栓拧紧或铆死,固定后整体在一个平面上并垂直于筒体,其倾斜度不大于0.5%。

（2）主轴承的修理与装配

① 轴承座应清洗干净并紧固好,其水平误差不大于0.04mm/m。

② 主轴瓦精确刮研,其接触角度为75~90°,至少有一个接触点。

③ 主轴承外球面与轴承座的内球面应在中心位置接触,不能出现线接触。必要时进行修磨、刮研,球面间应施以润滑脂。

④ 空心轴颈与主轴应留有轴向间隙,出料端(固定端)的轴向间隙为0.4~1mm;入料端(滑动端)磨体一侧应保持达到总间隙的2/3;另一侧为1/3。

⑤ 主轴承径向间隙以四角测量为0.008~0.001Dmm(D为主轴外径)。

（3）磨头与筒体的装配

① 两端磨头放入轴承后，磨体应处于水平状态。其水平误差不应大于 0.1/1000mm，并且入料端不能低于出料端。

② 磨体转动后，球面瓦的轴向摆动不大于 ±1mm。

（4）传动轴承（滑动）的修理更换

① 轴承与轴颈配合刮研，应达到 $1cm^2$ 不少于两个接触斑点，接触角度为 60°~90°。

② 轴承座自位找平，其偏差不大于 0.04mm/m。

③ 润滑装置完整、灵活、有效。传动轴中心线与磨机中心必须严格保持平行，其距离差不得超过 0.5mm。

2）磨门、衬板螺栓连接处漏灰的处理

磨门、衬板螺栓连接处漏灰、漏浆，肯定是由于研磨体马不停蹄的冲击导致了螺栓松动，只有停磨仔细检查双螺母或防松垫圈是否出了问题。在用螺栓固定的衬板中，筒体与垫圈之间还配有带锥形面的垫圈，在锥形面内填塞麻丝，为的是防止生料细粉或生料浆从螺栓孔流出。看一看这些麻丝是不是也该更换了，处理后一定要把螺栓拧紧。

3）主轴承轴瓦脱壳的处理措施

磨机主轴承的轴瓦巴氏合金层下部 90° 范围内不得有脱壳现象，每侧的脱壳面积不得超过 10%。脱壳的原因可能是磨机在重力载荷运行下，特别是新装磨机在加载试车运行时，巴氏合金层发生变形，导致刮好的瓦面与轴的接触不符合规范要求而烧瓦。这时可以采用负荷与烧瓦时相同的负荷研瓦，其做法与常规刮研应大致相同，只是刮研后把大瓦装入轴承座内，用油壶滴加少许机油，盘动磨机 1~2 转后，顶起磨机，抽出大瓦检查，如此反复数次，直至接触精度符合规范要求为止。

4.2.2.9　如何维修与保养空压机？

压缩机停机后要及时清洗油过滤器，保持设备的内部清洁；每隔一定的时期（一般 800h）清洗气阀，清除阀座、阀盖上的积灰；检查运动部件有何变化；每隔 1200h 清洗空气过滤器一次；对压缩机间隙进行全面检查。

5 技师知识与技能要求

国家职业标准对水泥生产巡检工技师的要求:熟练运用专门技能完成复杂的设备巡检操作和较复杂的维修及常见的故障处理;具有一定的设备改造、技术革新能力;具备基本的生产设备、生产管理能力;能对高级工及以下技术工人进行专业培训和岗位技术指导。

5.1 知识要求

5.1.1 水泥设备故障诊断

5.1.1.1 故障诊断的意义在于什么?

诊断技术是通过测取机械设备在运行或静态条件下的状态信息,对所测信息进行分析处理,客观评价设备及其零件、部件的技术性能,为优化运行状况、提高生产效率提供直接依据。

水泥机械设备在运行过程中,其零部件受到机械应力、热应力、化学应力以及电气应力等多种物理作用的积累,设备技术状态逐渐发生变化而产生异常、运行故障或性能劣化等情况,水泥生料制备系统设备的异常,主要包括:振动、噪声、温升、磨损等二次效应,故障诊断技术即是依据这种二次效应的物理参数,来定量或定性地诊断设备在运行中所受的应力、强度和性能等技术指标,以便分析故障原因,评价和预测其运行的可靠性,并据此提出解决方案和预防措施。

5.1.1.2 怎样对设备进行故障诊断?

1)性能诊断和运行诊断

性能诊断是检验、评价新安装或大修后的设备效果和功能是否正常的常用方法,根据诊断结果,可以将发现的问题消除在正式运行之前;运行诊断是对正在运行中的机械设备及其工艺系统进行状态检测,以便对异常情况的发生和发展进行早期诊断。

2)连续监控和定期诊断

对正在运行的机械设备及其整个工艺系统,可以采用仪表和计算机信号处理系统对它们的运行状态进行连续监视和监测,也可以间隔一定的时间进行一次常规检查和诊断。这两种诊断方法的选用可以根据对象的关键程度、故障影响的关键程度、运行中机械设备或系统的性能下降的快慢程度以及其故障发生和发展的可预测性来决定。

3)直接诊断和间接诊断

有些生产系统、液压系统、机械零件等,可采用直接诊断法来确定它们的状态,这种方法迅速而可靠,但有时会受到机械结构和工作条件的限制而不太好实施,这时可借助于间接方法诊断。间接诊断即是通过设备运行中的二次诊断信息来间接判断所测零部件的状态变化。不过二次诊断信息属于综合诊断信息,误检或漏检的可能性难以避免,因此还要根据历史档案和经验进行辅助分析。

4)在线诊断和离线诊断

在线诊断是对正在运行的机械设备由计算机在现场进行自动实时诊断;将带记录仪现场监测、记录的状态信号带回实验室会同历史档案进行的分析诊断称之为离线诊断。

5)常规诊断和特殊诊断

在设备正常运行状态条件下的诊断都属于常规诊断,但某些工作环节需要创造特殊的条件来采集信号就是特殊诊断,例如:动力机组启动和停机过程的振动信号诊断,必须通过转子的扭振和弯曲振动的几个临界转速,而这类信号在常规诊断中是采集不到的,所以需采取特殊诊断。

5.1.1.3 哪些零件可以使用直接诊断技术?

① 齿轮、轴承、转轴、钢丝绳及连接件等;

② 泵、阀、液压元件及液压系统等,转子、轴系、叶轮、风机、电机等;

③ 压气机、活塞、曲柄连杆机构;

④ 金属结构、静止电器设备等。

除了零件外,整个粉磨工艺过程、烘干工艺过程等都可采用直接诊断技术。

5.1.1.4 适用于设备故障诊断的常规方法有哪些?

1)振动监测与诊断

利用传感器(磁电式速度传感器、电阻应变式加速度传感器、压电式加速度传感器、机械阻抗测量用传感器)采集设备运转时振动产生的位移、速度、加速度等信号,并对此加以分析、处理进行的设备运行状态监测与诊断。

2)声波监测与诊断

利用噪声测量仪的声电传感器、声级计、传声放大器等功能装置采集设备运行中的声速、波长、周期、频率、声压、声阻抗等差异信号,设备进行机械故障的监测与诊断。

3)温度监测与诊断

用于对设备运行过程的温度、温差等进行监测与诊断。常用仪器主要有热电偶温度计、液体膨胀式温度计等。

5.1.2 设备的维修、安装与调试

5.1.2.1 技师应具备哪些工艺操作知识和设备安装修理知识?

1)工艺操作知识

技师要有比高级工及以下岗位技术人员更高的操作技能,熟悉生料制备、熟料煅烧、水泥制成的工艺过程,掌握破碎、粉磨、预均化和均化、煅烧各工序的收尘、连接各主机的输送设备的构造及性能和运行状况,对运行中发生的不正常运转的原因(振动过大、噪声过强、温度过高、产质量下降、电耗上升等)有较强的分析判断能力、排除故障解决问题的能力等,具备了这些知识和操作经验,一定能培训、指导好高级工及以下的岗位技术人员,使他们的

知识和技能得到进一步提高。

2）设备安装与修理知识

严格地说来,设备修理与安装、调试不完全属于巡检岗位的范畴,但工艺过程与设备正常运转是紧密联系在一起的,例如:球磨机出现磨声异常、磨声记录曲线有毛刺状、喂料量被迫陡降、磨头冒灰等症状,这可能是隔仓板破损或掉落所致;立式磨风机叶轮积灰严重、风机两侧进气量不等(管道堵塞或挡风板调整不当)、轴与密封圈摩擦产生局部高温使轴弯曲,导致风机和电机发生振动,这些不正常现象或故障的出现,可能会使生产过程被迫中断,需要巡检人员及时发现并作出相应处理,或配合专门维修人员、机械或电气工程技术人员进行维修、更换部件等来解决。对于设备大修或新安装的设备,要进行试运转(调试),发现问题重新调整或更换部件,这其中岗位巡检人员也充当了非常重要的角色,要起到参与、协助、确认的作用。所以必须要有设备的大修知识、安装知识和大修后、新设备安装后所要达到的标准等方方面面的知识,这样在设备投入使用后,在正常运行、异常情况处理等方面才得心应手,确保设备的正常运行。所以技师不但要精通设备巡检技术,还要了解生产过程、设备的维护维修技术,而且有责任把这些技术传授给低于自己技术等级的那些"弟兄们"。

3）掌握设备大型化的发展趋势

我国水泥行业"上大改小"方针的实施,使得近些年新建厂日产熟料大多在4000t/d、5000t/d和10000t/d,与之适应的是粉磨设备的大型化。表5-1-2-1是大型生料磨的规格。

表5-1-2-1　大型生料磨规格

球磨规格	立磨规格	台时产量(t/h)	装机功率(kW)	应用厂家
$\phi4.5m \times 13.86m$		150	3850	冀东水泥厂(一线)
	ATOX.R-50	320	2800~3500	冀东水泥厂(二线)
$\phi5.0m \times 15.6m$		300	4400	宁国水泥厂
$\phi5.6m \times (8+4.4)m$		254		柳州水泥厂
	LM38.41(莱歇磨)	300~315	2300	大连华能小野田
$\phi6.5m \times 9.65m$		1000	8100	俄罗斯(芬兰制造)

世界上辊压机投入使用以来显现出了显著的节能效果,目前台湾亚洲水泥公司采用HKD$\phi1.7m \times 2.0m$辊压机,生料台时产量达510t/h。

我国1988年引进辊压机设计制造技术,近20年来辊压机的通过能力为40~100t/h,尽管目前还比不上发达国家和地区的大型化水准,但采用打散分级、高效选粉机与辊压机、球磨机组成的联合粉磨系统,在山东、昆明等大中型水泥厂的应用,已经显现出了工艺流程和各项生产指标的先进性。

5.1.2.2 维修的基本常识

(1)钳工常用的工具

钳工常用的工具有手锤、手锯、錾子、扳手、划规等。

(2)螺纹底孔计算

加工钢件和塑性较大的材料,扩张量中等,螺距小于1mm的条件下,采用下式:

$$D = d - t$$

式中　D——螺纹底孔或钻头直径,mm;

　　　d——螺纹外径,mm;

　　　t——螺距,mm。

加工铸铁和塑性较小的材料,扩张量较小,螺距大于1mm 的条件下,采用下式计算:

$$D = d - (1.05 \sim 1.1)t$$

(3)常用绞刀种类

① 可调式绞刀;

② 锥绞刀;

③ 整体式圆柱绞刀。

(4)金属材料的机械性能

金属材料的机械性能主要是指金属材料在外力的作用下,变形与所受外力之间的关系,一般是指强度、硬度、塑性和韧性等。

(5)金属零件进行热处理的主要目的

① 提高硬度、强度和增加耐磨性。

② 降低硬度,改善切削性能。

③ 消除铸造、锻造、焊接等过程中所产生的内应力。

④ 提高表面耐磨、耐腐蚀性。

(6)金属材料代号的含义

① HT20-40:HT 为灰铸铁;20 为抗拉强度20kg/mm^2;40 为抗折强度40kg/mm^2。

② ZG45:ZG 为铸钢;45 为含碳量0.45%。

③ ZGMn13:ZGMn 为高锰钢;13 为含锰量13%。

④ A$_3$F:甲类碳素沸腾钢,含碳量0.3%。

⑤ 45:优质碳素钢;含碳量0.45%。

⑥ QT60-2:QT 为球墨铸铁;60 为抗拉强度60kg/mm^2;2 为延伸率2%。

(7)淬火的主要目的

淬火是将钢件加热到临界温度以上,保温一定时间,然后在水、油、盐水、碱水等介质中快速冷却的过程,主要目的是提高工件的强度和硬度,增加耐磨性,延长零件的使用寿命。

(8)砂轮使用注意事项

① 砂轮的旋转方向应正确,使磨屑向下方飞离砂轮。

② 启动后,待砂轮转速达到正常后再进行磨削。

③ 磨削时,要防止刀具或工件对砂轮发生剧烈的撞击或施加过大的压力。砂轮表面跳动严重时,应及时用修整器修正。

④ 工作者应站在砂轮的侧面或斜侧面。

(9)弹簧的种类及其作用

常见的弹簧有螺旋弹簧,它包括拉伸弹簧、压缩弹簧和扭转弹簧,此外还有蜗卷弹簧、碟形弹簧、板弹簧和片弹簧等。弹簧的作用是缓冲、减震、回弹、夹紧等。

(10)键连接的修理要求

键连接的损坏形式,一般有键侧面和键槽面磨损,键发生变形或被剪断。对于键的磨损,一般不做修复,常采用修整键槽,换用增大尺寸的键来解决。

5.1.2.3　什么是定期修理和状态修理?

定期修理是以时间为基础的预防修理方式,具有对设备进行周期性修理的特点,是根据设备的磨损规律,预先确定设备修理类别、修理间隔期限及修理工作量;所需的备件、材料可以预计,一次可事先安排;修理计划的确定按照设备的开动时数为依据。

状态修理是以设备技术状态为基础的预防修理方式,也叫预知维修。它是根据设备的定期检查、状态监测和诊断提供的信息,经统计分析处理来判断设备的劣化程度,并在事故发生前有计划地进行适当的修理。由于这种维修方式对设备适时地、有针对性地进行维修,不但能保证设备经常处于完好状态,而且能延长设备零件的使用寿命,比定期修理更为合理。

5.1.2.4　怎样做好设备的预防修理和事后修理?

预防修理视为防治设备性能、精度劣化和降低,按事先规定的计划和相应技术要求所进行的修理活动。事后修理指的是故障已经发生了所进行的非计划性修理。显然,预防修理优于事后修理,计划性检修优于突发性的非计划性检修。因此企业要通过提高管理水平,使设备检修按计划进行,尽量减少非计划性检修,以确保生产的正常进行。

5.1.2.5　实施计划检修时与有关人员有哪些配合?

设备除了临时性(突发性)维修(抢修)外,正常运行时要实施计划检修。小修时的工作量虽然较小,但也要做出计划,如更换或修复在修理间隔期内失效或即将失效的零部件;清洗、换油及解决小的缺陷等。中修内容指的是对设备部分解体、更换或修复较多零件的计划修理。大修则是对设备的"最彻底维护"。无论是小修、中修还是大修,都需要做出计划,特别是大修,必须缜密安排,认真组织。大修一般采取集中组织形式(由本厂修理车间来完成大修的各项工作)、社会化的组织形式(专门用社会修理力量来完成大修的各项工作)或混合的组织形式(一部分设备的大修由本厂修理车间完成、一部分设备的大修由社会维修力量来完成),不管哪一种形式,作为巡检工的技师,都要参与检修计划的制订、做好大修的技术准备(技术基础工作、技术准备工作)、大修后的验收和资料归档工作,并参与整个设备修理的全过程。

5.1.2.6　设备大修和试运转后检查的内容及要求有哪些?

设备检修后要通过单机空载试运转和负荷联动试运转才能进入系统正式运行。空载试运转和负荷联动试运转由专业技术人员和车间岗位操作人员、管理人员共同进行,各主机、辅机的单机空载及其系统联动过程,应逐一记录运转状态,包括出现的问题、处理措施、更换的材质或元器件规格型号等,作为验收和今后检修备查的技术文件。

1)试车前的准备

(1)专业技术人员分工、到位。对照检修任务审核大修记录文件,检修的完成情况,水电气畅通。

(2)检查设备装配精度及其合理性,特别是危及安全的传动部件、旋转部件、紧固件的装配质量;确认设备及其传动、润滑、液压、电气控制和配料、输送等系统允许进入试运转操作。

2)设备的空载和负荷联动

(1)空载试运转主要检查设备运行过程中的升温、电流、电压、机体振动、声音、润滑和粉尘密封以及电气控制的灵敏度。评估系统的运行平稳性和可靠性。

（2）负荷联动试运转是在空载试运转的基础上，同时进行配料和自控系统的精度，标定磨机、选粉机风速，收尘排放能力，检测生料细度、产量和电耗等指标。

3）负荷运转后的检查与验收

（1）负荷运转后要进行例行检查，对各部位产生的松动、变形、振动、过热、声音异常等现象进行修复，必要时再次进行试运转以确保设备能满足长期的正常运行。

（2）试运转完毕，验收报告由方案设计、实施和工种负责人存档。

5.1.3 技术管理

5.1.3.1 技师要做到"一专多能"

巡检就是定时查看生产设备运行是否正常、查找设备是否存在故障隐患或已经出现的问题。发现了隐患和问题就要采取措施去解决，这就是维护和修理。巡检员要能够熟练运用常用的巡检工具（见"2.2.1.4 巡检员配备的工具及检测仪器有哪些？"）。而且巡检员不仅要具备机、电、工艺等专业知识，还应掌握电焊、钳工、起重运输等基本技能，做到机电一体化，"一专多能"。当然，这并不是要求巡检工什么都会，更不可能什么都专，只是要求能够按照巡检操作规程和设备操作手册上的要求，使设备达到修理和维护的标准，确保设备的正常运行。

"一专多能"在哪里体现呢？

① 精通自己所在岗位的巡检技术、保质保量地完成自己的巡检任务，同时还具备一定的生产工艺及本岗位的机械、电气、仪表等专业知识，能对设备、电气、仪表等常见的一些故障进行现场处理，并能配合设备、电气、仪表专业维修人员处理难度较大的生产故障和设备修理。

② 掌握与自己相关的岗位巡检知识，具有较宽泛的业务能力范围，适应岗位对巡检工综合素质的要求。如窑中巡检工，对窑尾预热器及分解炉、窑头熟料冷却机及煤粉燃烧器等岗位的巡检工作也很熟悉，能够配合这些与自己相关岗位的巡检人员分析、处理常见的设备隐患及故障。

③ 在对高级工及以下技术工人进行专业培训时，既能示范又能指导，能传递更多的信息量，提高培训和指导的效果。

5.1.3.2 设备正常巡检应具备怎样的条件？

现代化水泥厂的生料制备、熟料煅烧和水泥制成的工艺过程由原来的岗位控制提升为中心控制室智能化控制，在正常运行时，现场并不需要人工连续性操作，设备及更换配件的可靠性较高，运行过程处于受控状态，即使设备有了不正常隐患，再继续连续运转几个小时也不会发生故障。这就意味着只要严格按照巡检制度及时发现隐患，就完全可以避免意外故障的发生。

对于不具备中控条件的设备，仍然要实行岗位制。例如破碎机由于原料的变数多，目前国内设计中仍未由中控室控制而实行岗位管理；传统的回转窑操作（不设中控室）由于没有如今这样计算机系统和众多的仪表控制，原燃料不处于受控状态，只好由看火工在岗位操作，设备也有岗位人员看守，巡检则成了岗位。随着水泥工业发展和自动化水平的提高，某些岗位工种可以向巡检工种过度。例如目前的螺杆空压机的可靠性可以不需要人员监护；

国外一些现代化水泥厂的包装机已实现了高度自动化,此设备也自然纳入了巡检的范畴。而我国的劳动力成本还远远低于这类设备的投资,因此目前不会开发。

5.1.3.3 设备管理的原则和任务是什么?

设备是水泥制造的重要工具,是生产经营的根本。设备管理一般指设备的生产运行管理和设备的事故管理,它是以企业生产经营的目标为依据,采用各种科学的管理手段与技术措施,对设备的使用进行全过程控制的群体行为科学活动。抓好设备的运行管理,可预防某些事故的发生,确保安全生产,延长使用寿命,直接增强企业的经济效益;抓好设备的事故管理,能把经济损失降到最低。

1)设备管理的原则

树立预防优先的指导思想,严格遵守设备的操作规程、做好运行状态的监测,加强设备的预防性检查,做好日常维护和预防性计划修理,防止设备非正常劣化,减少意外停机。一般情况下,维护和计划检修相辅相成,加强设备日常的维护保养,可以延长设备的检修周期,提高设备的运转率。

2)设备管理的任务

(1)认真贯彻国家与行业主管部门的有关设备管理条例、规程、办法、制度,制定适合本厂生产实际的实施细则;推行有效的设备管理体制,采用先进科学的管理手段,不断提高管理水平。

(2)建立健全本厂的设备管理体系,落实各级岗位职责。

(3)抓好设备寿命周期各个阶段每个环节的规范管理,制定严格的岗位操作规程。

(4)严格做好设备的事故管理,坚持安全生产。

(5)重视设备管理的基础工作,健全档案管理,有条件的工厂应建立和完善设备管理信息系统。

5.1.3.4 如何编制巡检制度?

1)巡检员考核指标的建立

巡检工种的工作目标是设备的安全运转,因此运转率是考核他们的唯一指标,衡量他们的工作成绩是:设备不允许带着事故隐患运转,更不允许没有及时发现隐患而酿成事故。那么这个考核标准就应该是:每个人在同样的时间内,发现生产中隐患的数量及隐患的严重程度,排除故障的多少及故障的难易程度。工作要有详细记录,统计分析这些记录并将其量化,可将它作为衡量巡检员的责任心大小和技术能力的高低,考核指标则可以建立在此之上。

2)巡检路线的编制

巡检路线需根据本厂工艺布局来确定。以原料、燃料进厂后的加工运动路线为线索,分为生料制备、熟料煅烧、水泥制成三个工段进行巡检,工艺流程作为巡检员行走的基本方向,"跟着物料走、跟着气流走",沿途巡视检查机械、电气设备,查看料、气运动情况。对多层建筑上的设备,一般是逐层巡检。下面是巡检路线案例,供编制时参考。

(1)生料制备工段巡检路线

生料磨与回转窑是联合运作的,因此生料工段的巡检也包括部分窑废气处理系统。而各水泥厂的工艺布置不尽相同,巡检路线也有所差异,下面是某厂生料工段 1 次/2h 的巡检路线:

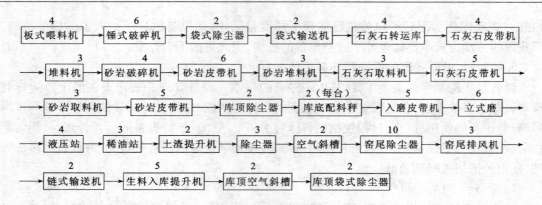

板式喂料机(4) → 锤式破碎机(6) → 袋式除尘器(2) → 袋式输送机(2) → 石灰石转运库(4) → 石灰石皮带机(4)

→ 堆料机(3) → 砂岩破碎机(4) → 砂岩皮带机(6) → 砂岩堆料机(2) → 石灰石取料机(3) → 石灰石皮带机(5)

→ 砂岩取料机(3) → 砂岩皮带机(5) → 库顶除尘器(2) → 库底配料秤(2(每台)) → 入磨皮带机(5) → 立式磨(6)

→ 液压站(4) → 稀油站 → 土渣提升机(2) → 除尘器(3) → 空气斜槽 → 窑尾除尘器(10) → 窑尾排风机(3)

→ 链式输送机(2) → 生料入库提升机(5) → 库顶空气斜槽(2) → 库顶袋式除尘器(2)

注:每个巡检设备(方框)上面的数字是巡检所用的时间,单位 min,行走时间未标明,下同。

(2)熟料煅烧工段巡检路线

窑系统中出现的一些故障如分解炉结皮、预热器堵塞、掉窑皮、箅冷机"堆雪人"、大料球的处置等,一般需要现场巡检工的处理和配合。由于各厂窑系统可靠性的差异及预分解系统类型不同,各厂的巡检路线和频率也不尽相同,下面是几家厂的巡检路线及巡检时间(min)。熟料煅烧工段的巡检涵盖煤磨。

A 厂熟料煅烧工段 1 次/4h 巡检路线:

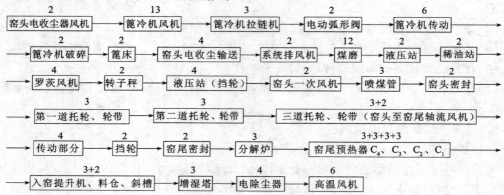

窑头电收尘器风机 → 箅冷机风机(13) → 箅冷机拉链机 → 电动弧形阀 → 箅冷机传动(6)

→ 箅冷机破碎(2) → 箅床(2) → 窑头电收尘输送(4) → 系统排风机 → 煤磨(12) → 液压站(2) → 稀油站

→ 罗茨风机(4) → 转子秤(2) → 液压站(挡轮)(4) → 窑头一次风机(2) → 喷煤管(3) → 窑头密封

→ 第一道托轮、轮带(3) → 第二道托轮、轮带(2) → 三道托轮、轮带(窑头至窑尾轴流风机)(3+2)

→ 传动部分(4) → 挡轮(2) → 窑尾密封(2) → 分解炉(4) → 窑尾预热器 C₄、C₃、C₂、C₁(3+3+3+3)

→ 入窑提升机、料仓、斜槽(3+2) → 增湿塔(3) → 电除尘器(2) → 高温风机(6)

B 厂熟料煅烧工段 1 次/4h 巡检路线:

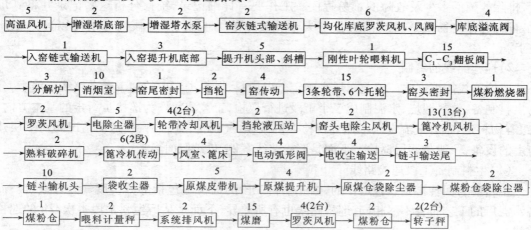

高温风机(5) → 增湿塔底部(2) → 增湿塔水泵 → 窑灰链式输送机(2) → 均化库底罗茨风机、风阀(6) → 库底溢流阀(4)

→ 入窑链式输送机(1) → 入窑提升机底部(3) → 提升机头部、斜槽 → 刚性叶轮喂料机 → C₁~C₃ 翻板阀(15)

→ 分解炉(10) → 消烟室 → 窑尾密封(3) → 挡轮 → 窑传动 → 3条轮带、6个托轮 → 窑头密封 → 煤粉燃烧器

→ 罗茨风机(2) → 电除尘器(5) → 轮带冷却风机(4(2台)) → 挡轮液压站(2) → 窑头电除尘风机(2) → 箅冷机风机(13(13台))

→ 熟料破碎机(2) → 箅冷机传动(6(2段)) → 风室、箅床(4) → 电动弧形阀 → 电收尘输送(4) → 链斗输送尾(3)

→ 链斗输机头(10) → 袋收尘器(5) → 原煤皮带机(4) → 原煤提升机 → 原煤仓袋除尘器(4) → 煤粉仓袋除尘器(2)

→ 煤粉仓(1) → 喂料计量秤 → 系统排风机(15) → 煤磨(4(2台)) → 罗茨风机(2) → 煤粉仓(2(2台)) → 转子秤

（3）水泥制成工段 1 次/2h 巡检路线：

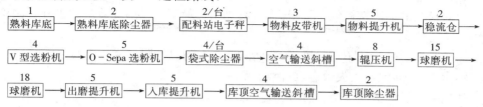

巡检工作是一项具有一定劳动强度的技术工作,既要有清醒的头脑、敏锐的感官,对故障有积极的反应能力,还要有一定的体力。在保障人员安全的前提下去发现故障、分析故障、排除故障,认真完成设备巡检工作任务。

3）巡检手册的编制

在巡检手册中列出各个巡检点,指明工艺、机械、电气、仪表等各专业中不符合正常生产条件的隐患是什么,并指明如何发现及如何处理的办法,并按照这些隐患对正常运转的威胁程度划分出严重等级;按照处理故障的技术要求高低,划分出难易等级,表 5-1-3-1 是某新型干法水泥厂辊压机的巡检点表。

表 5-1-3-1　某新型干法水泥厂辊压机的巡检点表

设备名称	巡检点	类别	运行巡检内容	检查时间	停机检查项目及类别
辊压机	液压系统、油缸	A	油缸压力符合规定 10～16MPa,无漏油现象,各处油压系统良好	3min/4h	① 检查压辊间隙和辊面磨损情况(B) ② 检查液压系统各主要部件:氮气囊、安全阀、卸压阀、各连接部位的密封圈、油缸漏油等;保持液压油干净(A) ③ 检查各松动的紧固螺栓,用力矩扳手拧紧(B) ④ 检查磨辊端面侧挡板磨损情况,调整两辊使其端面对齐,磨辊端面与侧挡板的间隙符合要求(A)
	主轴承	A	各轴承润滑符合润滑的基本要求;温度符合轴承升温超标后的维护规程		
	机架	B	无不正常振动,符合设备振动控制规程		
	进料装置	C	破碎时始终充满物料,恒重仓料位稳定,耐磨衬板		

表中将隐患分成 A(影响主机运转)、B(影响辅机运转)、C(影响产质量消耗)三类,表明巡检点对生产影响的严重程度。

表中第四列里出现了"符合设备振动控制规程"、"符合润滑的基本要求"、"符合轴承升温超标后的维护规程",在这里需对它们加以说明:

（1）设备振动控制规程

A. 标准

① 小型机械(15kW 以下电机)一般控制在 1.8mm/s 以下,超过 4.5mm/s 必须停机。

② 中型机械(15～300kW 电机)一般控制在 2.8mm/s 以下,超过 7.1mm/s 必须停机。

③ 大型机械和带不平衡惯性力机械(辊压机、破碎机、振动筛、离心压缩机)一般控制在 4.5mm/s 以下,超过 11.2mm/s 必须停机。

B. 处理办法

① 紧固松动的地脚螺栓(标准和操作规程见第二篇第二章第二节"二、怎样紧固松动的地脚螺栓？")。

② 风机叶轮不平衡或不均匀磨损,要清除叶片上的黏性附着物或更换新叶轮。

③ 轴承损坏,间隙过大失效等,更换轴承。

④ 锤式破碎机锤头断锤,要更换锤头。

⑤ 电机转子同心度差、轴已弯曲等,更换轴。

⑥ 电机转子平衡差,重新做动、静平衡进行校正。

辊压机机架、破碎机机体、立式磨磨体、回转窑大齿圈、液压挡轮、选粉机转子、粗粉分离器的振动均参照上述控制规程巡检和维护。

(2)润滑的基本要求

目前很多水泥厂的润滑任务由巡检工来承担,而现代化水泥厂设有专职润滑工种,责任更明确。如果巡检时发现润滑不到位时,都能立即找到润滑责任人,确保生产设备运行时各个润滑点始终处于受控状态。

A. 标准

① 齿轮传动为油润滑时,低速大齿轮的轮齿浸入油内的最低位置,应为齿高的 2 ~ 5 倍,当齿轮圆周速度大于 12m/s 时,齿轮浸在油里的深度不得超过齿高。

② 涡轮和蜗杆的齿高、圆锥齿轮为全齿浸入润滑油。

③ 轴承箱内所有润滑油的灌注高度,当轴为水平时,不超过下部滚珠或滚柱的中心。

④ 涡轮蜗杆传动,当蜗杆在涡轮上部时,涡轮侵入油内的深度,应使油将下部的轮齿盖住;当蜗杆位于涡轮的下部时,润滑油应浸到蜗杆的螺纹处,不应超过滚动轴承下部滚珠或滚柱的中心。

⑤ 轴承润滑脂填充率应为优质腔体的 ½ ~ ⅔,转速越高的轴承,装入油脂量越少。

⑥ 减速机润滑油填充量最大为油标上线,低于油标下线应补加润滑油。

⑦ 强制性润滑的润滑油填充量应严格控在油标、油位范围之内。

⑧ 液力耦合器、电动辊筒的加油,应严格按生产厂家产品说明书的要求进行,如无要求时,将加油孔转至水平向上 30°夹角,油溢出为止。

B. 加油方法

① 加油前应保证油品所涉及的部位绝对清洁,操作人员的服装和帽子上无灰尘、杂物。

② 加油中应使用清洁的专用工具。

③ 加油时不得吸烟。

④ 加油后应将加油点盖好。

(3)轴承升温超标后的维护规程

只要设备运转,不管是滑动轴承还是滚动轴承(破碎机的传动轴承;立式磨的传动轴承;辊压机的主轴承;球磨机的主轴承、滑履轴承、传动齿轮轴的传动轴承;选粉机的立轴转动轴承;回转窑的托轮轴承、小齿轮传动轴承、风机轴承和机械输送设备的传动轴承等)就会受到磨损。如果润滑和冷却出了问题,轴承就会升温,磨损就会加剧,寿命就要缩短。轴承升温超标后的维护规程在"2.2.2.4 轴承温度超标了怎么处理？"中已经提及,在此不再复述。

5.1.3.5 怎样编制和填写巡检隐患记录表?

各厂都有巡检制度,每个班次的巡检都要做好记录,对于设备隐患故障更要有翔实记录,便于为下一班巡检、维护及以后的检修提供参考。有关巡检记录表和填写制度,可以根据自己厂的实际情况来确定,表5-1-3-2是一种简单使用的巡检记录表:

表 5-1-3-2 巡检隐患故障发生记录表　　　年　月　日　班次

隐患点位置	发现时间	现状描述	判断原因	采取措施	实施后状况	值班长签字

巡检员:

表格的填写要求及处理程序

① 本表作为交接班的重要内容之一。该表格每个巡检员每班填写一张,发现每个故障隐患点要随时登记,查出多少处隐患就登记多少行(每张表印有数行)。如本班内未发现任何故障隐患,只需在表格上填写日期班次、签字后上交即可。

② 前四列登记后即刻报告值班长,经值班长确认后,组织本班次采取措施进行处理,若本班次难以组织处理,由值班长对故障登记表5-1-3-3:

表 5-1-3-3 发现故障未处理上报汇总表

隐患点位置	发现人	发现时间	安排处理方案	处理后效果	验收人

凡在该表中登记的隐患,均属于上级领导组织处理的隐患,以后的巡检人员不必重复登记。

③ 值班长根据发现隐患的重要等级及排除故障的难度在表中打分。隐患的重要等级在前面的"3. 巡检手册的编制"表5-1-3-1"某新型干法水泥厂辊压机的巡检点表"中已列出,在这里还要给每一种隐患等级打一分值:

表 5-1-3-4 隐患类别及分值

类别	隐患	分值	类别	隐患	分值
A	影响主机运转	3	C	影响产量消耗	1
B	影响辅机运转	2			

如果打分有异议,生产处长(部长)有责任予以复查。

④ 登记表中如果有弄虚作假者,将严肃处理。

⑤ 实行巡检工、专业技师、专业工程师三级巡检制,三级人员在巡检后都应填写巡检隐患故障发生记录表(表5-1-3-2),并及时汇总到生产处(部)处。

⑥ 生产处长(部长)必须对表5-1-3-2中的故障组织人力、物力及时排除,有的故障需要停磨或停窑,需要事先安排。

该表格能够充分反映出巡检员的责任心和技能水平,发现故障隐患要及时填写、处理或上报。

5.1.4 技 术 培 训

5.1.4.1 采用哪些方法对高级工及以下技术工人进行培训?

技师能够对初级、中级和高级技术工人进行培训,帮助他们提高巡检技能,是对的技师考核指标之一,也是应承担的义务。培训内容主要包括:巡检过程的安全操作规程、巡检基本操作要领、故障诊断排除、确保设备的安全运转、提高设备的产量等,培训方法基本以课堂讲解、现场操作示范和巡检过程指导为主。培训要有充分的准备,提前备好课,要结合生产实践撰写讲课材料,现场示范选题,建立被培训人员的考核资料等。对应知应会和巡检中的一些重点和难点,应理论联系实际讲深、讲透,力求学以致用;示范操作动作要力求标准、规范,讲课语言要清晰、简练、准确、生动,尽量用普通话,而且要用专业术语。

(1)讲解法

通过语言向学习者传授所要讲的知识内容,内容包括学员必须要掌握的岗位责任制、安全操作规程、异常情况判断和处理等,要选择在远离车间的场地(最好是教室)进行,排除噪声干扰。

(2)示范法

示范法需在现场进行,将巡检操作过程展示给学员,技师亲手操作,示范给学员看。

(3)指导法

现场不但要给学员示范讲解,还要指导学员亲自操作。如根据磨音(球磨机)判断磨内的存料量及研磨体的消耗情况、根据主轴承(球磨机)温度显示判断润滑和冷却是否正常;根据回转窑的液压挡轮回油速度太快这一故障现象,指导学生分析产生这一故障的原因可能是窑筒体轴向下滑力大(需调节窑筒体轮带与托轮之间的受力情况),或是截止阀工作不正常(修理调节截止阀)。

5.1.4.2 怎样编写培训讲义?

讲义也是教案是教学的具体方案,是对教学过程进行精心设计的书面材料。它不是对书本的简单抄录,也不是对参考资料的生硬捏合,而是依据教材、运用自身的知识、实践经验并结合生产(或设备)现状,把要解决的问题传授给技师以下的岗位技术工人,可以说讲义或教案是教学的重要武器。

编写讲义或教案首先要有课题,围绕课题要设定教学目标(要解决什么问题)、教学过程、突出重点等,包括图、表在内都需要进行认真设计、完整不缺。课题的确定要根据授课对象层次的不同(初、中、高级工),由浅到深、由易到难。每讲一次课,都应解决一个具体问题,让学习者应用于生产实际中去。

有条件的工厂最好写成电子教案在投影教室授课,可以在有限的时间内传授更多的内容,学习者受益更深。

5.2 技 能 要 求

5.2.1 设备的巡检

5.2.1.1 粉体设备如何巡检？

粉体设备是指破碎、粉磨和选粉设备,这些设备尽管我们在中级和高级工部分的知识与技能要求中已经介绍过,但作为技师,在巡检时应把设备的运行情况与机械、电气、工艺联系起来,更进一步的查找故障隐患、深入分析故障产生原因,把生产损失降到最低。

1)颚式破碎机由于振动和进出料情况引起的故障分析

(1)机器后部产生敲击声

如果机器后部发出推力板(肘板)撞击动颚及调整座槽内的推力板垫的敲击声,首先检查吊起调整座的方头螺栓及后墙拉紧调整座的螺栓,当其连接都紧固可靠时,可以判断敲击声是弹簧拉杆的螺母未拧紧至适当、弹簧的压缩力太小引起的。需停机拧紧拉杆螺母直至敲击声消除,也可以在不停机的状态下拧紧,但需注意安全。

(2)推力板跑偏并与机体侧边产生摩擦与碰撞

当出现此类故障时,应停机修复。松开弹簧拉杆螺丝至合适,在机体后墙的斜面上放置一只5t或10t的油压千斤顶,顶起动颚至适当位置,既要防止推力板脱落,又要使后面打击推力板复位轻松。然后用铁钎顶到推力板,大锤击打铁钎,使推力板复位。复位后,在跑偏一侧的推力板垫槽内边部端面处焊牢一块钢板,一般两头都焊,以防推力板跑偏。

(3)动颚板松动与动颚产生"咣嚓"的撞击声

当压紧活动颚板的楔形压块的楔面已磨损,不能紧密压住活动颚板时,就会产生此类撞击声。压块的底面已顶到动颚面,而它的上下楔面与动颚及活动颚板的楔面仍存在一定的间隙,机器运转时,活动颚板就会上下窜动,碰撞动颚。此时可以在压块的上下楔面上补焊适当厚度的钢板。

(4)碎腔堵塞,主电机的电流高于正常运转电流

① 大石块进入破碎腔上方,但又不能破碎造成堵塞。解决办法:停车后,用钢丝绳栓住大石块再用吊车将大石块吊出破碎机。

② 破碎机下面的皮带机发生故障,排料口被堵。解决办法:停止喂料,排除皮带的故障,此时尽可能不停破碎机。

③ 进入黏性物料和其他杂物堵塞排料口。解决办法:停止喂料,疏通出料口,此时尽可能不停破碎机。

④ 喂料量太大。解决办法:调慢喂料机转速,减少喂料量。颚式破碎机的日常巡查维护非常重要。如果听出异常响声应及时诊断故障点并及时维修,绝对不能姑息放任,要做到防微杜渐。

2)选粉机转子平衡的巡检

选粉机在运行中经常会产生振动现象,小到引起停产,大到导致设备报废甚至发生事

故。巡检时要认真分析产生振动的原因,查找根源,为排除振动提供依据。

(1)立轴本身的问题

① 立轴材料组织不均匀、外形误差、装配误差以及结构形状局部不对称等,使转子的质心与旋转轴线不相重合,从而成为引起强迫振动和周期性干扰力。

② 轴、轴承及各连接处的密封(包括油封)磨损严重,也会致使转子不平衡。

③ 轴润滑处不正不常的润滑所引起。

(2)叶片问题

① 由于叶片本身质量问题、重量不一所致,此时需更换叶片,称重均匀安装。

② 固定叶片螺栓松动,需加垫片拧紧螺栓。

③ 当初安装不当,产生了向上或向下偏斜,需调整安装位置。

(3)不均匀的撒料冲击

磨内各仓物料粉磨不均衡、闭路循环速度波动较大,出磨物料经提升机、空气输送斜槽或螺旋输送机进入选粉机对撒料盘的冲击力的大小也不一样,致使转子产生不平衡。

3)球磨机磨音曲线变化反应出了磨内情况

球磨机在运行时发出"咆哮",这主要是第一仓(粗磨仓)研磨体(钢球)对物料的冲击研磨产发出的声音。不管是喂料量的变化、磨内存料的变化反映在磨音的变化上,研磨体的磨损情况、衬板的脱落和隔仓板的磨损,磨音也会做出反应的。人的耳朵对磨音具有一定的鉴别能力,但若配上"电耳"(见图5-1-3-1),对磨机的运行状态的掌握和分析就更准确了。电耳由高灵敏度传声器组成,声电转换器(像是一个喇叭)安装在磨机筒体附近,通常设在距磨头1m左右,用来接收粗磨仓的磨音,通过调节放大器来获得可使用的测量信号。巡检员一定要结合工艺操作员多加留意。

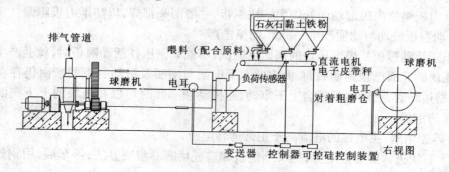

图5-2-1-1 电耳控制系统(原料磨)

(1)根据磨音变化判断研磨体的填充率情况。在正常喂料的情况下,一仓钢球的冲击力强,有哗哗的声音。若第一仓钢球的冲击声音特别洪亮时,说明第一仓钢球的平均球径过大或填充率较大,若声音发闷,说明第一仓钢球的平均球径过小或填充率过低了,此时应提高钢球的平均球径和填充率,第二仓正常时应能听到研磨体的刷刷声。

(2)根据磨音变化判断喂料量情况。电耳信号高,现场听磨音脆响。磨机电流变大,斗式提升机功率降低,磨机出口负压变小,磨机喂料不足。

(3)根据磨音变化判断粗磨仓是否堵塞。电耳信号降低,出磨斗式提升机功率下降,磨机出口负压上升,现场听粗磨仓磨音低沉,细磨仓磨音清脆。

（4）根据磨音变化判断细磨仓堵塞。电耳信号降低,现场听粗磨仓磨音低沉,出磨斗式提升机功率下降,磨机出口负压上升。

（5）根据磨音变化判断衬板是否有脱落、隔仓板是否严重磨损。不论是螺栓固定还是无螺栓镶锲的衬板,都长期与研磨体、物料在一起"爬磨滚打",受到强烈的冲击和研磨,有可能某块衬板脱落下来。这下研磨体就直接撞击磨机筒体了,这个部位有明显的、周期性的强烈的冲击声,而且电耳监测到的磨音传到纪录曲线上有明显的峰值。由扇形或弓形拼装而成的隔仓板,会受到物料和研磨体的冲刷和研磨,结果是篦孔变大了、隔仓板的某些部位磨薄了,螺栓磨断了,板块脱落了。会出现磨音异常、磨音纪录曲线中有毛刺状曲线。

4）球磨机巡检时要注意轴瓦烧瓦

作为水泥、生料主要粉磨设备的球磨机,目前一般采用滑动轴承作为主轴承,轴承衬采用巴氏合金（具有减摩特性的锡基和铅基轴承合金,由美国人巴比特发明而得名）材料,主轴承的主要零部件——主轴瓦又称球面瓦,其内表面为圆柱形,与中空轴颈相连,其底面呈凸球面形,装在主轴承座凹球面上,可以存轴承座的球窝里自由转动,使主轴瓦内表面均匀地承受载荷。磨机筒体上的全部载荷通过两端轴颈分别传递给主轴瓦,再传递给主轴承座。对主轴瓦的要求是巴氏合金层下部 90° 范围内不得有脱壳现象,每侧的脱壳面积不得超过10%。主轴瓦的磨损与烧毁是球磨机在运行中经常出现的问题,其主要原因有:

（1）可能是磨机在重力载荷运行下,特别是新装磨机在加载试车运行时,巴氏合金层发生变形,导致刮好的瓦面与轴的接触不符合规范要求而烧瓦。

（2）使用厂家为了降低设备投资,采用了自制的润滑设备,缺少必要的报警装置,缺油造成轴瓦烧毁。

（3）有的厂家具备报警功能的润滑设备,但由于列管式冷却器中的冷却管破裂造成油水混合,虽然检测到的油温、流量和压力都正常,但油水混合物不能在轴瓦中形成油膜而造成轴瓦烧毁。

（4）新磨机在试车时,由于轴瓦没有刮研好,看磨岗位工人经验不足造成烧瓦。

所以巡检员要经常巡视主轴承的供油状况,经常巡视主轴承的供油状况,保持润滑油清洁并定期更换;及时调整油压及油流;经常巡视油箱最低油位处是否有水,如发现有水,应立即打开油箱底部阀门将水放尽;经常巡视仪表显示的温度,如发现温度增高时,及时增加冷却水用量。

5.2.1.2 怎样巡检风机及空气压缩机?

1）根据空压机的运转声音判定运行情况

空压机是利用空气压缩原理制成超过大气压力的压缩空气的机械,用于煤粉、生料、水泥等粉料的输送;均化库底卸料、袋除尘器的清灰等气动控制;均化库内的物料均化送风等,在很多地方都能见到它。在运行巡检时你有时会发现空压机发出了不正常的响声,并根据这些不正常的声音来判定运行情况:

（1）气缸内有响声

① 气缸内掉入异物或破碎阀片,清除异物或破碎阀片。

② 活塞顶部与气缸盖发生顶碰,应调整间隙。

③ 连杆大头瓦、小头衬套及活塞横孔磨损过度,应更换之。

④ 活塞环过分磨损,工作时在环槽内发生冲击,更换活塞环。

⑤ 气缸内有水。

（2）阀内有响声

① 进、排气阀组未压紧,应拧紧阀室方盖紧固螺母。

② 阀片弹簧损坏,及时更换。

③ 气阀结合螺栓、螺母松动,拧紧螺母。

④ 阀片与阀盖之间间隙过大,调整间隙,必要时更换阀片。

（3）曲轴箱内有响声

① 连杆瓦磨损过度,换新瓦。

② 连杆螺栓未拧紧,紧固之。

③ 飞轮未装紧或键配合过松,应装紧。

④ 主轴承损坏,更换轴承。

⑤ 曲轴上的挡油圈松脱,换新挡油圈。

2）根据罗茨风机的异常振动、噪声判定运行情况

罗茨风机运行中的过载或异常是逐渐反映出来的,有一个量变的过程,因此巡检时要随时注意进气、排气压力变化、轴承升温情况、电机运行负荷电流的变化情况以及摩擦、振动和碰撞等异常现象。

（1）键松动

主动轴上齿轮键槽和键配合的松动是最常见的事情。键的两个工作面和轴与轮毂键槽的两个侧面紧密接触,这两个接触面是过盈配合,叶轮的转矩就是靠这两个配合表面传递的。由于风机在启动时此键受力较大,再加上运转过程中长期单向受力,造成键和键槽的磨损,使两传动齿轮配合角度发生偏差,引起叶轮的装配间隙发生变化而引起碰撞。

（2）两叶轮之间的碰撞

罗茨风机两叶轮之间发生碰撞是罗茨风机最常见的故障,如果不及时进行处理和防范,不仅噪声大,动力消耗增加,还会引起风机叶轮的严重磨损,造成风压明显降低,无法发挥风机的正常效能,必须在初期进行及时的检查并采取相应的对策措施,才能使用好罗茨风机。发生两叶轮相互碰撞的原因通常有:

① 齿轮键槽与键配合松动。

② 齿轮轴端紧固螺母松动或垫片失效。

③ 齿轮轮毂孔和主轴配合不良。

④ 轴承间隙超过规定的技术要求。

⑤ 齿轮副的齿侧间隙过大。

⑥ 叶轮键松动。

（3）异常振动和噪声

罗茨风机运转中可听到明显的碰撞声,振动轻微时的用手触摸机壳时有明显的感觉,振动较大时老远就能听得见。引起振动的因素主要有以下几种:

① 地脚螺栓松动,主要表现在垂直方向振动较大。

② 联轴器找正不合格,主要表现在轴向振动较大、与联轴器靠近的轴承振动较大、振动程度与负荷关系较大。

③ 风机基础刚度差,故障特征为:一是振动频率为工频,振动时域波形为正弦波,二是

垂直方向振动速度异常。

④ 与风机连接的管道配置不合理,主要是与风机连接的防振接头老化,管道与风机形成共振。

⑤ 同步齿轮啮合间隙大,齿面接触精度不够,不对中,固定不紧,也可导致水平振动超标。

⑥ 转子不平衡,振动表现为:一是水平方向振动较大且振动频率与转速同频,二是振动大小与机组负荷无关。

⑦ 轴承损坏及轴系零件松动,主要表现在:一是轴承温度高并有异响,二是水平、轴向、垂直振动都有异常。

⑧ 由于外来物和灰尘造成叶轮与叶轮、叶轮与机壳撞击;积垢或异物使叶轮失去平衡。

⑨ 由于过载、轴变形造成叶轮碰撞。

⑩ 由于过热造成叶轮与机壳进口处摩擦。

5.2.1.3 如何巡检烧成设备?

1)根据托轮与轮带的接触状况判定窑运行情况

巡检中如果发现托轮与轮带接触面产生起毛、脱壳或压溃剥伤,可能是由于以下原因所致:

(1)托轮中心线歪斜过大,接触不匀,局部单位压力增大。此时要调整托轮,减少歪斜度,增加与轮带接触面积。

(2)托轮径向力过大。此时也要调整托轮,减轻负荷。

(3)窑体窜动性差,长期在某一位置运转,致使托轮产生台肩,一旦再窜动,破坏接触表面。解决方法是停窑处理,削平台肩,保持窑筒体上下窜动灵活性。

(4)轮带与托轮间滑动摩擦增大。处理方法是调整托轮,保证托轮位置正确。

2)根据托轮衬瓦噪声及振动判定窑运行情况

(1)托轮径向受力过大,致使轴与衬瓦间摩擦力增加,油膜破坏。此时要调整托轮受力情况,更换轴承内润滑油,调大轴承冷却水量及采用其他冷却措施。

(2)托轮轴向推力过大,使止推圈受力过大,产生强力摩擦。此时要调整托轮,减轻推力,保持托轮推力均匀。

(3)窑筒体局部高温辐射轴承,使润滑油黏度变低,油膜变薄。可临时换入黏度较高的润滑油,增加隔热措施。

(4)轴承内冷却水长时间中断,使其温度升高,破坏油黏度。需要恢复冷却水,保持畅通,更换新的润滑油。

(5)冬季低温时,轴承内润滑油黏度偏高,流动性差,呈缺油状态。一定要及时更换冬季润滑油,开加热器,对油及时加热。

3)根据电动机振动判定窑运行情况

电动机在运转中出现振动,首先要看地脚螺栓是否松动,再测量电动机与联轴器中心线不同心,还有可能是轴承损坏,转子与定子摩擦,几种情况都要考虑到。

4)托轮衬瓦发生叫声及产生振动

要在运转时发出叫声并有振动,要及时与中控室操作员及时联系,做出妥善处理。

(1)慢速转窑时间过长,使油勺带油量过少,不能满足轴与衬瓦之间的润滑要求。此时需临时人工加油,并通知中控室操作员可提高窑速。

(2)轴承内润滑装置发生故障。此时需通知中控室操作员停窑,及时修复、清理、补充新油。

(3)轴与衬瓦接触角和接触点不符合要求,这也是个很严重的问题,要把它列入检修计划之内,重新修刮衬瓦。

5)根据火焰状况判断燃烧器是否正常

火焰形状是指火焰的长度、粗细和完整性,保持良好的火焰形状对稳定回转窑内的热工制度、熟料煅烧、保护筒体和窑皮具有十分重要的作用。一般燃烧器喷出的火焰形状,基本上都形成椭圆锥形,并有部分膨胀发散,但由于燃烧器火焰形状与多种因素有关,如气体在窑内的流速、窑尾排风机的吸力、二次风的强度分布、煤粉的燃烧速度、燃烧器与窑的相对位置等,因此也分好几种情况,巡检人员一定要注意观察,通过火焰形状通过分析判断出燃烧器的工作状况(见图5-2-1-2):

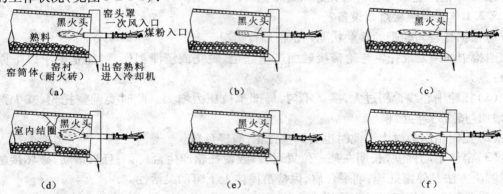

图 5-2-1-2　火焰形状与燃烧器工作状况之间的关系
(a)活泼型火焰(正常);(b)黑火头长火焰;(c)缓慢型火焰(长火焰)
(d)扩散型火焰(不正常);(e)碰撞窑皮火焰(不正常);(f)舔料型火焰(不正常)

(1)活泼型火焰

是正常煅烧所需要的火焰形状,整个火焰活泼有力,见图5-2-1-2a。其火焰长短、黑火头(即火焰根部,火焰开始着火部分至燃烧器喷出口的距离)长短均较适宜,对确保熟料煅烧质量和煤粉燃烧效率最为有利,表明燃烧器工作正常。

(2)黑火头长火焰

这种火焰的黑火头较长(见图5-2-1-2b),燃烧效率不高。除了煤质差(灰分大、发热量低)、煤粒大、水分大以外,还有燃烧器的原因:

① 燃烧器故障。造成煤粉与风混合效果不好,燃烧速度缓慢。

② 燃烧器使用不当,外风偏大,内风偏小,风量不足,风煤配不当。

(3)缓慢型火焰

这种火焰过长(见图5-2-1-2c),在烧成带的火焰不够集中。主要原因是内风过小、旋转不力不能扩散;或外风过大,抑制扩散能力过强,拉长火焰。不过在操作中遇到窑温过高或火砖有烧损情况时,采取这种火焰能及时有效地起到缓解作用,另外在点火、投料前或挂窑皮时,也可以采用这种火焰,在正常时再将其改变为"活泼型火焰",这属于工艺操作的事情。

（4）扩散型火焰

这种火焰形状为短粗型（见图 5-2-1-2d），属于不正常火焰。形成的主要原因除了工艺操作上的问题（烧成带的窑皮结圈、大料球、来料不均、窑尾负压增大、多风道喷煤管使用不当）之外，燃烧器本身也出现了问题：

① 内风道旋流角度过大，致使外风控制不住，扩散严重。

② 拢烟罩损坏，造成了火焰扩散。

（5）碰撞窑皮火焰

这种火焰偏离物料向上（见图 5-2-1-2e），极易冲刷窑皮，缩短火砖寿命，使筒体温度升高。应从仔细检查燃烧器的位置是否正确：

① 燃烧器喷煤管在窑截面上的位置不当，过于偏向中心线上方。

② 喷煤管过分靠外，窑头漏入的冷风过大、二次风量过大。

（6）舔料型火焰

火焰逼近物料（见图 5-2-1-2f），不利于火焰传热，影响熟料质量并增加煤耗。其主要原因是：

① 燃烧器喷煤管在窑截面上的位置不当，过多偏向中心线下方。

② 内风管道的支撑点磨损下沉，造成煤风出口向下倾斜。

5.2.1.4　如何巡检收尘设备？

1）根据出口粉尘浓度判断袋式除尘器工作是否正常

出口粉尘浓度的大小反映出除尘效率的高低。袋式除尘器的日常运行中，由于运行条件会发生某些改变或者出现某些故障，都将影响设备的正常运转和工作性能，使得出口粉尘浓度增大。因此要定期巡检和适当调节，降低电耗、提高除尘效率。应注意的问题有：

（1）根据运行记录分析判断

通风除尘系统都安装了并且备有必要的测试仪表，在日常运行中必须定期进行测定，并准确地记录下来，这就可以根据系统的压差，进、出口气体温度，主电机的电压、电流等的数值及变化来进行判断，并及时地排出故障，保证其正常运行。

通过记录可以分析清灰机构的工作情况、滤袋的工况（破损、糊袋、堵塞等问题）以及系统风量的变化等。

（2）根据流体阻力变化判断

观察 U 型压差计可用来判断运行情况：如压差增高，意味着滤袋出现堵塞、滤袋上有水汽冷凝、清灰机构失效、灰斗积灰过多以致堵塞滤袋、气体流量增多等情况。而压差降低则意味着出现了滤袋破损或松脱、进风侧管道堵塞或阀门关闭。箱体或各分室之间有泄漏现象、风机转速减慢等情况。

2）根据出口粉尘浓度判断电除尘器工作是否正常

电除尘器的除尘效率和粉尘的比电阻大小、除尘系统温度控制和除尘系统的密封性能有关。在第二篇第一章第二节"除尘设备"中，我们看到了电除尘器的壳体下部为灰斗及排灰装置（闪动阀、叶轮下料器又叫回转阀或双级重锤阀）。中部为除尘电场，上部安装石英套管、绝缘瓷件和振打机构，侧面设有入孔门。壳体设有保温设施，并要密闭，防止漏风。保温箱内装有加热器和恒温控制器，当绝缘套管周围温度过低时，其表面会产生冷凝水，影响电除尘器正常工作，保湿箱内的温度应高于除尘器内烟气露点温度 20 ~ 30℃。如果出口粉尘浓度增大,有可能是在工艺操作上出了问题,也可能是设备巡检不够到位所致。

(1)粉尘的比电阻

粉尘的比电阻是指每 $1cm^2$ 面积上高度为 $1cm$ 的粉料柱,沿其高度方向测得的电阻值,单位为 $\Omega \cdot cm$。粉尘比电阻是影响电除尘器除尘效率的一个很重要的因素,电除尘器对粉尘的比电阻有严格的要求。当比电阻在 $10^4 \sim 10^{11} \Omega cm$ 时,除尘效果最好。当比电阻低于 $10^4 \Omega cm$ 时(低阻型),粉尘导电良好,荷电粒子与集尘极接触时立即放出电荷,同时获得与集尘极相同的电荷,受到集尘极排斥而又脱离集尘极,返回到气流中,形成粉尘的二次飞扬,此时,粉尘难以捕集,出口粉尘浓度增大,电除尘器效率下降。当粉尘比电阻在 $10^{11} \Omega cm$ 以上时(高阻型),沉淀在集尘极上的粉尘颗粒放电过程进行很慢,电荷很难中和,因此在粉尘层间形成很大的电压梯度,出现反电晕现象(局部放电),在集尘极和物料层中形成大量阳离子,中和了迎面而来的阴离子,若粉尘的粘附性很强,就更不容易振打下来。

当粉尘的比电阻不在合适的范围内时,应进行调节。粉尘的比电阻与温度、湿度和粉尘粒子的成分等因素有关,因此,一般采用调节含尘气体的温度和湿度的方法将比电阻调节至要求的范围内。调节的措施根据粉尘的具体情况而定。对低阻型粉尘,应采取减少电离室的风速、增加百叶窗等措施;对高阻型粉尘,可在含尘气体内加入适量的氨、水蒸气或 CO_2 等。

(2)除尘系统温度

从总的效果来看,进入电除尘器的气体温度低些有利于提高其除尘效率,但由于窑、磨、烘干机等设备排放出的含尘气体中均含有一定量的水分,气体的温度就不能低到气体的露点,否则会产生结露现象。由于结露,粉尘粘附在集尘极和电晕极上,即使振打也不能有效地使其脱落。粘附的粉尘量达到一定程度时,就会阻止电晕极产生电晕,从而使除尘效率下降。经验证明,进入电除尘器的气体温度应高于露点约50℃。

(3)除尘系统的密封

① 电除尘器通常为负压操作,如果检查门、烟道、伸缩节、绝缘套管等处密闭不严,环境的空气会被吸入电场,这不仅会增加烟气处理量,而且会由于温度下降出现冷凝水(尤其是在气温低的冬季),引起电晕极结灰肥大、绝缘套管爬电和腐蚀等后果。

② 由于漏风还会增大电场风速,使含尘气体在电场中的停留时间缩短,粉尘颗粒有可能来不及沉降到集尘极板上就被气流带出电场,出口粉尘浓度的增大,从而降低除尘效率。

③ 再有,由于漏风(吸入)增加了除尘器内部的风量,风速会增大,使已沉降的粉尘再次被扬入气流中,造成除尘器的操作条件恶化。

④ 如果是集灰斗和排灰口处漏风,则漏入的空气直接将已沉降下的粉尘吹起,扬入气流中,造成严重的二次扬尘,导致除尘效率降低。

除尘器一般漏风率应控制在 $2\% \sim 3\%$ 以内,应将除尘器本体及进风管道及时进行焊补。漏风较严重地方通常有:出料口、检修孔、观察孔、振打机构的穿过处、绝缘子安装处等,在使用时应特别注意这些地方的密封。

(4)振打强度不够或振打故障

电除尘器普遍采用的积灰清除方式是安装定时振打清灰装置。由于锤击振打装置、弹簧凸轮振打装置和电磁振打装置都存在着共同的不足,电除尘器在使用一段时间以后,由于极板表面积灰增厚,极线积灰,导致除尘效率降低。

此外,在操作上应保持电压充足,生产中经常发生由于电压不足而致使除尘效率下降。有时由于安装不正确或使用、检修不善,使某些局部电极距离较小形成短路,电压不能加足,也会引起除尘效率下降。

3)风机零部件损坏的处理

有除尘就有风机(这里指的是离心风机),二者不可分离。风机长期处于高速运转状态,及时认真巡检和精心维护,器轴承和叶片也会有磨损的。巡检中你若发现了风机振动超过了允许值、偶有尖锐的撞击声或杂音、机内有周期性的摩擦声、风压过高或过低等,都有可能是轴承轴承损坏、叶片磨损严重、进出气管道破裂,此时应配合专业检修人员补焊轴瓦、更换轴承、更换叶片、修补破裂的管道及密封,使风机回复正常运行。

4)除尘器零部件损坏的处理

(1)袋式除尘器

袋式除尘器在运行中要特别注意的是:

① 运行阻力小:可从进出口风压变化判断运行阻力的大小,若阻力过小,很可能是多个滤袋损坏所致(需停机更换滤袋);也可能是测压装置不灵(需更换或修理测压装置)。

② 脉冲阀不动作:主要原因是:电源断电或清灰控制器失灵(恢复供电,修理清灰控制器);脉冲阀内有杂物或膜片损坏(拆开清理或更换膜片);电磁阀线圈烧坏或接线损坏(检查维修电磁阀电路)。

③ 提升阀不工作:主要是电磁阀故障(检查电磁阀,恢复或更换)和气缸内密封圈损坏(更换密封圈)所致。

(2)电除尘器

电除尘器在运行中如果出现了电流上升、电压不动或刚升压就跳闸,很有可能是极丝断裂(更换)、阳极板高压电缆被击穿(停机)、石英管受污染磨损破坏(进电场检修)。还有可能发生电晕线断裂事故,这主要由于:

① 由于振打作用产生间隙,使电晕线及框架结构的挂钩和挂环的连接处产生弧光放电,而将钩与环连接处烧断(将挂钩和挂环连接处点焊固定)。

② 由于电晕线松弛,在振打时产生摆动,引起电弧放电、烧断电晕线(缩短电晕线的长度,电晕两端改用螺栓连接紧固)。

③ 漏进空气引起冷凝,造成腐蚀(堵漏)。

④ 振打力过大,使极线疲劳(降低振打力以保持适中)。

5.2.1.5　如何巡检大型减速机及液压传动系统?

1)根据轴温、声音判断减速机是否正常

大型减速机一般由主减速器、入轴联轴器、连接装置、慢速驱动装置、大齿轮、齿轮罩、稀油润滑站和监控系统组成;传递功率可达6000kW以上,适用于大型管磨机和立磨,能满足5000～10000t/d水泥生产线的配套需要。其监控系统可实现对全部轴承及润滑油进行温度巡检和机体振动检测,并可与主控室实现计算机联控,运行中可根据轴温、声音判断是否正常。

(1)轴承温度

① 供油温度上高。要检查冷却器供水情况、水温和供油压力,在这种情况下如冷却器工作正常,供油压力或多或上是偏低的,还要检查减速机的排气孔是否堵塞,要疏通排气孔。

② 供油不足,检查供油压力与温度,特别是压力表后的管路是否有障碍。

③ 轴承间隙太大,开箱检查。

④ 润滑油质量下降,观察和化验油质。

⑤ 轴承故障,检查稀油站滤网是否粘有金属碎屑、检查轴承瓦面。

⑥ 温度计指示不正常,注意轴承温度变化情况,检查回油侧的滤网是否粘有金属碎屑。

⑦ 过载荷,检查电动机输出功率、电流。

(2)电动机带减速机启动后,发生振动

① 联轴节的两轮间隙太小,不能够补偿电动机在启动时,由自找磁力中心所引起的窜动。

② 联轴节的找正方法不对,致使两轴不同心。

③ 联轴节的连接螺栓没有相对称的拧紧,并且紧固力程度不一样。

④ 轴承外圈活动。

处理方法:按规定的对轮间隙调好,使两轴同心。以同等力矩对称紧固联轴节的连接螺栓。

转子不平衡时,将转子抽出另行找静平衡。

(3)减速机带动磨机时发生巨大振动

① 磨机与减速机的平衡轴,轴心不在一直线上,其产生原因是:磨机安装衬板时,没有进行二次灌浆,或二次灌浆后的地脚螺栓没有紧固好,用卷扬机转动磨筒体,致使磨筒体一端位移,而两轴心不在一直线上,使减速机带动磨机后而产生振动。

处理方法:要重新调整,使磨机轴心与减速机轴心在同一平面轴心线上。

② 大型磨机体积大,重量重,使地基下沉;发生位移。在基础旁设监测沉降点;进行观测,发现有下沉时,进行调整。

(4)减速机运转声音异常

减速机正常运转的声音,应是均匀平稳的。如齿轮发生轻微的敲击声,嘶哑的摩擦声音,运转中无明显变化,可以继续观察,查明原因,停车进行处理,如声音越来越大时,应立即停车进行检查。

值得注意的是,减速机的平衡轮与中间轮没有按规定的啮合齿标高安装,会造成高速轴小齿轮带动一侧的中间轴大齿轮,而中间轴的小齿轮带动平衡轮,平衡轮又转过来带动另一侧的中间轴,使减速机没有形成两侧均载转动,发生打点声响,这样是很危险的。

2)根据减速机运转情况判断液压传动系统是否正常

在窑的传动及液压挡轮、立式磨和球磨及所匹配的大型减速机中都离不开稀油润滑系统的液压传动及管路系统,这在第三篇第一章第九节"液压装置及控制"中已经介绍过。

大型减速机稀油润滑系统包括润滑主系统和压力及温度调控系统,这里润滑主系统包括油箱和与油箱依次连接有主泵、联轴器及变频电动机,主泵通过管路连接减速机,在主泵与减速机的连接管路上依次设有压力表、压力传感器、管路加热器、管式冷却器、温度传感器及过滤器,在冷却器的冷却水出口管路上连接有冷却水控制水阀,在过滤器与减速机的连接管路上设有直接连通油箱的旁通阀。在巡检中要根据减速机的轴温及振动情况,结合稀油润滑系统各部位及仪表显示参数,分析判断液压传动系统是否正常。液压传动管路系统可能会出现下列问题,一定要注意及早发现它们(见表 5-2-1-1)。

表 5-2-1-1　减速机液压传动系统故障原因及处理方法

故障名称	产生的原因	排除方法
液压缸推力不足或速度减慢	①活塞与缸体磨损,使内径间隙过大; ②活塞内径损坏造成内泄漏; ③负载过大使活塞杆弯曲造成阻力过大	①单配活塞,间隙为 0.03~0.04mm; ②更换密封圈; ③找出过载原因,消除、修复、矫直活塞杆
油液中进入空气	①油箱液面太低; ②油液选用不合适; ③泵轴油封损坏; ④进油管接头漏气; ⑤软管有气孔; ⑥系统排气不良	①加油; ②更换合适的液压油; ③更换泵轴油封; ④更换或紧固油管接头; ⑤更换软管; ⑥调整排气系统
泵产生气穴	①进油滤油器堵塞; ②油液温度太低; ③油液黏度太高; ④进气口堵塞; ⑤泵转速太快; ⑥泵离液面太高	①清洗或更换滤油器; ②加热油液; ③降低油液黏度; ④清洗进气孔; ⑤减低到合适的转速; ⑥降低泵的位置
压力偏低	减压阀、泵、液压缸损坏	修理或更换减压阀、泵、液压缸损坏
压力偏高	①减压阀卸荷、磨损或损坏,变量泵调整无效; ②减压阀、卸荷阀失调	①更换减压阀或变量泵; ②重新调整减压阀、变量泵
压力不稳定	①油液中有空气; ②溢流阀磨损; ③油液污染; ④泵、液压缸磨损; ⑤蓄能器失调	①固定漏油连接件,使油位达到规定的位置; ②检查漏油情况,若磨损过大应进行修理或更换; ③更换油液或过滤器; ④修理泵、液压缸; ⑤检查蓄能器,将压力调整到规定要求
流量过小	①流量控制装置调整太低; ②旁路控制阀关闭不严; ③系统内部泄露严重; ④泵、阀、缸磨损严重	①调整流量控制装置使之合理; ②检查控制阀,必要时要修理或更换; ③检查并拧紧泄漏部位; ④修理或更换泵、阀、缸
流量过大	①泵的转速不对; ②流量控制装置调整过高	①反向旋转; ②调整流量控制装置使之合理

5.2.2　设备的维修、安装与调试

5.2.2.1　怎样对粉体设备进行维修、安装与调试?

1)破碎机损坏后的拆卸、安装和调试

(1)拆卸过程

① 现场拆卸时,必须先断开电源,并在电源开关处挂出警示牌,防止意外启动设备。

② 拆卸前应清除影响操作的障碍物,清洁干净机壳、护罩,避免杂物、污物掉入机内。

③ 不盲目拆卸,应按需要拆卸,对配合件之间的配合位置、间隙等做好标记、记录;

④ 按正确合理的顺序拆卸:一般先拆下外部附件,再拆下部件,再对部件分拆零件;对结构较复杂组成零件较多的部件还应编号记录拆卸顺序,并存放好已拆下而易丢失的细小零件。

⑤ 讲究拆卸方法和技巧,不鲁莽操作,避免损坏可再用和可修复的零件。

(2)损坏后的拆卸步骤(以颚式破碎机为例)

① 颚式破碎机最频繁的修理项目是更换推力板。对于连杆是整体的破碎机要拆下推力板,必须先拧出挡板螺栓,切断干油润滑油管,把推力板吊挂在吊车起重钩或其他起重设备上,然后方可松开水平连杆一端的弹簧,把动颚拉到固定颚方向,取出推力板。如果要取出后推力板,那么应将连杆与前推力板和动颚一起拉开,取出后推力板。

② 推力板卸下后,切断稀润滑油油管和冷却水管,在连杆的下面用支架支住,然后卸下连杆盖,方能吊出连杆。

③ 破碎机的主轴应与皮带轮和飞轮一同取下。把电动机(连同皮带)沿滑轨尽量向破碎机移近,取下三角皮带。然后用吊车把轴提起。

④ 为了拆卸动颚,必须先切断干油润滑油管,拆下拉杆,取下轴承盖,然后用吊车或其他提升设备将动颚拉出。

(3)零部件清洗方法

① 零件拆下后清洗的重要性

通常,零件在拆下后都应清洗干净,以便于检查、测量,确定出可再用、可修理或报废的类别。只有干净的零件才便于鉴别是再用或进行修理。零件在装配前的清洗更是必不可少的,并应按要求在清洁的接触表面涂上润滑油(脂)。对组装好后的部件还应最后擦拭,以方便总装时对位校正。

② 表面油污的清洗

在水泥厂中,清洗零件表面通常采用手工方式,以棉布类进行擦洗和用刷子刷洗为主。清洗时应注意除掉棱边上留下的金属切屑、毛刺和接触面上粘附的电焊渣粒等,使之光洁,必要时可用油石磨光。

手工清洗油污常用清洗液有专用的合成洗涤剂、煤油、轻柴油、汽油等。可根据零件油污情况、实际清洗效果和经济性选择合适的清洗液。

(4)装配的基本要求

① 装配前必须对零件仔细检查,包括检查零件有无缺陷和是否达到要求的装配尺寸精度,避免将对功能作用、装配有影响的零件装上。

② 装配前应清洗干净零件,并加注所要求的润滑油(脂)。

③ 按正确的顺序装配:一般装配顺序恰好与拆卸顺序相反,即后拆下的先装;先将零件组装成部件,再装上机器;装部件时通常按先内后外的顺序。

对较复杂的无装配图的则应按拆卸时的编号记录,并与拆卸相反的顺序装配。

④ 注意保持原件的拆卸性能和维修性。

⑤ 部件组装完后须经检查,认定无误后再装上机器。

整机装好后应作最后检查,看是否完全符合技术要求,符合润滑与密封要求,连接件、紧固件、安全锁紧装置是否可靠等。

⑥ 做好装配后的彻底清理工作,防止工具、钢材、螺栓、焊条、棉纱抹布、施工垫板、支架等杂物遗留于机内。

以锤式破碎机为例,装配过程及要求如下:

① 在安装时要注意将电机皮带轮与锤式破碎机带轮相互对正,松紧适当。并应考虑交付使用时,工作环境应保持干燥,通风,防止雨、雪、尘等对电机的侵蚀。还要有防护罩、过载保护器等防护设施,确保设备及人员工作安全。

② 锤式破碎机在安装时如有必要且场地情况允许,应加装喂料装置,保证喂料的均匀连续性,防止偏一侧喂料或时多时少喂料引起的整机震动加剧、一侧或两侧轴承温升过高、电机过载等情况。

③ 锤式破碎机安装时必须加装进料除异物装置,防止在使用时某些对锤式破碎机有损害的物料进入锤式破碎机内,如铁块等硬料,在进入锤式破碎机后会对筛底、锤头等部件造成损坏;又如塑料布条等有一定韧性的较软料,在进入锤式破碎机后堵塞筛底,缠绕转子,影响处理效果。

(5)装配后的调试

以双转子反击式破碎机为例,看看装配后怎样调试。

A. 空载试运转要求

在不加物料的情况下,首先开动第一级转子,达到额定转数,其电流稳定后再开动第二级转子。第二级转子开动 5 ~10min 后,停机检查转子上打击板是否有松动现象,确认无异常后再次分级开动。空运转实验时间为 8h,期间能满足下列要求:

① 个轴承温升不得超过 30℃。

② 转子运转平稳,不得有杂音连接牢固,运转灵活、无摩擦和敲击声等异音。

③ 无漏电漏油,运转调节性能参数达到技术要求。

B. 负荷试运转

空载试运转合格后,均匀加料使之带负荷试运转,负荷试运转不少于 8h,并注意严防金属异物进入破碎腔。

① 破碎时转子运转平稳,不应有振动现象。

② 实际消耗功率不应大于其额定功率。

③ 轴承温度不得高于 70℃。

④ 排料粒度及产量应符合设计要求(按说明书规定)。

负荷试运转结束时,破碎腔内的物料必须完全破碎后方可停车,停车后应检查并拧紧各连接螺栓。

2)磨机主减速机的拆卸和重装

(1)拆卸步骤及要求

① 对照图纸按步骤拆卸,当然拆卸前要根据图纸摸清减速机的结构、组成。

② 拆卸各紧固螺栓时要用专用扳手,千万不能用手锤、扁铲等对它们"拳打脚踢"。

③"下手之前"必须测量出被拆机件的装配间隙和有关位置,并做出标记和记录;而且在相互配合的两机件上用相同字头打印,以便装配时按原位组装避免错乱。注意相同机件上打印的位置必须一致,方便你的查找。

④ 拆下的零件要妥善保管,避免损伤和丢失。如齿轮连同轴放在地面上时不要与地面接触,要在轴下应放一支架,齿面垫上木板,见图 5-2-2-1。

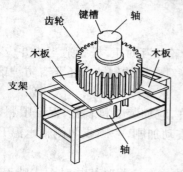

图 5-2-2-1　存放齿轮(连同轴)用支架

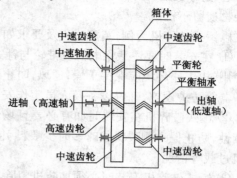

图 5-2-2-2　平衡轮式减速机(双级同轴)

(2)重装时必须注意

① 仔细查看拆下的零部件是否完整无缺,若发现缺少、有损坏或配合不当的零部件要添加、修理。

② 必须对照打印号和有关数据装配到原位。

③ 每一零部件装配完毕要清洗干净,特别是在需要密封的部位以及各供油系统不得有任何杂物遗留在内;减速机封闭装置的盖与座的接触面必须清理干净,不准留有油污,以防油渗出。

④ 上紧各紧固螺栓时同样要用专用扳手,手锤、扁铲之类的工具不得参与。

(3)安装后的减速机调试

减速机作为磨机的配套设备,磨机的运行工况对其正常运行有很大的影响,因此在安装、调试减速机前,应对磨机和减速机的结构特点作深入了解,如磨机特性等,为安装、调试工作进行技术准备。安装后的检测项目主要是:

① 输出传动轴的检测:在齿轮安装调整工作结束后,可进行传动轴和膜片联轴器的安装,安装中需对其同心度和水平度进行测量、调整,两个测量值需控制在 0.25mm 以内。

② 齿面接触情况检查:在其他所有安装调试合格后,采用涂红丹法进行齿面接触情况的检查,齿面在齿高和齿长方向的接触均达到 90% 以上。

3)选粉机根据产品质量要求调整工作参数及叶片的更换

(1)离心式选粉机

离心式选粉机大小风叶一般用 3mm 钢板制作,运输和安装操作不当容易产生变形,固定叶片的风叶杆为 30～40mm 的角钢,是根据设计图给定的方向进行安装的。

立轴上安装着主风叶、辅助风叶和撒料盘。它们旋转的角速度时相同的。在闭路粉磨系统中,生料的产量、细度和化学成分是在瞬时变化的,但必须要做到喂料(磨机)和产量(选粉)应保持一种动态平衡,所以粉磨和选粉是息息相关的,化学成分的瞬时波动由喂料和配料来调节控制,细度和产量的波动,就需要调节控制选粉机了。

① 立轴转速

在一定范围内,提高立轴的转速,也就增大了循环风量,带入细粉室的物料量就增加,粗粉回磨量少了,选出来的生料(产量)增加了,同时细度也就变粗了。

② 主风叶的调整

主风叶就是选粉机的大风叶,它的功能是产生循环风量,让粗粉和细粉分离。在转速一定时,风叶片数增多、叶片面积增大、回转半径(伸展长度)增加,产生的循环风量就大。

③ 辅助风叶的调整

辅助风叶即选粉机的小风叶,宽度一般为150mm、180mm、220mm、260mm、280mm等,一台选粉机只能选用一种规格的小风叶,生产经验表明还是尽量选规格大一点的叶片。小风叶的片数越多,选出的生料就越细。如果把选粉机的主风叶全部取下而只保留辅助风叶,它在回转时也能产生循环风,但由于叶片较小(相对于主风叶),所以风量也小。在主、辅风叶同时工作时,辅助风叶对循环风就没有什么影响了,但它产生的回转气流,会带着颗粒在粗粉室旋转,在惯性离心力的作用下沿切线分离出去,小风叶的片数越多(越密),阻挡下来的较粗颗粒越多,分离出去的物料越少,这样虽然产量不高,但保证了细度。

(2)旋风式选粉机

从结构上来看旋风式选粉机与离心式选粉机有所不同,没有为它设计主风叶,循环风是由专门的风机供给的,所以循环风量的调节就靠它了。风量大时,选粉室上升气流的速度就快,带入旋风筒里的粗颗粒就多,产量高,但生料细度粗,反之亦然。

A. 选粉室上升气流速度的调节

① 开大或关小风机进风管的风门。

② 开大或关小支风管道的调节阀门,来增加选粉室上升气流的流速。各工厂生料粉磨车间为磨机匹配的旋风式选粉机的选粉能力一般偏大一些(是为了更保险起见),在达到选粉能力时,正常情况下风门的开启度40%就可以了,再大了就有可能跑粗。

B. 立轴转速的调节

立轴装有小风叶和撒料盘,转速由可控硅直流调速电机来控制,实现生料细度的调节:提高转速可增大气流侧压力和物料甩出去的离心力,选出的生料变细。

C. 小风叶的调整(与离心式选粉机相同)

让我们对上述三种调节方法作一下分析比较,看一看哪一个更适用于生料细度的控制?

① 可使选粉机内部的循环气流发生较大波动:若风量减少,旋风筒内的风速降低,分级效率降低;若循环风量适当增多,分级效率得到有效提高;若风量增加过多时,成品中的粗颗粒就增多,分级效率又下降了,而电耗却增加了。

② 方便可靠,不过要增加安装调整装置的投资,不知厂方愿意不愿意这样做。上述两种方法在运转中就可以解决。

③ 需把整个粉磨系统停下,才能完成调节任务。哪一个更适用于生料细度的控制,要根据工厂的实际情况而定。

D. 选粉机风叶的更换

不论是大风叶(主风叶)还是小风叶(辅助风叶),增减片数、调整回转半径,更换叶片面积,都必须让大、小风叶在立轴上两两对称,以保持运转时的动平衡,减少震动,叶片要拧紧,以防止松动或掉落,如果有一片脱落,就会产生极不均匀分布,生料会突然变粗,脱落数片,生料细度就难以控制了。

4)球磨机主轴瓦损毁后的更换

球磨机主轴瓦又称球面瓦,是球磨机主轴承的主要零部件。其内表面为圆柱形,与中空轴颈相连,其底面呈凸球面形,装在主轴承座凹球面上,可以在轴承座的球窝里自由转动,使主轴瓦内表面均匀地承受载荷。磨机筒体上的全部载荷通过两端轴颈分别传递给主轴瓦,再传递给主轴承座。

(1)主轴瓦损毁后更换安装要求

主轴瓦的工作内表面浇注一层具有一定强度且减摩性能及耐磨性能良好的巴氏合金。但它的机械强度较低,工作温度不宜过高,且与铸铁的粘附性较差。

球磨机在使用过程中可能会出现主轴瓦磨损或烧毁的问题,其原因是主轴瓦质量问题(材质质量、浇铸制造质量)、润滑问题(润滑油选用不当、油质、润滑系统故障)、冷却水不足和装配质量问题。

主轴瓦损毁后更换安装时,一般都要将主轴瓦与中空轴轴颈配刮研。通过刮削,轴瓦多次受到刮刀的推挤和压光作用,表面组织变得比原来紧密,表面粗糙度很小,并获得很高的尺寸精度、接触精度和形状、位置精度,同时,刮削后的轴瓦表面形成了比较均匀的微浅凹坑,创造了良好的存油条件,改善了润滑状况。若刮研质量低劣、轴瓦表面粗糙、接触斑点分布不均匀或接触斑点不够,会使主轴瓦局部磨损加快,甚至烧瓦。

(2)轴承座与球面瓦的装配

① 球面接触带的接触包角不小于45°。

② 轴向接触宽度应不大于球面座宽度的1/3,但不得小于10mm。

③ 在球面瓦两侧按图纸要求开凿油槽。

④ 在60°包角和全瓦宽接触区形成连续均匀分布的接触带(见图5-2-2-3)。

⑤ 若达不到要求的,需重新刮研。

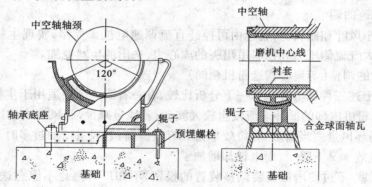

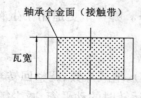

图5-2-2-3　球面瓦与轴颈配合示意图

5.2.2.2　怎样对风机进行维修、安装与调试？

1)罗茨风机主从动轴的更换

一般情况下,换新轴要和叶轮一起更换。如果叶轮完好,只想更换磨损严重的主从动轴,就得把叶轮从轴上拆卸下来。操作时要准备好一个支架,将叶轮轴组件水平地放在这个支架上,并用吊具锁住,将液压千斤顶定在叶轮轴上,要保证千斤顶轴与叶轮轴同心,将千斤顶加压,产生一定的压力后,用两套气焊同时对叶轮与轴的配合部位加热,此时要缓慢地加压、加热,待听到"咯嘣"声响后,叶轮与轴就脱开了。加热停止,但需要继续加压把轴从叶轮中顶出来。

装新轴时,首先将轴上的毛刺打掉,在装配部位涂些黄油,同时将叶轮整体均匀加热(可用木炭火),把叶轮孔内擦净,平放在支架上。对新轴用吊具锁住并垂直吊起离开地面,对准叶轮孔缓慢放下,待装配部位进去 1/3 左右时可快速放进,直到全部装配到位,待冷却到室温后装配到风机上。

2)高温风机的安装与调试

(1)风机主轴的安装

高温风机主轴的热膨胀,是通过非定位端轴承的轴向游动实现的。在设计时已经考虑了主轴在工况下的热膨胀,一般在安装图纸上也会明确标出轴承座、叶轮安装的定位尺寸。在进行现场安装作业时需要注意的问题:

① 根据主轴的膨胀方向,选定负荷端作为定位端。

② 根据端盖的区别确定定位与非定位轴承座。

(2)系统找正

系统找正主要包括:轴承座的中心找正、风机轴与电机的找正。为避免热态下出现的"假对中",高温风机各部分的找正一定要在常温下进行。

(3)润滑站的安装

风机润滑站的安装距离轴承座不宜太远,以避开高温环境为准。润滑站太远会导致进油、回油管路过长,油液沿程损失大,并容易出现轴承座进油压力不足、回油不畅、轴承座漏油等故障(尤其在冬季冷态启车的情况下最容易出现)。

(4)风机调试

① 风机允许全压启动或降压启动,但应注意,全压启动时的电流约为 5～7 倍的额定电流,降压启动转距与电压平方成正比,当电网容量不足时,应采用降压启动。

② 风机在试车时,应认真阅读产品说明书,检查接线方法是否同接线图相符;应认真检查供给风机电源的工作电压是否符合要求,电源是否缺相或同相位,所配电器元件的容量是否符合要求。

③ 试车时人数不少于两人,一人控制电源,一人观察风机运转情况,发现异常现象立即停机检查;首先检查旋转方向是否正确;风机开始运转后,应立即检查运转电流是否平衡、电流是否超过额定电流;若有不正常现象,应停机检查。运转五分钟后,应立即迎机检查风机是否有异常现象,确认无异常现象再开机运转。

④ 双速风机试车时,应先启动低速,并检查旋转方向是否正确;启动高速时必须待风机静止后再启动,以防高速反向旋转,引起开关跳闸及电机受损。

⑤ 风机达到正常转速时,应检测风机输入电流是否正常,风机的运行电流不能超过其额定电流。若运行电流超过其额定电流,应检查供给风机的电压时候正常。

⑥ 风机多需电机功率是指在一定工况下,对离心风机和风机箱,进出口全开时所需功率较大。若进风口全开进行运转,则电机有损坏可能。风机试车时最好将风机进口或出口

管道上的阀门关闭,运转后将阀门渐渐开启,达到所需工况为止,并注意风机的运转电流是否超出额定电流。

3)高温风机常见故障的诊断与处理

(1)风机的振动

振动超标是热风机运行中最常见的故障,是影响风机安全运行及工厂正常生产的重要因素。导致风机振动的原因很多,常见的原因:转子失衡、系统对中不良、松动、动静件摩擦、滚动轴承故障、转子弯曲、共振、电机故障引起风机振动等。

A. 风机转子失衡的原因及处理方法

转子失衡是导致风机振动超标的最常见原因,单纯的转子失衡振动特征很明显,其表现:波形近似正弦波、频谱图中谐波能量主要集中在基频。常见的失衡原因及处理方法是:

① 叶轮出现不均匀磨损,导致转子失衡。可以直接通过现场动平衡解决(叶轮总体磨损并不严重时)。如果叶轮总体磨损较严重(如叶片耐磨层已磨去 2/3 以上),为避免继续磨损而导致整个叶轮报废,可先堆焊耐磨层,再进行现场动平衡的方法。这样可以反复作业,可以延长叶轮使用寿命。

② 可拆卸式叶片耐磨衬板的固定螺栓松动脱落。那么必须在对风机进行动平衡之前,仔细检查叶轮的每一颗螺栓,将出现松动的重新拧紧并点焊,否则很难通过现场动平衡消除振动。

B. 其他几种常见振动故障及判定方法

① 径向水平振动值不稳定,铅垂方向振动大,且轴承座比刚性基础振动值明显偏高,频谱图中出现高次谐波,并呈逐阶递减趋势。说明轴承座地脚螺栓松动。

② 风机运行中伴有明显的金属摩擦或撞击声,波形中出现冲击信号,并有削峰,说明转子发生动静磨碰。

(2)轴承温度高

轴承温度高也是热风机运行中常见的故障,其原因很多,但对高温风机而言,主要包括6个方面:

① 轴承磨损严重,轴向及径向游隙过大。这主要是轴承使用时间过长,滚珠和保持架等磨损严重,需要更换。

② 润滑油量不足或过量。热风机多为循环油润滑,润滑站的油压和油温对轴承座温度有很大影响,一般稀油站的供油压力为 $0.15 \sim 0.2MPa$,供油温度不超过 $40℃$。应定期清洗油过滤器,同时进油管和回油管距离机壳不宜太近,避免环境温度的辐射影响油温。

③ 润滑油变质或牌号不对,黏度太低或太高。一般高温风机的润滑油最好半年更换一次,严格按设备说明书要求选择润滑油。

④ 环境温度太高。高温风机的轴承座温度随环境温度的波动较大,工艺操作上的不稳定导致风温不稳定,从而影响轴承座温度是经常碰到的问题。

⑤ 安装误差。两端轴承安装不同心或由于主轴安装定位的误差,造成非定位端轴承座端盖与轴承外环间隙太小,主轴受热膨胀后,轴承外环与端盖产生摩擦等都会导致轴承发热。

⑥ 轴承外圈转动与轴承箱内孔摩擦。

5.2.2.3 怎样对空气压缩机进行维修、安装与调试?

1)空压机的维修保养

(1)空气滤清器

吸入空气中的灰尘被阻隔在滤清器中,以避免压缩机被过早的磨损和油分离器被阻塞,在运转一段时间后要更换滤芯。滤清器维修时必须停机,为了减少停车时间,建议换上一个新的或已清洁过的备用滤芯。

清洁滤芯步骤如下:

① 对着一个平的面轮流轻敲滤芯的两端面,以除去绝大部分重而干的灰沙。

② 用干燥空气沿与吸入空气相反的方向吹,并沿其长度方向上、下吹。

③ 如果滤芯上有油脂,则应在溶有无泡沫洗涤剂的温水中洗,在此温水中至少将滤芯浸渍15min,并用软管中的干净水拎洗,不要用加热方法使其加速干燥,一只滤芯可洗5次,然后丢弃不可再用。

④ 滤芯内放一灯进行检查,如发现变薄,针孔或破损之处应废弃不用。

(2)压力调节器的调整

卸载压力用上的调节螺栓来进行调整,将螺栓顺时针旋转,卸载压力提高,逆时针旋转卸载压力降低。

(3)冷却器

在冷却器的管子内、外表面要特别注意保持清洁,否则将降低冷却效果,因此应根据工作条件,定期清洁。

(4)储气罐/油气分离器

储气罐/油气分离器按压力容器标准制造和验收,不得任意修改,如果修改后果将十分严重。

(5)安全阀

装于储气罐/油气分离器上的安全阀每年至少检查一次,调整安全阀要有专业人负责进行,每三个月至少要拉松一下杠杆一次,使阀开启和关闭一次,否则会影响安全阀正常工作。

检验步骤如下:

① 关闭供气阀。

② 接通水源。

③ 启动机组。

④ 一面观察工作压力,一面慢慢地顺时针方向旋转压力调节器的调节螺栓,当压力达到规定数值时,安全阀还未打开或达至规定值前已打开,则必须调整之。

调整步骤如下:

① 卸下帽盖和铅封。

②如果阀开启过早,则松开锁紧螺母并旋紧定位螺栓半圈,如果阀开得过迟则松开锁紧螺母约一圈并松开定位螺栓半圈。

③ 重复检测步骤,如果安全阀在规定压力值时,仍不能打开,则再次调整之。

2)空压机的拆卸

① 拆卸轴承、各密封零件以及吊转子时,严禁敲打和碰撞,以防止零件受损。配合止口面、密封面严禁锤敲或用铁棒撬(如需要敲打或撬拨时,必须用软质金属垫上),以免配合加

工面受损。

② 外形相同的零件应编号分组,相互配合件要标注记号并对应保管,以防装错。

③ 成套零件、如联轴器螺栓、浮环密封组件、径向轴承、止推轴承等,应配套保存。

④ 拆卸径向轴承、机械密封或浮环密封时,应将转子稍稍抬起,以避免拉伤相配合零件。径向轴承拆出后,严禁盘转或窜动转子,以防封受损。

⑤ 拆下径向轴承、浮环密封、联轴器轮毂后,应将装轴承和浮环密封的轴颈部位、装联轴器轮毂的轴锥段包扎保护好。

⑥ 拆吊零部件时,应先将被吊件用顶丝顶开、用撬棍拨开或敲击震松,严禁强拉硬吊。并注意内外、上下、左右、前后等各个方位有无障碍。

⑦ 起吊缸盖前应将止推轴承拆出,并将转子放在轴向窜量的中间位置。

⑧ 吊挂和放置部位要合理,捆绑要有防护措施,放置要安全平稳,任何时候都不准用叶轮支撑转子。

⑨ 起吊缸盖应保持剖分面水平,或四角与缸体剖分面间的距离相等,并且不得与导杆相卡涩,起吊过程中,应细心观察各相关部位,下隔板、转子等不得随之上起。

⑩ 起吊气缸、隔板、转子等部件时必须了解设备重量和起吊位置,索具直径的选择应不小于 10 倍的安全系数,索具与设备棱角、加工面接触处应用垫木或软材料垫好。

3)空压机的安装

(1)整机安装

安装空压机之前,安装人员要熟悉设备技术文件和有关技术资料,了解设备构造、性能和装配数据。

① 空压机应安装在周围环境清凉、空气湿度低、灰尘少的地方。若必须安装在炎热或多尘的环境中,则要通过导管尽可能从清凉、少尘的地方吸取空气并尽可能降低空气的湿度。

② 环境温度应低于 $40℃$,如高于 $40℃$ 应采取措施加强通风,以避免高温停车。

③ 周围应留有一定空间,以便检修和拆装部件。

(2)管路安装

① 与机器连接的管道,安装前必须将内部处理干净,不应有浮锈、熔渣、焊珠及其他杂物。

② 气体管道和管件的最大允许工作压力应超过额定排气压力的 1.5 倍或 0.1MPa,两者取大值,且大于安全阀的调定压力。

③ 主管路应有一定的倾斜度,以利管路中凝结水集中排出。

④ 管路压力降不得超过空压机设定压力的 5%。配管管径不要任意缩小,如必须缩小或放大管径必须使用渐缩管,否则,在接头处回形成紊流导致较大压力损失。

⑤ 若系统用气量波动较大建议配备加装缓冲,这样可减少空压机负载运行次数。理想的配置形式为:空压机→气水分离器→储气罐→精密过滤器→干燥机→精密过滤器。

⑥ 管路中尽可能减少弯头和各类阀门,以减少压力损失。

⑦ 用气设备多且较分散时,主管路应环绕整个厂房,这样,任何位置均可获得两个方向的压缩空气减少压力降。支线管路必须从主管路上方引出,以避免管路中的凝结水流至用气输出端口。

4）空压机的调试

空压机安装完毕后要进行如下调试：

（1）空压机性能试验

① 将空压机运行方式设定为自动方式，干燥器向储气罐供气。期间监视空压机控制面板上显示的压力值和储气罐空气压力值上升情况。当空压机卸载时，注意控制面板上显示的压力值是否与压力上限设定值相符。

② 保持压缩空气系统排气阀门在关闭状态，注意系统空气压力下降速度，检验系统泄漏情况；保持系统压缩空气压力在设定下限值，注意空压机卸载到电机停机的时间间隔是否与设定时间相符。

③ 打开储气罐下截止阀对空排气，期间监视空压机控制面板上显示的压力值和储气罐空气压力值下降情况。当空压机重新启动负载时，注意控制面板上显示的压力值是否与设定值相符。

④ 在空压机升压和降压过程中，注意空压机换风扇启停时的温度值是否与设定值相符。

⑤ 接通电源时，使用运行设定值菜单程序将所采用的自动控制方式改为连续控制方式。程序启动后，控制方式应变为连续控制方式。将空压机运行方式设定为连续方式后，采取与自动方式运行时相同的内容对空压机进行试验，并且注意当空压机空载一定时间后驱动马达是否自动关闭，当压缩空气总管在设定压力范围内时机器能否随时启动。

（2）空压机系统连锁试验

① 设定压缩空气母管工作压力上、下极限，全部关闭各用气设备气源入口阀门，所有试验设备调至自动挡。

② 逐台启动和关闭空压机，检查连锁的空气干燥器能否相应连锁启停。

③ 启动空压机，在现场查看空压机启动运行情况，注意控制系统是否能够实现多台空压机连锁启动，以使储气罐出口母管处连锁压力取样点压力达到设定压力值。

④ 逐步打开各用气设备气源入口阀门，检验自动控制系统能否根据低压力信号连锁启动另一台备用空压机，直至储气罐出口母管处连锁压力取样点压力达到设定压力值。

（3）空压机系统密闭性试验

① 储气罐出口阀门前压缩空气系统密闭性试验：关闭储气罐出口阀门及所有管路排气阀，打开储气罐前系统管路及设备间隔离阀。启动空压机对此密闭分系统升压，至空压机卸载压力值后，观察密闭系统中压力下降速度，检查确定系统中设备、管道、阀门漏气情况。

② 储气罐出口阀门后压缩空气输送管路密闭性试验：在储气罐出口阀门前压缩空气系统密闭性试验完成后，关闭所有各用气设备气源入口阀门；打开储气罐出口阀门，启动空压机对储气罐出口阀门后的压缩空气输送管路密闭系统升压，至空压机卸载压力值后，观察密闭系统中压力下降速度，检查确定系统中管道、阀门漏气情况。

③ 如试验过程中发现明显泄漏现象，且不能确定准确位置，可对发现泄漏的密闭系统做进一步分部密闭性试验，以准确排查泄漏点。

5.2.2.4　怎样对烧成设备进行维修、安装与调试？

1）预热器、分解炉系统吹堵装置的维护

各级预热器下部椎体和下料管的排灰处内径较小、负压较大，如果物料分散得不好则容易造成堵塞,为此在这里设置了防堵吹风装置。在吹堵过程中某些易堵塞预热器的电磁阀使用频率较高,容易出现问题(如动作失灵),此时需要更换电磁阀;当吹堵装置不能有效地对预热器的堵塞进行清理时,应及时停料、停煤,对预热器内堵塞实施人工清理,所用到的清堵工具主要有铁丝、镀锌管或无缝钢管、气用橡胶管等,用铁丝将镀锌管与橡胶管、压缩空气接口捆扎牢固,选择好安全的工作面来完成清堵工作。

2)煤粉燃烧器位置的调整

(1)喷煤管在窑口截面上位置的调整

喷煤管中心线的位置不宜和窑中心线重合,以稍偏向于物料表面为宜,见图5-2-2-4。如果位置不当,火焰过于逼近物料表面,一部分没有燃烧完的煤粉就会裹入物料层中,会因缺氧不得到充分燃烧,对燃烧很不利,也浪费了燃料;火焰过于远离物料表面而偏向窑衬内壁,火焰射流就会碰撞窑皮,烧坏窑衬,降低了衬砖的使用寿命,还会引起频繁的结皮、结圈、结蛋等现象,因此要用燃烧器的调整机构来调整喷煤管的中心位置,使其稍偏向于图5-2-2-4中所表示的物料表面的位置。

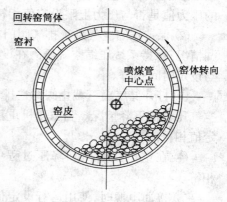

图5-2-2-4 喷煤管中心点的坐标位置

(2)喷煤管端部伸进窑口的距离的调整

燃烧器架设在行走小车的导轨上,可以根据窑内煅烧状况随意调整喷煤管伸进窑内的距离。越伸入窑内的距离越深,高温点(烧成带)越靠后,冷却带越长,窑尾废气温度越高,对窑尾的密封装置不利。深入的越浅,离窑口越近,冷却带越短甚至没有了冷却带,出窑熟料温度过高,对窑头罩密封不利,窑口筒体板易形成喇叭形,寿命降低。因此,在窑的煅烧热工制度稳定的条件下,应将喷煤管伸进窑内的距离调整到最佳值。

3)熟料冷却机的安装和调试要求(按照设备提供的技术要求)

(1)篦冷机

① 两侧框架水平偏差、垂直度、对角线偏差符合规定的技术要求。

② 水平篦床的同一段托轮组以及倾斜篦床的同一标高的左右托轮高差均符合技术要求,各托轮应与篦冷机对称,同段托轮组相互平行。

③ 活动框架组装以后,最大对角线偏差符合规定的技术要求。

④ 各托轮与固定在活动框架下的导轨应接触均匀,导轨与托轮接触良好,不得有间隙。

⑤ 传动轴用垫片找正,调整轴承至轴向水平度符合规定的技术要求,要检查传动的灵活性,确认无误后用垫片楔紧定位。

⑥ 篦床安装间隙符合图纸设计要求,篦板间侧隙、活动篦板与固定篦板的间隙为、篦板与侧板间隙符合规定的技术要求。

⑦ 活动梁与固定梁的中心线相互平行,其平行度偏差符合规定的技术要求。

⑧ 篦床安装紧固牢靠,并将螺母螺栓电焊。

(2)拉链机

① 链条张紧度:在两托辊之间最大下垂度符合规定的技术要求,调节丝杆螺母必须配齐锁紧螺母。

② 托辊安装牢固,托辊轴与支架焊接牢固。

③ 小链节间连接处用钢筋电焊牢固,防止脱落。

4)熟料篦式冷却机的维修

由于出窑熟料由1100~1200℃直接进入篦式冷却机,使得机内各零部件与热熟料产生相对运动而被磨损。特别当出窑熟料来料不均、熟料结粒不好、篦床上料层过厚时,加之风量、风压控制不当,会导致机内热工条件发生改变,形成过热状态,而使机内零部件发生热变形、炸裂、破损等,在这种情况下必须进行修理。

案例1:篦床的固定梁、活动梁及框架变形的修理

(1)故障原因

出窑熟料不均,夹杂着大量没有烧熟的生料进入冷却机,篦床料层增厚,使篦床的固定梁、活动梁及框架整体升温。

(2)现象及征兆

固定梁、活动梁及框架发生热变形,在运行中发出阵阵的撞击声,活动篦板T型螺栓折断,掉篦板。

(3)修理方法

A. 拆除篦板、托板

拆除全部固定篦板和活动篦板,并按篦板的热端和冷端分类检查,将可用的篦板分类堆放,拆除全部托板。

B. 校正固定梁、复位焊接

固定梁的变形量较小,用撬杠和小螺旋千斤顶将固定梁调整到原始部位(原有焊接限位复位标准),再重新焊牢。

C. 活动梁及活动框架的检查校正

① 以2.2m×12.6m的水平推动篦式冷却机为例,其活动框架由4组单梁组成,对每组活动梁的直线度进行拉线检查,当单根活动梁的纵向变形量较小时(2~3mm),不整形可以继续使用。

② 活动梁及活动框架的调整:首先检查托轮和托辊,再检查调整主轴和固定梁纵向垂直度,检查调整各组托轮的平行度、间距和轴的中心标高。检查调整辊轮与推力板的间隙,应保持两侧间隙相等。

③ 用人工盘车的方法让传动主轴转动,如无异常,即可慢速开车,检查活动框架前后行程的运行情况。活动框架应直线前后运行,无碰撞和颤动现象。

D. 安装托板和篦板

将托板和篦板分别安装在活动梁和固定梁上,按照上面的第③条的程序进行检查。在人工盘车时要检查活动篦板和台肩与托板内框间隙应前后相等。全部安装完毕后,再进行加速运行检查,直至合格为止。

案例2:篦床的固定梁、活动梁及框架局部磨损后的修复

(1)故障原因

篦板和篦板梁的连接螺栓松动没有及时拧紧造成螺孔变形;活动梁与活动框架的接触面的相对运动而造成磨损。

(2)现象及征兆

篦板T型螺栓频繁剪断,篦板之间产生异常的撞击声,磨损严重时造成篦床下沉,电动机的电流明显上升,严重时下机壳也受到篦床的撞击。

(3)修理方法

① 固定篦板梁活动篦板梁螺栓孔磨损后的修复

参照上面的案例1中所述的步骤拆除篦板和篦板梁,对磨损而发生变形的螺孔先扩孔。扩孔时先画好中心线,确保孔与孔之间的相关尺寸符合要求,不能偏移,然后再焊入钢套。

② 篦板梁上、下平面磨损的修复

当篦板梁上、下平面磨损量不大时,只需在篦板梁上、下接触的平面处加垫板,然后校正即可。但在磨损量过大、且接触面发生凹凸不平时,则应先堆焊,然后在刨床上进行平面加工。

由于磨损造成篦板下沉时,可在活动梁与框架之间加垫片进行调整。

5.2.2.5 怎样对收尘设备进行维修、安装与调试?

1)电除尘器的维修、安装和调试

(1)除尘器的维修检修

电除尘器的维修项目主要有:

① 检查放电极、集尘极积灰情况,清除积灰。

② 检查集尘极板排定位装置,更换损坏的极板、极线。

③ 全面检查调整极距。

④ 除尘器维修放电极、集尘极的振打系统和传动装置。

⑤ 消除灰斗及放电极绝缘子室积灰。

⑥ 检修高、低压电源设备和控制系统。

维修时要对电除尘器内阴、阳极间距进行调整,并记录调整前后的测量结果。对阴、阳极振打装置的设备(主要有振打电机、减器机、转轴、轴承、挠臂锤、绝缘连杆等)磨损情况进行检修和维修,对出灰系统、保温、加热系统、灰斗料位计、锁气器等装置进行检查和调试。

(2)电气方面的维修

除尘器维修时严格执行《电力设备预防性试验规程》中电除尘器章节对高压硅整流变压器、低压电抗器、绝缘支撑及连接元件、高压直流电缆等设备的试验项目和周期所作的明文规定,要对供电装置的触发装置进行性能测试,对各种保护进行整定试验,对电气高低压回路与仪表开关进行校检,并对整流变进行吊芯检查。

(3)除尘器维修后质量检查

电除尘器的维修检修都应做检修记录、试验记录,整理技术资料,做好技术分析。

① 质量检查要实行检修人员的自检和验收人员的检查相结合,并做好验收记录。

② 大修后必须进行伏安特性试验,冷态试验和热态试验可以根据需要结合分部试运转及整体试运行时进行,以对设备进行评级和评价检修工作。

(4)电除尘器维修后的整体调试

大修结束后,对整流变压器、电场进行空载升压试验,并在运行时对进、出口烟气温度与压力指示进行测试和对浊度仪、照明设备进行测试。如果有条件的话,还应该对电除尘器大修前后的除尘效率进行对比试验,以检验大修工作的效果。

2)袋式除尘器的维修、安装和调试

(1)调试及运行

袋式除尘器试运行时,应特别注意以下列几条:

① 风机的旋转方向、转速、轴承振动和温度。

② 处理风量和各测试点压力与温度是否与设计相符。

③ 滤袋的安装情况,在使用后是否有掉袋、松口、磨损等情况发生,投运后可目测烟囱的排放情况来判断。

④ 要注意袋室结露情况是否存在,排灰系统是否畅通。防止堵塞和腐蚀发生,积灰严重时会影响主机的生产。

⑤ 清灰周期及清灰时间的调整,这项工作是左右捕尘性能和运转状况的重要因素。清灰时间过长,将使附着粉尘层被清落掉,成为滤袋泄漏和破损的原因。如果清灰时间过短,滤袋上的粉尘尚未清落掉,就恢复过滤作业,将使阻力很快地恢复并逐渐增高起来,最终影响其使用效果。

在开始运转的时间,常常会出现一些事先预料不到情况,例如,出现异常的温度、压力、水分等将给新装置造成损害。气体温度的急剧变化,会引起风机轴的变形,造成不平衡状态,运转就会发生振动。一旦停止运转,温度急剧下降,再重新启动时就又会产生振动。最好根据气体温度来选用不同类型的风机。设备试运转的好坏,直接影响其是否能投入正常运行,如处理不当,袋式除尘器很可能会很快失去效用,因此,做好设备的试运转必须细心和慎重。

(2)袋式除尘器的维修(案例)

① 布袋的修理和更换

袋式除尘器不能使用破损的布袋进行工作,否则会加速除尘器的报废。当个别布袋发生小面积破损时,可以用旧的布袋或同样材料新滤布将破洞补上使用,补洞方法是使用有机硅橡胶混合料进行粘接,只要胶粘剂的使用温度、化学性能与工艺状况相适应便可。

当大部分布袋损坏时,应进行全部更换(当滤料在长期工作以后,滤料层内积聚的微细粉尘使其透气性降低,而影响系统风量时,虽未损坏,也应进行全部更换),更换布袋最好在除尘器停止工作时进行,此时应将清灰控制器关闭,打开顶部的人孔门,便可拆卸布袋,拆卸时,先将袋笼取出,然后将布袋上口的弹簧圈捏成凹形,向上拉出布袋,安装新布袋前,应将花板孔上的粉尘清理干净。

② 布袋的安装

安装袋笼和布袋是全部安装中最小心和仔细的工作,因此应放在最后进行安装,安装时,布袋切不可与尖硬物碰撞、钩划,即使是小的划痕,也会使布袋的寿命大大缩短。安装布袋的方法是先将布袋由箱体花板孔中放入袋室,然后将袋口上部的弹簧圈捏成凹型,放入箱体的花孔板中,再使弹簧圈复原,使其紧密地压紧在花孔圆周上,最后将袋笼从袋口轻轻插入,直到袋笼上部的护盖确实压在箱体内花板孔上为止。为防止布袋踩坏,要求每装好一个布袋,就装一个袋笼。

如更换布袋可将各个室分别隔离进行更换布袋,这样除尘器可继续工作。被隔离的室,应是提升阀处于关闭状态,同时脉冲阀不工作(保险起见,将该室脉冲阀电源切断)。在拆装布袋时,因袋口有小量负压,应特别小心不要使袋子掉入灰斗。

5.2.2.6 怎样对大型减速机及液压传动系统进行维修、安装与调试?

1)大修后的减速机重新校正基准使性能和精度达到要求

磨机减速机、电机的长期运转支撑轴承会有一定的损耗,使得各连接部位产生轴线位移,从而很可能引起振动或其他什么问题,所以在安装或大修后都要重新校正基准,确保同心度在规定的精度范围以内。

（1）电动机与减速机联轴节的调整

用钢直尺检查联轴节径向、侧向偏差，如有偏差以减速机的联轴节为准，移动电动机并进行调整。胶圈式联轴节的连接，中间要保持一定的间隙。

（2）减速机与磨机的同心度调整

① 花键联轴节的同心度调整

减速机与磨机连接一般采用花键联轴节和膜片联轴节。取下花键轴，分别划出磨机出口和入口中空轴的中心点，然后用水管连通器，以减速机出力轴中心点为基准，调节出、入口中空轴的中心高度，其径向允许公差要符合图纸规定的要求。

② 膜片联轴节同心度的检查与调整

这种联轴节在减速机出力轴一端镶有膜片钢板与磨机中空轴法兰连接。这种连接方式一般情况下不随意拆卸，除非拆减速机时，按花键联轴节的检查方法进行。

③ 减速机、电动机、磨体的同心度侧向位移的调整

中心驱动的减速机，可在电动机端与磨入口端挂一条钢丝线，并以电动机端和入口端安装留下的中心点将钢丝线调整，然后用线坠分别检查出口、入口是否侧向位移。如果侧向位移超范围了，就以电机、减速机为基准（二者在同一条线上），调整磨机两端主轴承座侧面的斜铁，让磨机移动，使减速机、电动机、磨体三者处在一条直线上（同心度一致）。

2）液压泵的维修和更换

液压泵最常见的故障是泵体与齿轮的磨损、泵体的机械损伤，出现以上情况一般必须大修或更换零件。表现症状为噪声严重及压力波动，输油量不足，液压泵不正常或有咬死现象，其原因及排除方法：

（1）泵的过滤器被污物阻塞不能起滤油作用：用干净的清洗油将过滤器去除污物。

（2）油位不足，吸油位置太高，吸油管露出油面：加油到油标位，降低吸油位置。

（3）泵体与泵盖的两侧没有加纸垫，泵体与泵盖不垂直密封，旋转时吸入空气：泵体与泵盖间加入纸垫，泵体用金刚砂在平板上研磨，紧固泵体与泵盖的联结，不得有泄漏现象。

（4）泵的主动轴与电动机联轴器不同心，有扭曲摩擦：调整泵与电动机联轴器的同心度，使其误差符合规定的技术要求。

（5）泵齿轮的啮合精度不够：对研齿轮达到齿轮啮合精度。

（6）泵轴的油封骨架脱落，泵体不密封：更换合格泵轴油封。

3）液压传动系统的主附设备的安装和调试

（1）液压管道的安装要求

液压管道安装是液压设备安装的一项主要工程。管道安装质量的好坏是关系到液压系统工作性能是否正常的关键之一。

① 布管设计和配管时都应先根据液压原理图，对所需连接的组件、液压元件、管接头、法兰作一个通盘的考虑。

② 管道的敷设排列和走向应整齐一致，层次分明。尽量采用水平或垂直布管，用水平仪检测。

③ 管道的配置必须使管道、液压阀和其他元件装卸、维修方便。系统中任何一段管道或元件应尽量能自由拆装而不影响其他元件。

④ 较长的管道必须考虑有效措施以防止温度变化使管子伸缩而引起的应力。

⑤ 管道配管焊接以后，所有管道都应按所处位置预安装一次，将各液压元件、阀块、阀架、泵站连接起来。各接口应自然贴和、对中，不能强扭连接。当松开管接头或法兰螺钉时，相对结合面中心线不许有较大的错位、离缝或跷角，如发生此种情况可用火烤整形消除。

⑥ 软管的安装一定要注意不要使软管和接头造成附加的受力、扭曲、急剧弯曲、摩擦等不良工况。

⑦ 软管在装入系统前，应将内腔及接头清洗干净。

（2）液压泵的安装要求

① 液压泵安装时，油泵、电动机、支架、底座各元件相互结合面上必须无锈、无凸出斑点和油漆层，在这些结合面上应涂一薄层防锈油。

② 安装液压泵、支架和电动机时，泵与电动机两轴之间的同轴度允差、平行度允差应符合规定，或者不大于泵与电动机之间联轴器制造厂家推荐的同轴度、平行度要求。

③ 直角支架安装时，泵支架的支口中心高，允许比电动机的中心高略高一些，调整泵与电动机的同轴度时，可垫高电动机的底面。允许在电动机与底座的接触面之间垫入图样未规定的金属垫片，一旦调整好后，电动机一般不再拆动。必要时只拆动泵支架，而泵支架应有定位销定位。

④ 调整完毕后，在泵支架与底板之间钻、铰定位销孔，再装入联轴器的弹性耦合件，然后用手转动联轴器，此时，电动机、泵和联轴器都应能轻松、平滑地转动，无异常声响。

（3）液压系统清洗

液压系统安装完毕后，在试车前必须对管道、流道等进行循环清洗，使系统清洁度达到设计要求。

① 清洗液要选用低黏度的专用清洗油，或本系统同牌号的液压油。

② 清洗后，将清洗油排尽。

③ 检查液压系统各部位，确认安装合理无误。

④ 向油箱灌油，当油液充满液压泵后，用手转动联轴节，直至泵的出油口出油并不见气泡时为止。有泄油口的泵，要向泵壳体中灌满油。

⑤ 放松并调整液压阀的调节螺钉，使调节压力值能维持空转即可。调整好执行机构的极限位置，并维持在无负载状态。如有必要，伺服阀、比例阀、蓄能器、压力传感器等重要元件应临时与循环回路脱离。节流阀、调速阀、减压阀等应调到最大开度。

⑥ 接通电源、点动液压泵电机，检查电源连线是否正确。延长启动时间，检查空运转有无异常。按说明书规定的空运转时间进行试运转。此时要随时了解滤油器的滤芯堵塞情况，并注意随时更换堵塞的滤芯。

⑦ 在空运转正常的前提下，进行加载试验，即压力调试。加载可以利用执行机构移到终点位置，也可用节流阀加载，使系统建立起压力。

⑧ 检查所有液压阀、液压缸、管件是否有泄漏；液压泵或马达运转是否有异常噪声；液压缸运动全行程是否正常平稳；系统中各测压点压力是否在允许范围内，压力是否稳定。

⑨ 调试过程应详细记录，整理后纳入设备档案。

5.2.3 操 作 指 导

5.2.3.1 从哪几个方面给予巡检操作指导？

巡检工检查的战线比较长，以磨机为例，从空压机、水泵房到磨机的喂料系统、传动系统、供油系统、磨内供风系统、选粉机系统、收尘系统、提升机系统，在开车前、运行中及停机后，巡检工应全面掌控，做到勤听（运转的变化，机械的咬合声，有无异常）、勤看（有没有漏油、漏风、漏水、漏灰现象，底脚螺栓有无松动，油压是否正常）、勤摸（机械设备有无振动，发热磨损等现象）。发现问题要及时，处理要得当，以避免故障的发生。

技师巡检工要从以下几方面对高级工及以下巡检工给予操作指导：

① 所在岗位设备的开停顺序、工艺参数、温度控制范围、振动幅度等，随时掌握设备运转状态。

② 及时了解各储库、现场的物料储存标识情况，确保生产的连续性。

③ 紧固松动的地脚螺栓、轴承温度超标的处理、密封圈的更换和装配等规范操作。

④ 本班次设备的润滑，用油种类、数量，润滑点的油位及润滑情况，确保其安全运行。

⑤ 协助维修钳工、电工完成本班次设备的维修工作、损坏部件的更换。

⑥ 现场出现的跑、冒、滴、漏现象的处理。

⑦ 做好巡检记录。

⑧ 搞好环境卫生等工作，搞好包干区卫生，设备见本色。

5.2.3.2 怎样对初级巡检工操作指导？

初级巡检工应能掌握本岗位的常规操作技能，做到独立完成生产设备的常规巡检操作，因此技师巡检工应更多的是从提升初级巡检工的常规操作技能上给予指导。

1）皮带输送机的巡检指导

（1）开车前的巡检指导

带领巡检员到皮带输送机现场，从卸料端到受料端（或相反路径）逐点巡检指导，各巡检点应达到规范程度：

① 传动减速机油位正常，辊筒、托辊是否完好且表面有无粘附的物料，下料溜子有无物料。

② 轴瓦、辊轮无松动。

③ 收尘器的挡风开度合适，管道没有漏风或堵塞。

④ 皮带机带面及接口部位正常，带上有无杂物。

⑤ 清扫器、张紧装置、密封罩或防雨罩是否完好。

⑥ 安全防护栏杆、安全罩、照明齐全有效。

（2）运转中的巡检指导

① 指导巡检员用耳听电机、减速机、传动辊筒（头部）和改向辊筒（尾部）、轴承、逆止器是否有异声；用手触摸其发热及振动程度如何。

② 指导巡检员观察各润滑部位的油量如何，减速机油位是否正常。

③ 指导巡检员检查机架有无开焊现象，各连结点是否牢靠；皮带接口是否有开裂，带面有无破损、划伤，严重程度如何，皮带密封罩或防雨罩是否完好。

④ 指导巡检员对缓冲托辊、上托辊、下托辊的转动情况进行观察，对磨损情况进行确认

是否需要更换(磨损严重);辊筒是否粘有异物,弹性刮料器是否正常刮料。

⑤ 皮带在运行中出现打滑,指导巡检员分析张紧装置是否合适,配重够不够。

⑥ 指导巡检员用扳手体验传动系统及支架的地脚螺栓是否松动。

2)指导巡检员对皮带输送机跑偏进行调整

(1)操作指导

① 皮带较短时,首先要调节尾部张紧装置(调节螺栓),皮带往哪边跑就紧哪边的螺栓,但不能太紧,一般情况下先紧一圈(360°)再进行观察,逐步达到正常。

② 皮带较长时,在皮带的机头、尾轮之间用垂直拉紧装置上的重锤进行张紧,当皮带跑偏了,调节配重。一般情况下配重过重或重量不够时都有可能引起皮带的跑偏,因此配重要适中。皮带往哪个方向跑,就增加哪个方向的配重,逐步校正过来。

③ 尾部小车重锤式拉紧装置的皮带机跑偏按照第②条进行调整,此外还应检查钢丝绳的长度,力求两边长度相等。

④ 如果皮带跑偏是由于下料冲击所造成的,需调整下料溜子的位置,清除辊筒上的附着物。

(2)调整后应达到的标准

① 头、尾、中间三节托辊的中心线,偏差不应大于 3mm。

② 头、尾轮轴线对纵向中心线的垂直度不大于 2mm/m。

③ 托辊横向中心线与输送机机架中心线的不重合度不超过 3mm,相邻三组托辊之间的高度相差不大于 2mm。

④ 辊筒应水平,水平度为 0.5mm/m。

⑤ 头轮、尾轮处的皮带偏离尾轮宽度中心线的距离不能超过皮带宽度的 5% 以上。

3)指导巡检员紧固地脚螺栓

拧紧不同的螺栓,应使用不同的扳手,用力要适当,重要部位的螺栓连接必须按设计要求,采用力矩扳手。

① 设备运转时,如发现个别螺栓松动,在紧固松动螺栓的同时,必须对其他螺栓检查紧固,而且紧固操作要对称进行。

② 如果发现地脚螺栓松动 30% 以上,应停机对设备进行重平,重平是要选好沙墩、垫铁的位置(尽量靠近地脚螺栓,最好每个地脚螺栓旁放置一组)。

③ 如果紧固时间不久又再次发生松动,应检查设备受力是否不正常或设备基础出现了问题。

4)指导巡检员对轴承温度过高的处理

(1)操作指导

A. 滚动轴承温升超标的处理

① 观察温度变化趋势,如能保持相对稳定,设备可继续运行。

② 如发现轴承滚珠等已碎,应立即停机更换。

③ 采用冷却风、冷却水或增大排水量等方法,降低环境温度。

④ 润滑油是否适宜,油多、缺油都会引起轴承发热。

⑤ 检查设备运行是否平稳,如地脚螺栓和链接螺栓松动需紧固。

B. 滑动轴承温升超标的处理

① 带油勺失灵,补充新油并及时修复带油勺。

② 油质不洁或黏度不够,要清洗油箱、提高油的黏度,或更换新油。

③ 冷却过小,加大冷却水量。

④ 轴瓦磨损,取下后更换新的轴瓦。

⑤ 轴与瓦接触不良,取下来交专业维修人员重新刮研后再装上。

（2）调整后应达到的标准

轴承润滑部位的温升变化应低于设备所规定的温度值,要让初级巡检工掌握具体温度值:

① 滑动轴承温升不超过 30℃,最高温度不超过 60℃。

② 滚动轴承温升不超过 30℃,最高温度不超过 65℃。

③ 电机温升不超过 40℃,最高温度不超过 75℃（有些厂规定 70℃）。

5.2.3.3 怎样指导中级巡检工?

中级巡检工除了能够运用基本技能独立完成本岗位的生产设备巡检操作外,还能对设备进行日常维护,而且能运用专门技能在特定的情况下完成较为复杂的设备巡检任务和较为一般性的故障处理,技师巡检工应从巡检、维护、一般性故障处理三个方面给予指导。

1）指导中级巡检工完成磨机润滑装置安全阀压力的调整

润滑系统中的安全阀在使用时应根据设备压力要求进行压力设定,这是对润滑系统维护与保养的基本要求。磨机在运行中要经常性的检查油路是否畅通或泄漏,油量、油压、油温是否正常,润滑自控信号及其控制系统是否安全可靠,有无因润滑不良引起的设备异常现象等,并做好检查记录,存档备案。中级巡检工应能够完成这项工作,技师给予指导。

（1）干油站安全阀的调整指导

指导中级巡检工将电磁换向阀的滑阀推到中间位置,使两条输脂管路均不通。调节安全阀的螺钉,改变弹簧的压力,使安全阀的动作压力比系统正常工作压力高 25%。然后回复滑阀接通状态,调整压力操纵阀,使其在预定压力下开始动作,并通过行程开关发出电讯号,实现自动换向和停止油泵工作。

（2）稀油站安全阀的调整指导

调整螺钉,使弹簧达到预定的压力即可。油泵启动后,要检查压力表事先设定的高压值、低压值、超低压值是否正确,否则要指导中级巡检工重新设定。

2）磨机主减速机润滑系统的巡检指导

减速机常用的润滑剂应具有适当的黏度,良好的耐温性、抗氧化安定性和热安定性,同时具有良好的润滑性、抗腐蚀性及良好的清洁分散性及较高的承载能力等性能。

（1）各仪表显示值的分析指导

① 对减速机润滑系统的供油压力由油压表显示,较大的减速机润滑系统的供油压力一般要求在 0.49MPa 左右为正常值,达不到此值时指导中级巡检员加压。

② 流量计的指示范围一般为 100 ~ 120r/min,指导中级巡检员根据润滑油的变化情况打开或关闭电接点、自动保护机器,避免由于润滑油流量不足而引起一些不正常状态。

③ 温度表用来指示各部轴承的温度情况及润滑油油温情况,减速机第一级小齿轮轴轴承支架的温度比所供的润滑油温度高 20 ~ 25℃,其他轴承支架的温度比所供的润滑油温度高 10℃。轴承温度过高时,要正确指导中级巡检员补充或更换润滑油。

（2）稀油站的巡检指导

① 如果油泵的密封圈有泄漏,指导中级巡检工严格按照操作规程对其更换,使之达到

（不泄漏）标准。

②指导中级巡检工分析压力表显示的过滤器进出口压差值,当压差超过0.05MPa时,需更严格按照操作规程换滤芯。

③指导中级巡检工分析差式压力计显示的冷却器进出口压差变化情况,如果压差增大,表明有堵塞,要定时清洗。

④指导中级巡检工检查控制仪表的可靠性,必要时进行适当调整或更换。

5.2.3.4 怎样指导高级巡检工?

高级工要做到能够熟练运用基本技能完成较为复杂设备的巡检操作,能判断并分析设备在运行中存在的故障隐患及出现的问题;具有一定的基本维修技术,完成设备的维护和修理。技师巡检工应从故障隐患分析、设备的维护和修理等方面给予指导。

1)指导高级巡检工分析球磨机大齿圈振动的原因

针对边缘传动的球磨机,出现大齿圈转动一圈振动两次和异响声音。待停机后指导高级巡检工对大小齿轮的轮齿表面、齿顶间隙、啮合接触面积、两半大齿圈连接处的紧固螺栓进行仔细检查:两半大齿圈剖分面的连接螺栓有没有出现过拉断现象、大齿圈与螺母接触面凹槽等,在维修中,此处可加上弹簧垫圈和大于螺母尺寸的平面垫片,但这个平垫片不能与大齿圈全面接触(有凹槽出现,此处会处于悬空状态),齿轮的啮合力不能直接传递到连接螺母和螺栓上,而是通过对平面垫片的作用变形间接影响螺母和螺栓。这种变形使得连接螺栓产生伸缩,导致大齿圈剖分面处张口量发生变化,该处齿轮的周节也变化(正常情况下,大小齿轮的周节是相等的,才能保证平稳啮合),这会改变齿轮的传动比,引起齿轮的冲击、发出振动和噪声,就出现了大齿圈转动一圈、产生两次振动和异响的现象。图5-2-3-1是两半大齿圈螺栓连接加平面垫圈、弹簧垫圈前后的情况。

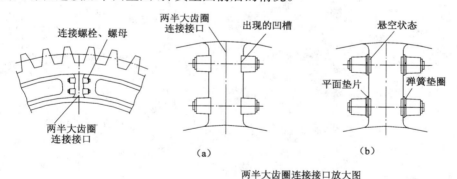

两半大齿圈连接接口放大图

图5-2-3-1 两半大齿圈接口连接螺栓加垫圈前后对比

(a)加垫片前;(b)加垫片后

2)指导高级巡检工监测和诊断减速机故障隐患,并在故障发生之前加以解决

某厂ϕ3.5m×10m中卸烘干磨配置一台JS1100减速机,自投产以来减速机一直有嗡嗡声,减少负荷(85t/h减至70t/h)后,嗡嗡声减轻很多,一段时间后又出现了嗡嗡声,经过诊断认为可能是连接法兰盘的螺栓松动或断裂、或齿轮上的齿面渗碳层剥落、或轴承瓦面拉伤。停磨打开减速机箱盖对各部位检查,果真如此,而且二级齿轮轴靠磨机侧有两个齿出现裂纹、承载齿轮轴的轴瓦轻微熔化、合金已经卷起。对此采取了应急措施,及时处理掉了。否则将会给减速机带来很大的麻烦,对生产带来更大的损失。

参 考 文 献

[1] 谢克平. 水泥新型干法生产精细操作与管理[M]. 北京:化学工业出版社,2007.

[2] 周来,王继达. 水泥设备巡检技术[M]. 北京:化学工业出版社,2006.

[3] 彭宝利. 水泥生产制造工(生料制备)国家建材行业职业技能指导中心,2007.

[4] 彭宝利. 水泥生产制造工(水泥制成)国家建材行业职业技能指导中心,2007.

[5] 周国治,彭宝利. 水泥生产工艺概论[M]. 武汉:武汉理工大学出版社,2005.

[6] 《水泥》杂志各年度期刊.

[7] 《水泥工程》杂志各年度期刊.

[8] 《四川水泥》杂志各年度期刊.